高等职业教育新形态教材

供高等职业教育药学类、中医药类、食品药品管理类、医学技术类、
康复治疗类、健康管理与促进类等相关专业使用

分析化学

（第三版）

主　编　高秀蕊

副主编　张志华　高先娟　唐冰雯

编　委　（按姓氏汉语拼音排序）

陈晓姣　长沙卫生职业学院
丁其春　漳州卫生职业学院
高先娟　齐鲁医药学院
高秀蕊　山东药品食品职业学院
冀向利　阳泉职业技术学院
潘立新　山东药品食品职业学院
宋　坤　北京卫生职业学院
孙春艳　山东药品食品职业学院
唐冰雯　广州卫生职业技术学院
王　琼　益阳医学高等专科学校
王宝春　滨州职业学院
王晴雯　山东淄博新达制药有限公司
杨　栩　广西中医药大学高等职业技术学院
张文新　山西卫生健康职业学院
张志华　邢台医学院

科学出版社

北　京

内 容 简 介

本教材是高等职业教育新形态教材之一，是根据高职学生的教学要求，依据《中国药典》，结合企业实践操作要求编写而成。本教材具有鲜明的专业特色，对接岗位特点，突出职业能力培养；同时本教材为书网融合教材，PPT、视频、题库等教学资源配套丰富，使教学更加多样化、立体化。本教材主要内容包括分析化学概述、定量分析误差和有效数字、滴定分析法概论、酸碱滴定法等几大常用滴定分析方法，以及紫外-可见分光光度法、高效液相色谱法等几大常用仪器分析方法。

本教材可供高等职业教育药学类、中医药类、食品药品管理类、医学技术类、康复治疗类、健康管理与促进类等相关专业使用。

图书在版编目（CIP）数据

分析化学 / 高秀蕊主编. -- 3版. -- 北京 : 科学出版社, 2025. 6.
(高等职业教育新形态教材). --ISBN 978-7-03-081149-3

Ⅰ. O65

中国国家版本馆CIP数据核字第2025896Z30号

责任编辑：段婷婷 / 责任校对：周思梦
责任印制：赵 博 / 封面设计：涿州锦晖

科 学 出 版 社 出版
北京东黄城根北街16号
邮政编码：100717
http://www.sciencep.com
天津市新科印刷有限公司印刷
科学出版社发行 各地新华书店经销
*
2015年1月第 一 版 开本：850×1168 1/16
2025年6月第 三 版 印张：14
2025年8月第十五次印刷 字数：412 000

定价：59.80元

（如有印装质量问题，我社负责调换）

前　言

党的二十大报告指出："人民健康是民族昌盛和国家强盛的重要标志。把保障人民健康放在优先发展的战略位置，完善人民健康促进政策。"贯彻落实党的二十大决策部署，积极推动健康事业发展，离不开人才队伍建设。"培养造就大批德才兼备的高素质人才，是国家和民族长远发展大计。"教材是教学内容的重要载体，是教学的重要依据、培养人才的重要保障。本次教材修订旨在贯彻党的二十大精神，坚持为党育人、为国育才。

分析化学是药学及相关专业的专业基础课，能够为后续课程的学习奠定理论和技能基础。本教材内容主要包括定量分析误差和有效数字、容量分析法和仪器分析法三大部分共计 17 个项目，13 个实训模块，涵盖了药品分析检验中常用的分析方法。每个项目含知识目标、能力目标和素质目标，多由链接或案例引入学习内容，所选案例突出引导效果，启发学生思维，激发学生的学习兴趣，提高学生学习的主动性。本版教材的编写主要突出以下特点。

1. 突出实践性，对接岗位需求　案例与教学内容融合，通过实际案例分析，帮助学生理解理论知识。实训模块贴近企业实践，严格按照生产实际操作编写，保证了教材内容直接对接岗位要求，培养学生解决实际问题的能力。

2. 优化模块，易教易学　每一项目都有明确的知识目标、能力目标和素质目标，有利于学生有针对性地掌握每章的知识与技能，提高科学素养。教材通过"链接""案例"等方式增加了趣味性，采用实物图片或流程图介绍仪器和原理，图、文、表并茂，直观易懂。每一项目都包括理论知识、药品检验应用、实训项目，为任课老师创新教学模式提供了方便，为学生拓展知识和技能创造了条件。

3. 校企合作，共建教材　企业专家参与教材的编写，使教材内容更加贴近生产实际，提供了更多的实操视频，促进了教育与产业的深度融合，有助于将教育资源与行业经验相结合，提升了教材的实用性和前瞻性。

4. 书网结合　打破传统教材的局限，通过网络平台提供丰富的互动式学习资源（PPT、操作视频、题库等），使教学方式更加多样化、立体化。

教材编写过程中，编者参考了大量文献资料，在此，对所引用文献资料的原作者表示衷心的感谢！

由于编者水平有限，教材中可能有疏漏和不足之处，期待着您的反馈和建议。

高秀蕊

2025 年 3 月

配 套 资 源

欢迎登录“中科云教育”平台，**免费** 数字化课程等你来！

本系列教材配有数字化资源，持续更新，欢迎选用！

“中科云教育”平台数字化课程登录路径

电脑端

- 第一步：打开网址 http://www.coursegate.cn/short/LEL83.action
- 第二步：注册、登录
- 第三步：点击上方导航栏“课程”，在右侧搜索栏搜索对应课程，开始学习

手机端

- 第一步：打开微信“扫一扫”，扫描下方二维码
- 第二步：注册、登录
- 第三步：用微信扫描上方二维码，进入课程，开始学习

PPT 课件，请在数字化课程中各章节里下载！

目　录

项目1 绪论

学习目标

1. 知识目标：掌握分析化学的任务、分析方法分类及典型分析方法的特点；熟悉分析过程的一般步骤和分析化学在药学、检验中的作用；了解分析化学的作用和发展趋势。

2. 能力目标：能够区分常量、半微量、微量及超微量的范围，能够正确表示定量分析结果。

3. 素质目标：培养学生具有探索、观察、分析实验现象与结果的科研素养。

分析化学是研究物质的组成、含量、结构和形态等化学信息的分析方法及理论的一门科学。分析化学具有极高的社会价值，对国民经济建设，尤其对药学事业的发展起到了重要的推动作用。

任务1 概述

一、分析化学的分类

分析化学经过多年的发展，形成了多种分析方法和一套完整的分析体系，根据分析的依据不同，可分为以下类型。

1. 无机分析和有机分析 根据分析对象不同，分析方法可分为无机分析和有机分析。其中，无机分析的对象是无机化合物，有机分析的对象是有机化合物。

2. 定性分析、定量分析和结构分析 根据分析任务不同，分析方法可分为定性分析、定量分析和结构分析。定性分析的任务是鉴定物质的化学组成，即物质由哪些元素、离子、基团或化合物组成；定量分析的任务是测定样品中各组分的相对含量，即确定组成物质的各组分的含量有多少；结构分析的任务是研究物质的分子结构或晶体结构及形态分析等。

3. 化学分析和仪器分析 根据测定原理不同，分析方法可分为化学分析和仪器分析。

（1）化学分析 是以化学反应为基础的分析方法，包括化学定性分析法和化学定量分析法。化学定量分析法根据操作形式不同可分为重量分析法和滴定分析法。化学分析法历史悠久，又称经典分析法，所用仪器简单，操作方便，结果较准确，应用范围广。不足之处是灵敏度低，分析速度较慢。

（2）仪器分析 是以物质的物理或化学性质为基础测定物质含量的分析方法，由于这类分析方法需要专用的、较特殊的仪器，所以称为仪器分析法。它包括光学分析法、电化学分析法、色谱分析法和质谱分析法等。

4. 常量、半微量、微量和超微量分析 根据分析时所取样品量的多少可以分为常量、半微量、微量和超微量分析，见表1-1。

在无机定性分析中，多采用半微量分析法；在化学定量分析中，一般采用常量分析法；在仪器分析中，多采用微量分析及超微量分析。

表 1-1　根据样品量划分的分析方法

分析方法	样品量（固体）	样品量（液体）/ml
常量分析	＞0.1g	＞10
半微量分析	0.01～0.1g	1～10
微量分析	0.1～10mg	0.01～1
超微量分析	＜0.1mg	＜0.01

5. 常量组分分析、微量组分分析和痕量组分分析　根据样品中被测组分含量的高低，可以分为常量组分分析法、微量组分分析法和痕量组分分析法，见表 1-2。

表 1-2　根据被测组分含量的分类

分析方法	被测组分含量/%
常量组分分析法	＞1
微量组分分析法	0.01～1
痕量组分分析法	＜0.01

常量组分分析一般采用化学分析法，微量组分分析和痕量组分分析一般采用仪器分析法。

6. 例行分析和仲裁分析　根据分析方法的作用分类，可以分为例行分析和仲裁分析。

例行分析是指一般实验室日常生产中的分析，又称常规分析。例如，药厂及化工厂实验室的日常分析，要求在尽量短的时间内报出结果以作为判断生产过程运行正常与否的指标和判据，分析误差一般允许较大。

仲裁分析是不同单位对分析结果有争议时，要求有关单位（须是一定级别的药品检验所或法定检验单位）用指定的方法进行准确的分析，以判断分析结果的准确性。

二、分析化学的作用

分析化学作为探究物质组成的一门学科，已深入国民经济、工农业生产和科学研究的各个领域，发挥着不可或缺的关键作用。例如，在食品科学、医学、生物学、农业科学、海洋科学等众多学科领域中，分析化学均提供了不可或缺的技术与信息支持。此外，分析化学也常被广泛应用于化学学科本身的发展及与化学有关的各学科领域中。无论是工农业生产的原材料选择、生产过程的监控与管理、成品的质量检测，还是新技术的探索应用、新产品的研发等，均需以分析结果作为重要参考。分析化学是一门社会迫切需要的实用学科，被誉为工业农业生产和科学研究的“眼睛”。

药学与食品学构成了生命科学领域中至关重要的分支。药品的主要功能在于预防、治疗及诊断人类疾病，并调节人体的生理功能，其本质为一种特殊的化学制品。而食品则是指经过加工处理后适宜人类食用或饮用的物质，其核心功能是为人体提供能量和必需营养素，保障健康。药品与食品同化学科学之间存在着极为密切的联系，许多药品和食品成分是通过化学合成得到的，其提取、分离及纯化过程均需借助化学技术，而其质量检验和含量测定则依赖于分析化学的手段。因此，分析化学与药学、食品学之间存在着不可分割的紧密联系。

分析化学是食品与药品领域专业教育的核心基础课程。通过本课程的学习，学生能够掌握分析化学的理论、方法及操作技术，有助于学生建立“量”的概念，养成严谨、细致的科学态度。这将为学生未来职业生涯的发展奠定坚实的基础，为他们从事药品和食品的生产、检验及贮存工作积累必要的知识和技能经验。此外，本课程在培养学生严谨的科学实验态度、提升分析问题和解决问题的能力方面，具有极其重要的作用。

任务2 分析过程与分析结果表达

一、分析过程

分析过程是确定物质组成信息的过程。要完成一项分析任务，通常包括以下步骤。

（一）任务和计划

根据分析任务制订初步分析计划，包括所采用的标准和分析方法、准确度和精密度要求等，还应包括所需的仪器设备、试剂等实验条件和实验可能存在的影响因素等。

（二）样品采集与制备

1. 样品的采集 样品的采集要具有代表性。在采样过程中，必须按照一定的程序，根据物料的大小及存放情况，在物料的各个不同部位，采集一定数量、颗粒大小不等的样品。

2. 样品的制备 将采集到的原始样品处理成既能代表总体物料特性，又能满足检测需要最佳数量的最终样品，这个过程称为样品的制备。对于均匀样品，其制备过程很简单，只需充分混合均匀即可。对于非均匀样品，一般需要经过破碎、过筛、混合和缩分等四个步骤。其中，缩分是在减小粒度的同时缩减样品量，常用的是“四分法”，样品经多次重复以上四个步骤后，使保留的样品量与样品的粒度达到样品制备要求，如图 1-1 所示。

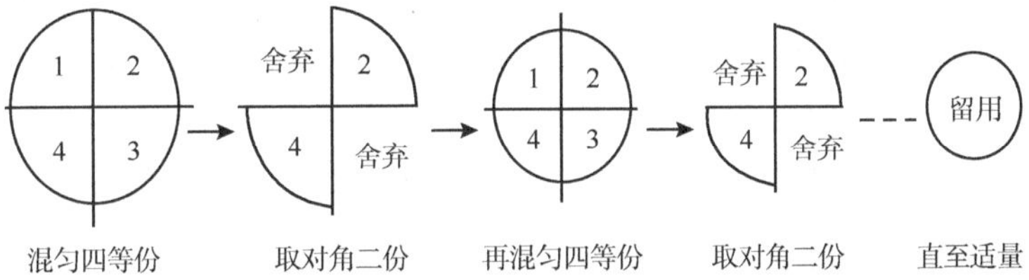

图 1-1 “四分法”示意图

（三）样品的分解

样品的分解是分析工作的重要步骤之一。在分解样品时应注意以下问题：样品必须分解完全，分解过程中待测组分的量不能改变，所用试剂及反应产物对后续测定没有干扰。

样品的性质不同，分解的方法也不同。无机样品通常采用溶解法、熔融法和半溶法进行分解。有机样品的分解则通常采用干法、湿法和燃烧法等。此外，加压、微波加热分解技术在分析检测中也经常用到。

在样品分解过程中，针对不同样品及不同的测定对象，需要选择不同的分解方法。选择样品分解方法的原则如下。

1. 样品的分解方法应与测定方法相适应。有时测定同一组分，由于检测方法不同，选择样品的分解方法也不同。

2. 应根据其组成和特性来选择样品的分解方法。样品能溶于水时，最好用水作溶剂。样品不溶于水时，酸性样品可用碱性溶（熔）剂分解，常见的碱性溶（熔）剂有氢氧化钠、氢氧化钾、氨水、碳酸钠、碳酸钾等。碱性样品可用酸性溶（熔）剂分解，常见的酸性溶（熔）剂有盐酸、硝酸、硫酸、磷酸、高氯酸、焦硫酸钾等。氧化性样品可用还原性溶（熔）剂分解。还原性样品可用氧化性溶（熔）剂分解。

3. 测定同一样品中的不同组分时，需要根据待测组分的性质采用不同的样品分解方法。例如，测定钢铁中磷的质量分数时，必须采用氧化性的酸来溶解，否则会造成磷的损失，但若测定钢铁中的其他元素，则选用盐酸等溶解。所以，在分解样品时还需考虑所测定组分的性质。

4. 选择分解方法时，还需注意应对后续分析操作无影响。

对于组成复杂的样品，在定量分析时，待测组分的含量常受到样品其他组分干扰，需要在分析前进行分离。常用的分离方法有沉淀法、挥发法、萃取法、色谱法等。

（四）样品的预处理

在定量分析中，待测样品通过制备和分解处理后，通常是以溶液或气体的状态用于测定。但有时待测组分经过上述处理后，其存在形式与测定形式并不完全相符，此时还需对样品做进一步处理。例如，利用氧化还原滴定法测定铁矿石中总铁的质量分数时，样品经过溶解后，部分铁以 Fe^{3+}形态存在，若采用重铬酸钾标准溶液（即滴定液）滴定，则需先用酸性氯化亚锡将 Fe^{3+}还原为 Fe^{2+}，然后进行测定。这种在滴定前将全部待测组分转变为适宜测定形态的处理步骤，称为样品的预处理。

关于样品的预处理需注意以下问题：①反应必须能够定量地进行完全，使待测组分全部转变为适宜测定的形态，且反应速率要快；②过量的试剂必须易于除去（可采用加热分解、过滤沉淀和其他分离方法），并对待测组分不产生影响；③反应必须具有足够的选择性，以免其他共存组分的干扰。

（五）定量测定

根据样品的性质和分析要求，选择合适的分析方法进行测定。测定样品时应在满足测定准确度要求的前提下，选择测定步骤简便、测定速度快的方法，可根据待测组分的性质不同加以选择。例如，酸碱性物质可选择酸碱滴定法测定；大多数的金属离子可选择配位滴定法测定；具有氧化性或还原性的组分可选择氧化还原滴定法测定等。对于常量组分，可选择滴定分析法和称量分析法测定；对于微量甚至痕量组分，则一般采用灵敏度较高的仪器分析法或将样品经分离、富集后再测定。在选择测定方法时，还应考虑到共存干扰组分对测定的影响，一般应选用选择性较高的分析方法。同时，还必须结合现有的实验条件，包括实验仪器设备、药品试剂，以及实验人员的素质、技能等进行选择。

（六）数据处理及分析结果表达

1. 分析检验记录 是对分析检验项目整个分析检测过程的真实写照，是出具检验报告的原始凭证与依据。其记录应按页编号，原始记录应用蓝黑墨水或碳素笔书写，记录应详尽、清楚、真实、资料完整，并应归档保存。数据记录应尽量采用国家标准规定的计量单位，并按测量仪器的有效读数记录。数据整理应用清晰、简明的格式把大量原始数据表达出来，并保持原始数据应有的信息。

2. 数据处理 根据分析过程中有关反应的化学计量关系、样品的用量、测量得到的结果，计算待测组分的含量。可以借助计算机技术和各种专用数据处理软件，对实验数据进行处理，对分析结果及其误差用统计学方法进行处理和评价。

3. 形成检验报告 检验报告一般由如下内容组成：检验报告编号，送检单位（部门）名称，受检产品名称，样品说明（生产厂名、型号和规格、产品批号或出厂日期、取样地点及方法等），检验依据的标准编号与名称，检验项目与结果，检验结论，检验报告责任人签字并加盖检测单位专用公章，检验报告批准日期等。

二、分析结果的表达

（一）分析化学中常用的量及法定计量单位

定量分析是对待测组分进行准确分析测试的过程，得到的分析结果的表示必须准确、规范和完整，其物理量、单位、符号及书写方法均应符合国家法定计量单位的规定。以国际单位制（SI）单位为基础，我国发布了《中华人民共和国法定计量单位》。

（二）分析结果的表达形式

定量分析的任务是测定样品中各组分的相对含量，分析的结果要通过准确方式表示出来。

1. 固体样品 在固体样品中，某一组分的含量通常用其在样品中的质量分数 ω 来表示。例如，对于组分 B，其含量可以用 ω_B 表示：

$$\omega_B = \frac{m_B}{m_S} \tag{1-1}$$

式中，m_S、m_B 分别为样品和被测组分的质量，二者使用单位要一致，如 g、kg 等。如果被测组分的含量较高，为常量组分（被测组分的含量＞1%）时，则 ω_B 的数值可以用百分比（%）来表示。例如，ω_{Fe}=0.5643，则可表示为 ω_{Fe}=56.43%。

在仪器分析中，被测组分含量通常很低，如痕量组分（被测组分含量＜0.1%），用百分比（%）表示其含量时有时书写较困难，可采用 ppm（part per million，百万分之一）、ppb（part per billion，十亿分之一）、ppt（part per trillion，万亿分之一）等表示。

2. 液体样品 按照国家法定计量单位的规定，液体样品的分析结果一般用物质的量浓度来表示，单位为 mol/L、mmol/L 或者 μmol/L。在实际应用中，液体样品的测定结果也可以用 m/m 的形式或者用 m/V 的形式表示。

例如，在 100g 溶液中含有 x(g)的溶质，则该溶液的浓度为 $x\%(m/m)$，称为质量百分比浓度，m_B/m_S 表示溶液中溶质质量与溶液质量之比，与固体样品的表达方法 ω_B 含义相同。

如果在 100ml 溶液中含有 y(g)的溶质，其浓度可以表示为 $y\%(m/V)$，称为质量体积百分比浓度，m/V 表示溶液中溶质质量与溶液体积之比。

3. 气体样品 气体样品的分析结果表达可以用质量浓度和体积分数来表示。

任务3 化学定量分析常用仪器

在化学定量分析中，常见的仪器有分析天平、移液管、容量瓶和滴定管等，熟练掌握这些仪器的操作方法对获得精确的分析结果至关重要。

一、分 析 天 平

（一）分析天平的构造

分析天平是用来准确称取一定质量物质的仪器。随着科学技术的进步，分析天平经历了摆动天平、阻尼天平、机械加码电光天平和电子天平等阶段。目前，广泛使用的是电子天平，其基本构造见图 1-2。

需要说明的是，不同厂家生产、不同型号的天平，其操作面板各功能按键的位置与标示也略有不同。

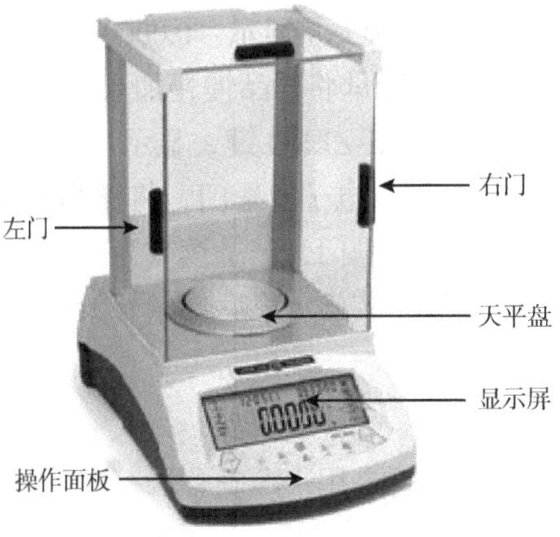

图 1-2 电子天平

（二）电子天平的使用方法

1. 使用前的准备

（1）选择适宜精度的电子天平 根据称取物质的量和称量精度要求，选择适宜精度的电子天平。当称样量大于 100mg 时，选用感量为 0.1mg 的电子天平；当称样量为 10～100mg 时，选用感量为 0.01mg 的电子天平；当称样量小于 10mg 时，选用感量为 0.001mg 的电子天平。

（2）检查与调整电子天平水平　观察其水平仪中的气泡是否位于液腔中央，若气泡处于液腔中央，天平即处于水平状态。否则，需要调节电子天平的底座调节螺丝，使气泡回归到中央，天平处于水平状态。

（3）预热　接通电源，预热 30min 以上。

（4）清扫　用软毛刷将电子天平盘及称量纸打扫干净。

需要说明的是，在实验室环境（温度、湿度等）发生变化、电子天平安放位置变动等情况下，电子天平需要重新校正。校准方法有内校准和外校准，具体参照说明书或请当地计量局完成。

2. 称量　常用的称量方法有直接称量法、减重称量法和增重称量法。

（1）直接称量法　是将称量物直接放在电子天平中称量其质量的方法，如称量小烧杯的质量、称量某坩埚的质量等，都使用这种称量法。

注意：①称量物不可直接与电子天平盘接触，应放置在盘上的称量纸上；②放入被称物前，令电子天平门处于关闭状态，轻按 RE-ZERO（调零）键，天平显示“0.0000”（注意不同的天平清零键位置不同，具体见说明书）；③读数时必须关闭电子天平门。

（2）减重称量法　用于连续称量数份一定质量范围的样品。在称量过程中样品易吸水、易氧化或易与 CO_2 等反应时，可选择此法。由于称取样品的质量是由两次称量之差求得，因此也称差减法。其具体操作过程如下。

1）从干燥器中取出盛有已按要求干燥样品的称量瓶，置于天平盘上，称其准确质量（该步骤与直接称量法相同）为 m_1（g）。

2）将称量瓶从电子天平上取出，在接收容器（如烧杯、锥形瓶等）的上方倾斜瓶身，用称量瓶盖轻敲瓶口上部使样品慢慢落入接收容器中，当倾出的样品接近所需量时，一边继续用瓶盖轻敲瓶口，一边逐渐将瓶身竖直，使黏附在瓶口上的样品落回称量瓶，然后盖好瓶盖，放回天平中，准确称其质量 m_2（g）。

3）两次称量质量之差（m_1-m_2）g，即为倒入接收容器中样品的质量。

4）重复上述步骤，可连续称量多份样品。

注意：①不可用手直接接触称量瓶和瓶盖，可戴手套称量，也可用纸片裹住称量瓶和瓶盖进行称量；②倒出样品时要少量多次，避免一次倒出过多而超出规定质量范围；③倒出样品过程中瓶身和瓶盖始终不要离开接收容器上方，防止样品洒落到接收容器之外。

（3）增重称量法　用于称量某一固定质量的试剂（如基准物质）或样品。这种称量操作适于称量不易吸潮、在空气中能稳定存在的粉末状或小颗粒（最小颗粒应小于 0.1mg，以便容易调节其质量）样品。

1）打开电子天平，在天平盘上放入称量瓶或称量纸，令电子天平门处于关闭状态，然后轻按 RE-ZERO 键，显示屏显示“0.0000”。

2）用药匙将样品慢慢加入到称量瓶中或称量纸上，加到称量样品的规定范围为止，关闭电子天平门，轻按 RE-ZERO 键，显示“0.0000”。

3）开启电子天平门，将样品转移至指定的接收容器中，再将称量瓶或称量纸放于电子天平盘上，关闭电子天平门，记录读数为 $-m$（g），则倒入指定容器中所需要的样品质量即为 m（g）。

注意：实验结束后要做好天平的复位工作，关闭电源，套上防尘罩，做好仪器使用登记。

二、移 液 管

移液管是用来准确移取一定体积液体的分析仪器，是定量分析中的常见仪器。

（一）分类

移液管可以分为两类，即腹式移液管和刻度移液管（也称吸量管）。

1. 腹式移液管（简称移液管）　移液管的形状，见图 1-3 左图。移液管只能量取固定体积的液体，中部膨大且管径上部有一环状刻度。在标明的温度下，当溶液凹液面最低点与标线相切时，管内液体的体积即为移液管标明的体积数。常用的规格有 5ml、10ml、20ml、25ml、50ml 等。

2. 吸量管 吸量管的形状，见图 1-3 右图，直形且管上具有分刻度，一般只用于量取小体积溶液。常用的规格有 0.1ml、0.2ml、0.5ml、1ml、2ml、5ml、10ml 等。吸量管可用于量取其刻度范围内任意体积的液体。移液管和吸量管通常具有下列标识：标准容量，如 5、10、25、50 等；容量单位符号，如 cm^3、ml 等；准确级别符号，如“A”“B”等。

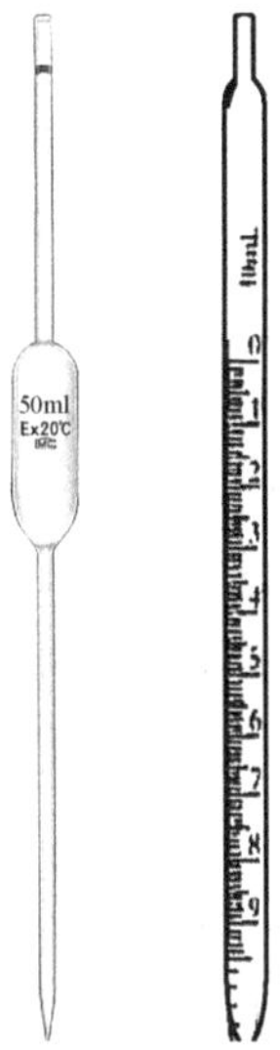

图 1-3 移液管（左）和吸量管（右）

（二）移液管的使用方法

移液管通常与洗耳球配合使用。在使用移液管之前首先应该检查其尖嘴和上口部有无破损，完好的移液管才可以使用，通常包括以下步骤。

1. 洗涤 移液管和吸量管是带有精确刻度的容量仪器，由于其管径较细，不宜用刷子刷洗。应采用润洗（也称为淌洗）的方法进行洗涤，具体的操作方法是：用左手持洗耳球，右手拿移液管，右手拇指和中指拿住移液管或吸量管标线以上部分，示指靠近移液管口，环指和小指辅助拿住移液管。将洗耳球对准移液管口，将管尖伸入自来水或蒸馏水中，吸至移液管或吸量管约 1/4 处时，迅速移开洗耳球，右手示指迅速堵住管口，移出，将移液管横置，左手托住下管部，右手指松开，拖住上管部，轻轻旋转，让溶液浸润管内壁。润洗后将洗涤水从尖嘴和上口分别放出。如此反复润洗 1～3 次。

特别注意的是，移液管在用自来水和蒸馏水润洗之后，最后要用待转移的溶液润洗 2～3 次。

2. 吸液 移液管经润洗后，吸取待转移的溶液应将管尖直接插入待吸液液面以下 1～2cm 处。管尖不应插入太浅，以免液面下降后造成吸空；也不应插入太深，以免管外壁附着过多溶液。吸液时，应注意容器中液面和管尖位置，应使管尖随液面下降而下降，以免吸空。当洗耳球慢慢放松时，管中液面徐徐上升；当液面上升至标线以上时，迅速移去洗耳球，与此同时，用右手示指堵紧管口（图 1-4）。

3. 调节液面 用滤纸擦去移液管下端外壁，另取一洁净小烧杯，将移液管管尖靠住小烧杯内壁，移液管竖直，烧杯略倾斜，右手示指微微松动（或用中指和拇指微微转动移液管），使液面缓慢稳定下降，直至液体凹液面最低点与刻度标线相切，迅速压紧示指。

4. 放液 左手拿住接收溶液的容器（一般为锥形瓶），并将容器倾斜，将移液管移入容器中，保持移液管垂直，移液管尖部紧贴容器内壁，然后放松右手示指，使溶液竖直自然顺壁流下，见图 1-4。

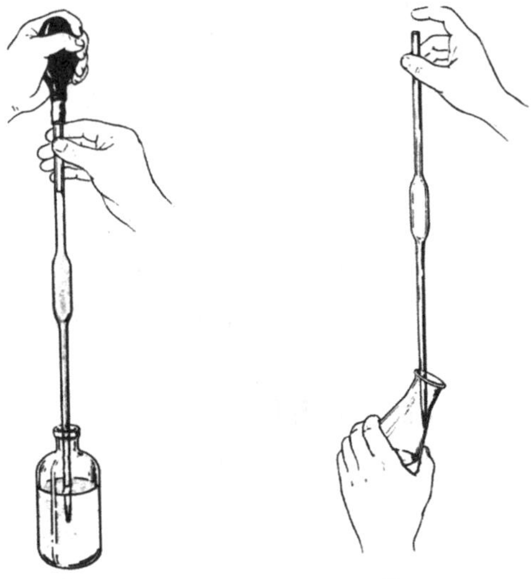

A B

图 1-4 移液管操作

A. 移液管吸液；B.移液管放液

待溶液流尽等 10s 左右，移出移液管（标有“吹”字的移液管不需要等 10s）。这时，尚可见管尖部位仍留有少量溶液，此管尖部位留存的溶液不能吹入接收容器中（特别注明有“吹”字的移液管除外），否则量取的液体体积将超过标示的量。

三、容 量 瓶

（一）形状与规格

容量瓶是一种细长颈梨形带有磨口玻璃塞的平底玻璃瓶，瓶颈刻有环形标线，表示在瓶身标示的温度下，当瓶内液体的凹液面与容量瓶颈部的标线相切时，液体的体积恰好与瓶身标明的体积相等。容量瓶一般用于配制和准确稀释溶液，通常有 25ml、50ml、100ml、250ml 等多种规格，如图 1-5 所示。

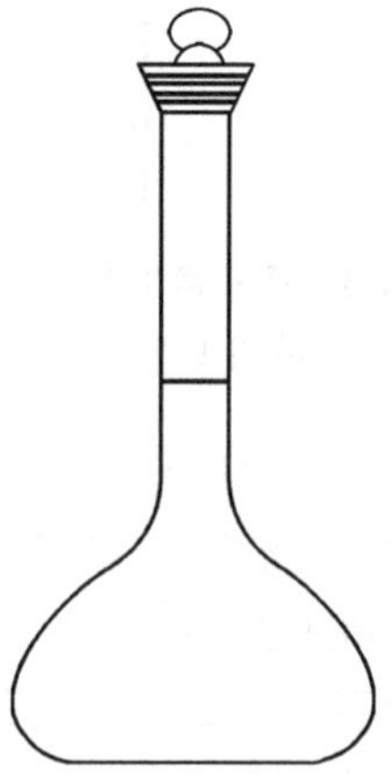

图 1-5 容量瓶

（二）使用方法

1. 检漏 容量瓶使用之前，首先要检查是否漏水。其方法是将容量瓶装自来水至标线附近，盖紧瓶塞，一手示指按住瓶塞，一手握住瓶体，将容量瓶倒置 1～2min，观察瓶口是否有水渗出，如不漏水，将瓶塞转动 180°后，再检查一次，仍不漏水，即可使用。

2. 洗涤 配制溶液前，先用自来水洗几次，倒出自来水后，内壁如不挂水珠，即可用蒸馏水洗好备用。否则就必须用洗液洗涤。

3. 配制溶液 如果使用固体试剂配制溶液，应先将准确质量的固体试剂置于小烧杯中，加入少量溶剂搅拌溶解后，再将溶液转移至容量瓶中。转移时，将玻璃棒伸入容量瓶内，玻璃棒下端靠着瓶颈内壁，烧杯嘴紧靠玻璃棒，使溶液沿玻璃棒流入容量瓶中。溶液倾倒完后，将烧杯慢慢扶正，同时使杯嘴沿玻璃棒上提 1～2cm，然后再离开玻璃棒，并把玻璃棒放回烧杯中，但不要靠杯嘴，烧杯嘴沿玻璃棒上提，可避免杯嘴与玻璃棒之间的一滴溶液流到烧杯外面。然后用少量溶剂冲洗烧杯壁和玻璃棒，按同样的方法将洗涤液一并转入容量瓶中，重复冲洗 3 次以上。然后加入溶剂至容量瓶容积的 2/3 处，旋摇容量瓶，使溶液初步混合均匀。

4. 定容 当溶剂加至液面离标线 1cm 左右时，要改用胶头滴管逐滴加入，直至溶液的凹液面最低处与标线相切为止，观察时眼睛位置也应和标线在同一水平面上，否则会导致测量结果不准确。

5. 摇匀 盖紧瓶塞，一只手握住瓶底，另一只手示指压紧瓶塞，上下翻转容量瓶数次以上，再直立，如此反复数次，使溶液混合均匀，混合均匀后将溶液倒入试剂瓶中并贴上标签，见图 1-6。

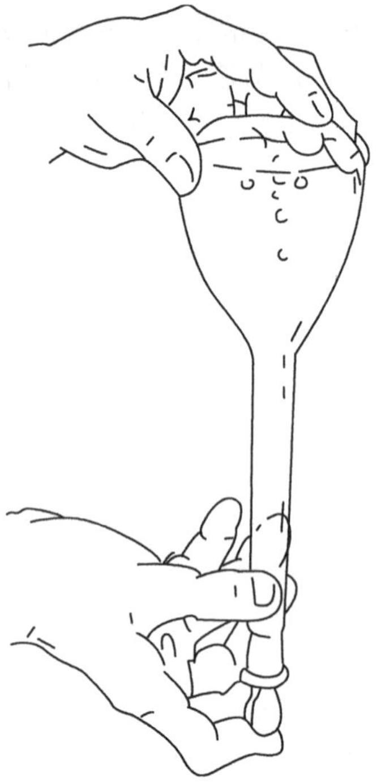

图 1-6 容量瓶混匀操作

（三）注意事项

1. 容量瓶的容积是固定的，即一种规格的容量瓶只能配制相应体积的溶液。所以在配制前先要明确需要配制的溶液的体积，然后选用合适规格的容量瓶。

2. 容量瓶不能直接明火加热，也不能盛放热溶液。

3. 容量瓶不能长期存放配制的溶液，要及时将配制好的溶液转移至洁净的试剂瓶中存放。

4. 容量瓶与瓶塞配套使用，不能互换。

5. 容量瓶使用结束应及时洗涤干净，盖上瓶塞，并在瓶塞与瓶口之间加一纸条，防止瓶塞与瓶口粘连。

四、滴 定 管

（一）形状与规格

1. 形状 滴定管是用来进行滴定的仪器，用于准确测量滴定中所用溶液的体积。滴定管是细长、内径大小均匀且具有精密刻度的玻璃管，管的下端连有开关和玻璃尖嘴。滴定管分为两种：一种是下端带有玻璃活塞的酸式滴定管，用来盛放酸、酸性或氧化性溶液，不宜盛放碱性溶液。因为碱液可与玻璃发生化学反应，使活塞与活塞套黏合，难于转动。另一种是下端连接一段橡胶管，管内放一小玻璃珠，用来控制滴定速度的碱式滴定管。碱式滴定管用来盛放碱或碱性溶液，不能盛放酸或氧化性滴定液等腐蚀橡胶管的溶液，见图 1-7。现在有一种得到广泛应用的滴定管，外观与酸式滴定管相似，但是活塞部分材料是聚四氟乙烯，既可用于装酸性溶液又可用于装碱性溶液。

2. 规格 常量分析的滴定管容积为 25ml 或 50ml，最小刻度为 0.1ml。另外，半微量和微量分析时，还有容积为 10ml、5ml、2ml、1ml 等规格的滴定管。

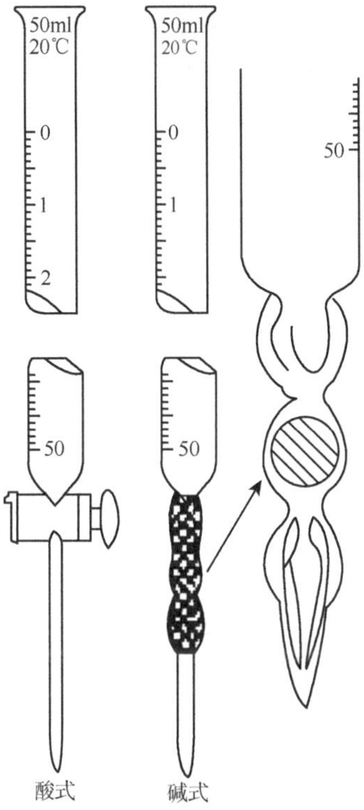

图 1-7 滴定管

（二）滴定管使用前的准备

1. 检漏 滴定管使用前应先检漏。检漏的方法是先将活塞关闭，在滴定管内装满水，擦干滴定管外部，直立放置约 2min，仔细观察滴定管尖嘴部是否有液体渗出。酸式滴定管活塞缝隙中是否有水渗出。然后将活塞旋转 180°再放置约 2min，观察是否有水渗出，若无渗水现象，即可洗净使用。如果碱式滴定管有漏水现象，应更换橡胶管或玻璃珠，如果酸式滴定管有漏水现象，应在活塞上重新涂抹凡士林。

为使滴定管活塞润滑、不漏水，转动灵活，应在活塞上涂凡士林。操作方法是：将酸式滴定管平放在台面上，取出活塞，用滤纸将活塞及活塞套内的水擦干，蘸取适量凡士林，用手指在活塞周围涂上薄薄一层，或分别涂在活塞的粗端和活塞套的细端（切勿将活塞小孔堵塞）。然后将活塞插入活塞套内，压紧并向同一方向旋转，直到活塞转动部分透明为止，最后用橡皮圈套住活塞末端，以防活塞脱落。

用聚四氟乙烯作活塞材料的滴定管不用涂抹凡士林。

2. 洗涤 滴定管洗净的标准是滴定管用水润湿时，其内壁应不挂水珠，否则说明滴定管内壁有污渍。如果无明显油污，可以用自来水冲洗，也可用肥皂水或洗涤剂冲洗（不能用去污粉）。如果仍不能洗干净，则可用洗液浸泡，再用自来水冲洗干净，最后用少量纯化水淌洗 2～3 次，直至内壁不挂水珠。

3. 装液 为避免滴定管中残留的水分改变滴定液的浓度，在装滴定液前，先用少量待装溶液进行润洗，用量一般为滴定管体积的 1/5。其方法是加入适量待装溶液，然后将滴定管倾斜，慢慢转动，使溶液浸润全管，然后打开活塞，将滴定液自下端流出。装滴定液时，要直接从试剂瓶加入滴定管，不要再经过其他容器，以免污染或影响溶液的浓度。

4. 排气泡 滴定管装满溶液后，应检查尖嘴部是否有气泡，如有气泡，将影响溶液体积的准确性，必须排除。对于酸式滴定管，如有气泡，可将滴定管倾斜，迅速转动活塞，让溶液急速下流以除去气泡。对于碱式滴定管，则可将橡胶管向上弯曲，用两指挤压玻璃珠，形成缝隙，让溶液从尖嘴口喷出，

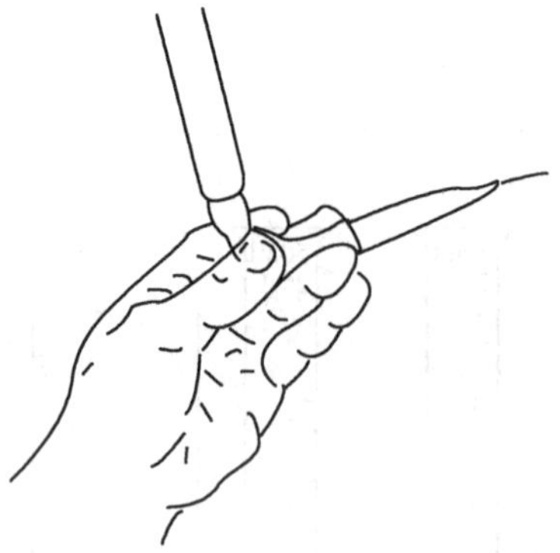

图 1-8 碱式滴定管排气泡方法

气泡即可除去，如图 1-8 所示。

5. 调零 调整滴定管内溶液凹液面最低处与滴定管的“0”刻度线相切。

（三）滴定操作

将滴定液由滴定管滴加到待测物质溶液中的操作过程称为滴定。滴定时，用左手控制滴定管，右手拿锥形瓶，如图 1-9 所示。滴定过程中左手始终控制滴定流速，右手不断旋摇锥形瓶，以使滴入的溶液快速反应完全，眼睛始终注视锥形瓶内颜色的变化，而不要注视滴定管内溶液液面的变化。

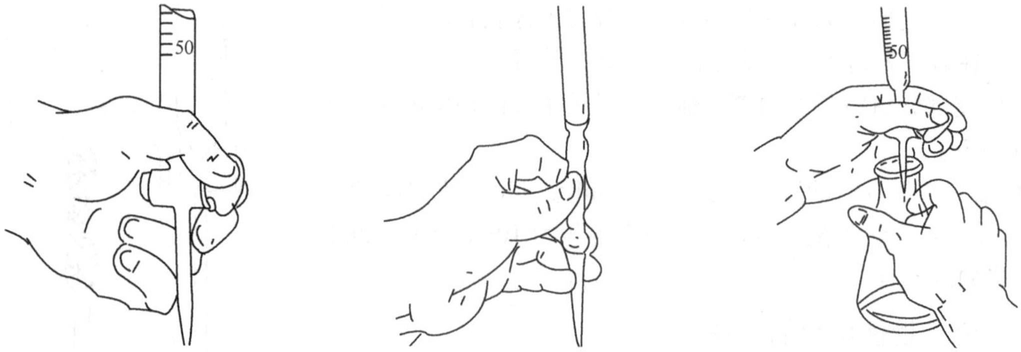

图 1-9 滴定管操作方式

（四）滴定管的读数

读数时滴定管应保持竖直，视线与滴定管中凹液面最低处相切，否则将因眼睛的位置不同而引起误差。滴定管的读数应估计到 0.01ml，即小数点后第二位，如图 1-10 所示。

每次测定开始前将溶液调至滴定管的“0”刻度线，平行测定时每次必须在同一位置,这样可以消除因上下刻度不均匀所引起的误差。滴定完毕，需等 1～2min，待内壁溶液完全流下再读数。每次滴定的初读数和末读数必须由一人读取，以免读数误差不同而引起误差的积累。

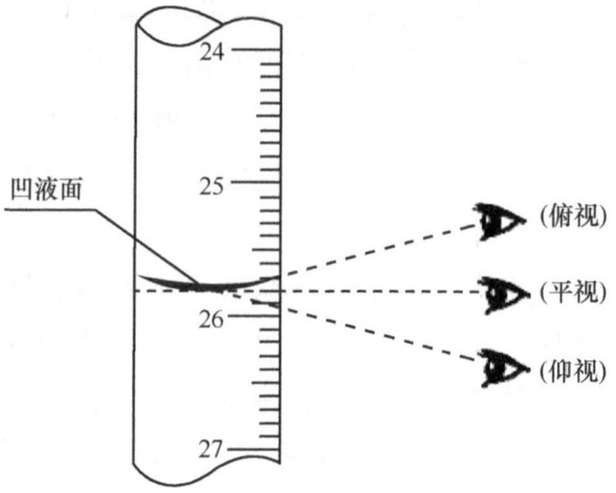

图 1-10 滴定管读数

（五）注意事项

1. 酸式滴定管的玻璃活塞与滴定管是配套的，不能任意更换。

2. 碱性滴定液不宜使用酸式滴定管，因为碱性滴定液常腐蚀玻璃，使玻璃塞和玻璃孔黏合，以致难以转动。

3. 酸式滴定管长期不用时，活塞部分应垫上滤纸，否则时间一久塞子不易打开；碱式滴定管长期不用，橡胶管应拔下，蘸些滑石粉保存。

任务 4 分析化学实验用水与实验试剂

一、分析化学实验用水

在分析化学实验中离不开实验用水。用于溶解、稀释和配制溶液的水都必须先经过净化。根据分析的任务和要求不同，对水的纯度要求也不相同。国家标准《分析实验室用水规格和试验方法》（GB/T

6682—2008）规定了分析实验室用水的级别、技术要求和实验方法，适用于化学分析和无机痕量分析等实验用水，人们应根据实际工作需要选用不同级别的水。

1. 实验用水规格 国家标准（GB/T 6682—2008）中将实验用水分为三个等级：一级水、二级水和三级水。分析实验室用水应符合表1-3所列规格。

表1-3 分析实验室用水规格

指标名称	一级	二级	三级
pH范围（25℃）	—	—	5.0～7.5
电导率（25℃）/（mS/m）	≤0.01	≤0.10	≤0.50
可氧化物质（以O计）/（mg/L）	—	<0.08	<0.4
吸光度（254nm，1cm光程）	≤0.001	≤0.01	—
蒸发残渣[（105±2）℃]/（mg/L）	—	≤1.0	≤2.0
可溶性硅（以SiO_2计）/（mg/L）	<0.01	<0.02	—

注：（1）由于在一级水、二级水的纯度下难以测定其真实的pH，因此对一级水、二级水的pH范围不做规定。
（2）一级水、二级水的电导率须用新制备的水在线测定。
（3）由于在一级水的纯度下难以测定可氧化物质和蒸发残渣，故对其限量不做规定。可用其他条件和制备方法来保证一级水的质量。

2. 纯水的制备 实验室用水的制备方法主要有蒸馏法、离子交换法和电渗析法等。

（1）蒸馏法 将原水在蒸馏装置上加热汽化，然后将蒸汽冷凝以后得到的水称为蒸馏水。蒸馏法设备成本低、操作简单，但是能耗较高、产率低，而且只能除去水中的非挥发性杂质，不能除去水中的气体和少量的金属离子。

（2）离子交换法 用离子交换树脂分离出水中杂质离子的方法称为离子交换法，离子交换法制得的水称为去离子水。该法优点是操作简便、设备简单、出水量大、成本低。去离子水在一般情况下可代替蒸馏水。

（3）电渗析法 在外电场的作用下，利用阴、阳离子交换膜对溶液中离子的选择性透过而使溶质和溶剂分离，从而得到的净化水称为电渗析水。此方法除去杂质的效率较低，适用于要求不是很高的分析工作。与离子交换法类似，电渗析法也不能除掉非离子型杂质，但电渗析仪器的使用周期比离子交换柱长，再生处理比离子交换柱简单。

在化学定量分析中，主要使用三级水，有时需将三级水加热煮沸后使用，特殊情况下也使用二级水。仪器分析实验中主要使用二级水，有的实验还需使用一级水。

二、实验试剂

1. 实验试剂的分级 试剂的纯度对实验结果的准确度影响很大，不同的实验对试剂的纯度要求也不相同。一般实验室所用的化学试剂分为三级：优级纯、分析纯、化学纯。取用时应按不同的实验要求选用不同规格的试剂（表1-4）。例如，一般无机实验用三级试剂即可，分析实验则需取用纯度较高的二级甚至一级试剂。

表1-4 国家标准规定化学试剂的级别和适用范围

级别	名称	符号	标签颜色	适用范围
一级	优级纯（保证试剂）	GR	绿	纯度很高，适用于精密分析和科研工作
二级	分析纯（分析试剂）	AR	红	纯度仅次于一级，适用于一般分析实验和科学研究工作
三级	化学纯	CP	蓝	纯度较二级差，适用于一般化学实验
四级	实验试剂	LR	黄	纯度较低，用作实验辅助试剂或用于一般制备

2. 化学试剂的选择和取用 试剂的取用应该按照节约的原则，根据所做实验的具体情况，如分析方法的灵敏度和选择性、分析对象的含量及对分析结果准确度的要求，合理地选用相应级别的试剂。

（1）如果所做实验对杂质含量要求低，应选择优级纯试剂；如果只对主体含量要求高，则应选用分析纯试剂。

（2）在一般无机化学实验中，化学纯试剂已经可以符合实验要求。

为防止试剂受到污染，保证实验结果的准确性，在取用试剂时应注意遵守以下规则。

（1）试剂不能与手接触。

（2）要用洁净的药匙、量筒或滴管取用试剂，绝对不准用同一工具同时连续取用多种试剂。取完一种试剂后，应将工具（药匙）洗净擦干后，方可取用另一种试剂。

（3）取完试剂后应及时盖好瓶塞或者胶头滴管，避免错放造成试剂污染。一定要将瓶塞盖紧，不可放错瓶盖和滴管，用完后将瓶放回原处。

（4）已取出的试剂不能再放回原试剂瓶内。

自测题

一、选择题

1. 按任务分类的分析方法为（　　）
   A. 无机分析与有机分析
   B. 定性分析、定量分析和结构分析
   C. 常量分析与微量分析
   D. 化学分析与仪器分析
   E. 重量分析与滴定分析
2. 在半微量分析中对固体物质称样量范围的要求是（　　）
   A. 0.1～1g　B. 0.01～0.1g
   C. 0.001～0.01g　D. 0.00001～0.0001g
   E. 1g 以上
3. 酸碱滴定法属于（　　）
   A. 重量分析　B. 电化学分析
   C. 化学分析　D. 光学分析
   E. 色谱分析
4. 鉴定物质化学组成属于（　　）
   A. 定性分析　B. 定量分析
   C. 结构分析　D. 化学分析
   E. 仪器分析
5. 在定性分析化学中一般采用（　　）
   A. 仪器分析　B. 化学分析
   C. 常量分析　D. 微量分析
   E. 半微量分析
6. 用 25ml 移液管移出的溶液体积应记录为（　　）
   A. 25ml　B. 25.0ml　C. 25.00ml
   D. 25.000ml　E. 25.0000ml
7. 分析化学实验中所用纯水的制备方法有（　　）
   A. 蒸馏法　B. 交换法　C. 渗析法
   D. 渗透法　E. 过滤
8. 关于容量瓶的正确说法是（　　）
   A. 有刻度
   B. 无刻度
   C. 容量瓶可以用来长期存放配制好的溶液
   D. 容量瓶什么溶液都可以配制
   E. 可以盛放热溶液
9. 分析化学实验中滴定管剩余体积为 10ml，应记录为（　　）
   A. 10ml　B. 10.0ml　C. 10.00ml
   D. 10.000ml　E. 10.0000ml
10. 滴定管使用前不需要做的准备是（　　）
   A. 检漏　B. 洗涤　C. 排气泡
   D. 摇匀　E. 调零

二、简答题

1. 分析化学的任务和作用是什么？
2. 简述分析方法的分类。
3. 用分析天平称量的方法有哪几种？增重称量法和递减称量法各有何特点？在什么情况下选用这两种方法？

（王宝春）

项目2 定量分析误差和有效数字

学习目标

1. **知识目标：**掌握误差的来源和分类、误差的减免方法，了解分析结果的评判方法。
2. **能力目标：**能够进行误差分析及有效数字的修约，能够对数据的可疑值进行判断、取舍。
3. **素质目标：**培养学生一丝不苟、精益求精的研学精神。

链接 烹饪中的精确称量与有效数字的重要性

在烹饪中，假设我们按照食谱需要精确称量30g白砂糖来制作甜点。使用家用电子秤称量时，若连续称量几次得到的结果分别是29.8g、30.1g和30.2g，称量结果显然存在定量分析误差：虽然目标值是30g，但实际测量值存在微小差异。同时，这些结果也强调了有效数字的重要性——即使是小数点后一位的微小变化，也可能影响最终甜点的口感或质量。因此，在定量分析时，精确测量和正确记录有效数字至关重要。

任务1 定量分析误差

一、误差的分类

定量分析中的误差就其来源和性质的不同，可分为系统误差和偶然误差。

（一）系统误差

系统误差又称可定误差，是由某种固定原因造成的误差，系统误差具有大小、正负可以确定，局域重复性和单向性的特点。系统误差在同一条件下多次测量时会重复出现，使测定结果总是偏高或偏低。根据产生原因，系统误差可以分为方法误差、试剂误差、仪器误差和操作误差四种。

1. 方法误差 由于分析方法本身不合理或者不完善所引起的误差。例如，滴定分析中反应进行不完全，由指示剂引起的终点与化学计量点不符合及发生副反应等，使测定结果偏高或偏低。

2. 试剂误差 由于试剂不纯或溶剂中含有微量杂质或待测组分等引起的误差。例如，使用的试剂中含有微量被测组分或存在其他干扰杂质等。

3. 仪器误差 由于所用仪器本身不够准确或未经校准所引起的误差。例如，天平两臂不等长，滴定管、容量瓶、移液管等刻度不够准确等，在使用过程中会使测定结果产生系统误差。

4. 操作误差 由于分析工作人员的分析操作不准确或某些主观原因造成的误差。例如，滴定管读数偏高或偏低，对某种颜色的辨别不够敏锐等所造成的误差。

（二）偶然误差

偶然误差又称为随机误差或不可定误差，是由某些不确定的偶然因素造成的误差，如环境温度、大气压力、空气湿度、仪器工作性能的微小变动、试样处理条件的微小差异等，都可能引起测量数据的波动而带来误差。

偶然误差的特点是大小、正负都不固定，时大时小，时正时负，难以预测和控制，对分析结果的

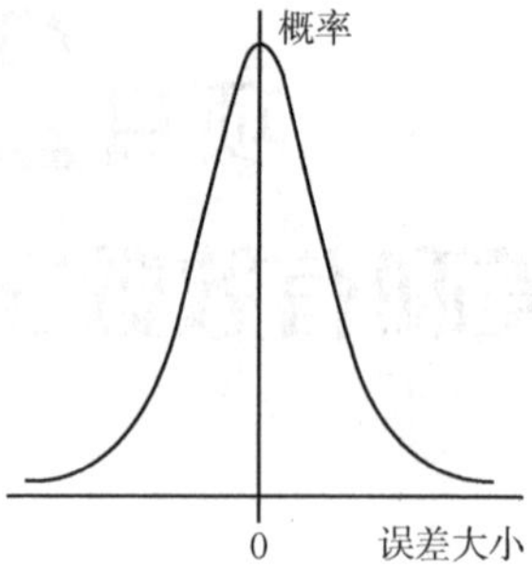

图 2-1 偶然误差的正态分布

影响也不固定。但是经过统计发现，偶然误差的出现服从统计学中的正态分布规律：小误差出现的概率大，大误差出现的概率小，特别大的误差出现的概率特别小；绝对值大小相等的正负误差出现的概率相等，见图 2-1。

由偶然误差的正态分布可知，在排除系统误差的情况下，平行测定的次数越多，其算术平均值越接近真实值，因此可以通过增加平行测定次数取结果的平均值，以减小偶然误差，使正、负误差相互完全抵消或部分抵消。

在分析测定过程中，除系统误差和偶然误差外，还有因人为疏忽或差错而引起的"过失误差"，但其本质不属于误差的范畴，是一种错误，如器皿不洁净、丢损试液、加错试剂、看错砝码、记录或计算错误等，由此产生的实验数据应弃去不用。

二、准确度和精密度

（一）准确度与误差

准确度是指测量值与真实值（真值）之间接近的程度，用于表示分析结果的准确性和分析方法的可靠性，通常用误差表示。测量值与真值越接近，误差越小，测量结果越准确，反之准确度越低。误差的表示方法可分为绝对误差和相对误差。

1. 绝对误差（E） 指测量值 X 与真值 μ 之间的差值，可以表示为

$$E = X - \mu \tag{2-1}$$

2. 相对误差（RE） 指绝对误差 E 在真值 μ 中所占的百分率，可以表示为

$$\mathrm{RE} = \frac{E}{\mu} \times 100\% \tag{2-2}$$

绝对误差是以测量值的单位为单位，而相对误差没有单位。绝对误差和相对误差都有正值和负值。当测量值大于真值时，误差为正值，表示分析结果偏高；反之，误差为负值，表示测量结果偏低。

例题 2-1 用分析天平称得某两份试样 A 和 B 的质量分别为 1.6861g 和 0.1681g。假定两份试样 A 和 B 的真实质量分别为 1.6860g 和 0.1680g。试分别计算其绝对误差和相对误差，并问哪一份试样的称量准确度更高？

解：两次称量的绝对误差分别计算如下

$$试样\ A：E_1 = 1.6861 - 1.6860 = 0.0001\ (\mathrm{g})$$

$$试样\ B：E_2 = 0.1681 - 0.1680 = 0.0001\ (\mathrm{g})$$

两次称量的相对误差分别计算如下

$$试样\ A：\mathrm{RE}_1 = \frac{0.0001}{1.6861} \times 100\% = 0.006\%$$

$$试样\ B：\mathrm{RE}_2 = \frac{0.0001}{0.1681} \times 100\% = 0.06\%$$

由此可见，虽然两物体称量的绝对误差相等，但它们的相对误差并不相同。在绝对误差大小相同的情况下，当被测物体真实质量较大时，其相对误差较小，测定结果的准确度较高，因此相对误差能够更好地反映分析结果的准确度。

要确定准确度，需要知道真值。在实际工作中，由于任何测量都存在误差，所以不可能测得真值，而只能逼近真值。分析化学中的真值可分为理论真值、约定真值和相对真值。

（1）理论真值 是由理论推导得出的，不是实际测定的数值，如三角形的内角和为 180°、圆周率等。

（2）约定真值 由国际计量大会规定的值，如时间、质量、物质的量、相对原子质量、分子量及

一些常数等。

（3）相对真值　即采用可靠的分析方法，在权威机构认可的实验室里，使用最精密的仪器，由不同有经验的分析工作者，对同一试样进行反复多次实验，所得大量数据经数理统计方法处理后的平均值作为相对真值，如药物分析或中药分析中的标准品或对照品。

（二）精密度与偏差

精密度是指在相同条件下，对同一试样进行多次测量，各测量值之间相互接近的程度，用偏差衡量。精密度的高低反映了分析方法的稳定性和测量结果的重现性。各测量值之间越接近，偏差越小，精密度越高；反之，偏差越大，精密度越低。偏差的表示方法如下。

1. 绝对偏差 d_i 和相对偏差 d_r　绝对偏差 d_i 是指测量值 X_i 与相应算术平均值 $\bar{X}$ 之差：

$$d_i = X_i - \bar{X} \tag{2-3}$$

式中，$\bar{X} = \frac{1}{n}\sum_{i=1}^{n} X_i$ 为多次平行测定结果的平均值。

相对偏差 d_r 是指绝对偏差在平均值 $\bar{X}$ 中所占的百分比。相对偏差的正负取决于绝对偏差的符号。

$$d_r = \frac{d_i}{\bar{X}} \times 100\% \tag{2-4}$$

2. 平均偏差 $\bar{d}$ 和相对平均偏差 $R\bar{d}$　平均偏差是指各个绝对偏差绝对值的平均值，用 $\bar{d}$ 表示，反映了某一组测量值总体偏离平均值的程度。

$$\bar{d} = \frac{|X_1 - \bar{X}| + |X_2 - \bar{X}| + \cdots + |X_n - \bar{X}|}{n} \tag{2-5}$$

式中，n 为测定次数；$\bar{d}$ 为正值。

相对平均偏差是指平均偏差在平均值中所占的比例，用 $R\bar{d}$ 表示。

$$R\bar{d} = \frac{\bar{d}}{\bar{X}} \times 100\% \tag{2-6}$$

例题 2-2　现有两组测量数据，各次测量的值分别为

第一组：2，5，8；第二组：3，6，9。

试计算两组测定值的平均偏差（$\bar{d}$）

第一组：$\bar{X} = \frac{2+5+8}{3} = 5$

$$\bar{d} = \frac{|X_1 - \bar{X}| + |X_2 - \bar{X}| + \cdots + |X_n - \bar{X}|}{n} = \frac{|2-5|+|5-5|+|8-5|}{3} = 2$$

第二组：$\bar{X} = \frac{3+6+9}{3} = 6$

$$\bar{d} = \frac{|X_1 - \bar{X}| + |X_2 - \bar{X}| + \cdots + |X_n - \bar{X}|}{n} = \frac{|3-6|+|6-6|+|9-6|}{3} = 2$$

3. 标准偏差和相对标准偏差　由于在一系列测定值中，偏差小的测定值总是占多数，因此按总测定次数计算平均偏差时会使得所得结果的偏差偏小，大偏差值将得不到充分反映。在数理统计中，一般不采用平均偏差和相对平均偏差来表示精密度，采用标准偏差（S）来衡量测定数据的精密度高低，以突出测定结果偏差的影响。

$$S = \sqrt{\frac{\sum_{i=1}^{n}(X_i - \bar{X})^2}{n-1}} \tag{2-7}$$

式中，n 为测定次数，当 $n \leqslant 20$ 时，适用式（2-6）。

相对标准偏差是指标准偏差占平均值的百分率，也称为变异系数（CV）。实际分析工作中，常用RSD表示。

$$\mathrm{RSD}=\frac{S}{\overline{X}}\times 100\% \tag{2-8}$$

标准偏差的单位与测量数据的单位相同，相对标准偏差无单位，计算时保留1～2位有效数字。

例题 2-3 计算例题2-2中两组数据的相对标准偏差

第一组：

$$S=\sqrt{\frac{\sum_{i=1}^{n}(X_i-\overline{X})^2}{n-1}}=\sqrt{\frac{d_1^2+d_2^2+d_3^2+\cdots+d_i^2}{n-1}}$$

$$=\sqrt{\frac{(2-5)^2+(5-5)^2+(8-5)^2}{3-1}}=2.45$$

$$\mathrm{RSD}=\frac{S}{\overline{X}}\times 100\%=\frac{2.45}{5}\times 100\%=49.0\%$$

第二组：

$$S=\sqrt{\frac{\sum_{i=1}^{n}(X_i-\overline{X})^2}{n-1}}=\sqrt{\frac{d_1^2+d_2^2+d_3^2+\cdots+d_i^2}{n-1}}$$

$$=\sqrt{\frac{(3-6)^2+(6-6)^2+(9-6)^2}{3-1}}=2.45$$

$$\mathrm{RSD}=\frac{S}{\overline{X}}\times 100\%=\frac{2.45}{6}\times 100\%=40.8\%$$

通过例题2-2和例题2-3的计算结果表明，虽然两组数据的平均偏差是一样的，但是由于第一组数据较为分散，通过相对标准偏差可以辨出两组数据的精密度差异，即第二组的精密度好于第一组。

例题 2-4 平行标定某一溶液的浓度，共滴定4次，结果分别为0.2041mol/L、0.2049mol/L、0.2039mol/L和0.2043mol/L。请计算测定结果的平均值$\overline{X}$、平均偏差$\overline{d}$、相对平均偏差$R\overline{d}$、标准偏差S和相对标准偏差RSD。

解：平均值：$\overline{X}=\dfrac{0.2041+0.2049+0.2039+0.2043}{4}=0.2043(\mathrm{mol/L})$

平均偏差：

$$\overline{d}=\frac{|X_1-\overline{X}|+|X_2-\overline{X}|+\cdots+|X_n-\overline{X}|}{n}$$

$$=\frac{|0.2041-0.2043|+|0.2049-0.2043|+|0.2039-0.2043|+|0.2043-0.2043|}{4}=0.0003(\mathrm{mol/L})$$

相对平均偏差：$R\overline{d}=\dfrac{\overline{d}}{\overline{X}}\times 100\%=\dfrac{0.0003}{0.2043}\times 100\%=0.15\%$

标准偏差：

$$S=\sqrt{\frac{\sum_{i=1}^{n}(X_i-\overline{X})^2}{n-1}}=\sqrt{\frac{d_1^2+d_2^2+d_3^2+\cdots+d_i^2}{n-1}}$$

$$=\sqrt{\frac{(0.0002)^2+(0.0006)^2+(0.0004)^2+(0.0000)^2}{4-1}}=0.0004(\mathrm{mol/\ L})$$

相对标准偏差：$\mathrm{RSD}=\dfrac{S}{\overline{X}}\times 100\%=\dfrac{0.0004}{0.2043}\times 100\%=0.2\%$

4. 公差 在生产部门通常并不强调误差与偏差的区别，而是用“公差”范围来表示允许误差的大小。公差是生产部门的分析结果允许误差的一种限量，又称为允许误差。如果分析结果超出允许的公差范围称为超差，遇到这种情况，则该项分析应该重做。公差范围的确定一般是根据生产需要和实际情况而制订的。所谓实际情况主要指样品组成的复杂情况及所用分析方法的准确程度。对于每项具体的分析工作，各主管部门都规定了具体的公差范围。

（三）准确度和精密度的关系

准确度和精密度是判断分析结果是否准确的依据，测定结果应从准确度与精密度两个方面进行衡量，两者在概念上有所区别。准确度是检验测量值与真值的符合程度，取决于测定过程中所有误差；而精密度则表示测定结果的重现性，与真值无关，只取决于测量的偶然误差。因此，应该从准确度和精密度两个方面评价数据优劣。

如图 2-2，甲、乙、丙、丁四人同时测定同一样品中铁的含量，各自平行测定四次，测定结果如下：

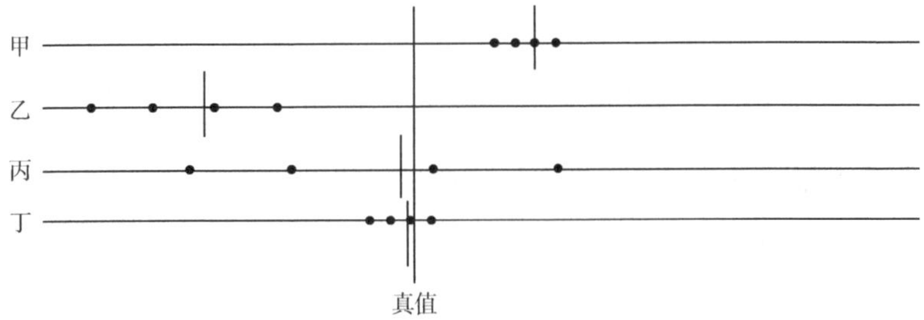

图 2-2　准确度与精密度关系示意图

其中，甲的测定值精密度虽高，但离真值较远，准确度低，在分析测试过程可能存在系统误差；乙的精密度和准确度都不高，既可能存在系统误差，也存在较大的偶然误差；丙的测定值虽然平均值接近真值，但精密度低，存在较大的正负误差并相互抵消，从而使得测定值的平均值接近真值，但这纯属巧合，测定结果不可靠，准确度低；丁的测定值彼此接近，平均值也接近真值，表明精密度和准确度都较高，结果可靠。

对于准确度与精密度的关系，可以得出以下结论。

1. 准确度表示分析结果的正确性，而精密度表示分析结果的重复性。

2. 分析结果准确度高，精密度一定高。分析结果精密度高，准确度不一定高。只有在消除了系统误差的前提下，精密度好，准确度才会高。

3. 精密度高是保证准确度高的前提。只有准确度高（不存在系统误差）和精密度高（偶然误差较小）的测定值结果才准确可靠。

三、提高分析结果准确度的方法

（一）选择适当的分析方法

不同分析方法的灵敏度和准确度不同。化学分析准确度较高，灵敏度较低，一般用于高含量组分的测定；仪器分析灵敏度高，绝对误差小，相对误差较大，一般用于微量组分或痕量组分的测定。因此化学分析主要用于常量组分的分析，微量组分或痕量组分的测定则主要采用仪器分析。

（二）减小测量误差

为了保证分析结果的准确度，在选定适当的分析方法后，还应尽量减小分析过程中各步骤的测量误差。例如，分析天平的称量误差为±0.0001g，样品的称量一般采用两次称量法（减重法），可能引起的最大误差为±0.0002g，要使称量的相对误差控制在±0.1%，试样的质量不能太小，必须满足下列条件：

$$试样质量 \geqslant \frac{\pm 0.0002}{\pm 0.1\%} = 0.2(g)$$

（三）消除或减小测量中的系统误差

1. 对照试验 旨在检验测定过程中是否存在系统误差。对照试验一般可以分为两种：一种是用待检验的分析方法分析测定某一已知含量的标准品或基准物质，将测定结果与标准值进行比较，并用统计学检验方法确定分析方法有无系统误差；另一种是用标准分析方法与所选分析方法同时测定同一试样进行对照，以判断分析过程中是否存在系统误差。

2. 空白试验 旨在消除由于试剂、纯化水及仪器器皿引入的杂质所造成的系统误差。在不加试样的情况下，按照与被测试样相同的条件和步骤进行的试验称为空白试验，所得结果称为空白值。从试样的测量结果中扣除空白值，即可消除由于试剂、纯化水、仪器器皿引入的杂质所造成的系统误差，得到比较可靠的分析结果。

3. 校准仪器 校准仪器可以减小或消除仪器不准引起的误差。由于计量与测量仪器的状态会随时间、环境条件等的变化而改变，因此应定期对仪器进行校正，并且在同一实验中使用同一仪器。

4. 回收试验 旨在检验是否存在方法误差。回收试验指在已测定待测组分含量的试样中，加入已知量被测组分的纯物质或标准品，然后用与测定待测试样相同的分析方法进行测定，根据试验结果，计算回收率：

$$回收率(\%) = \frac{加入纯品后的测定值 - 加入纯品前的测定值}{加入纯品的量} \times 100\%$$

回收率越接近 100%，说明方法的系统误差越小，准确度越高。

（四）增加平行测定次数，减小偶然误差

根据偶然误差分布规律，在消除系统误差的前提下，增加平行测定次数可减小偶然误差对分析结果的影响，使测定的平均值与真值相接近。在实际工作中，一般平行测定 3～5 次，精密度符合要求即可。另外，在实验中选用稳定性更好的仪器，保持实验环境稳定，提高实验技术人员操作熟练程度等都有助于减少偶然误差。

（五）遵守操作规程，消除操作误差

在实验操作过程中，严格按照实验操作规程进行实验操作，杜绝或消除操作误差。

任务 2　有效数字与分析数据的处理

一、有效数字及其运算规则

在实际工作中，为了得到准确的分析结果，不仅要准确地进行测定，而且还要正确地记录数据和计算结果。分析结果的数值不仅表示试样中被测成分的含量，而且还反映了测定的准确程度，因此必须正确记录测定的数据。

（一）有效数字

1. 有效数字的定义 有效数字是指实际能测量到的有意义的数字，包括所有准确数字和最后一位欠准（可疑）数字。有效数字既能表示数值的大小，又能反映测量的准确度。

例如，图 1-10 为某分析测定中滴定管的读数 25.81ml。其中，前三位数字 25.8 是准确读出来的（有刻度），最后一位数字 1 则是估读出来的（没有刻度），也称为可疑数字。

有效数字不仅反映了数值的大小，同时也反映了数据的准确程度和分析仪器的精密程度。例如，上述滴定管的读数 25.81ml 不仅表示消耗即滴定液体积为 25.81ml，同时也反映了滴定管的精度为 ±0.01ml，即最后一位可疑数字可以有 ±1 的误差。有效数字中的每一个数字都有其本身的意义，不能随便增减，包括最后一位可疑数字。记录测量所得数据时，必须保留而且只允许保留一位可疑数字。

2. 有效数字的位数 有效数字的位数与测定的相对误差有关，其位数的确定遵循以下原则。

（1）数字 1～9 在数据中，数字 1～9 均为有效数字，每一位数字均算作一位有效数字，如 11.25 为四位有效数字。

（2）数字 0 0 在数据中除表示数值大小外，还有定位的作用。0 用于定位时（即第一个非 0 数字前面的 0 起到定位作用），不是有效数字；0 在数字中间或后面是有效数字。如 0.0540、0.800 为 3 位有效数字，1.0005、30.003、23405 为 5 位有效数字。

（3）对于 pH、lg$K$ 等对数值 其有效数字的位数只取决于小数部分数字的位数。例如，pH＝12.68，即$[H^+] = 2.1\times10^{-13}$mol/L，其有效数字位数为 2 位，而不是 4 位。

（4）单位换算或采用科学记数法 单位换算的有效数字的位数不变，如 22.74ml 可写为 0.02274L。科学记数法的有效数字位数取决于 10^n 前的数字，如 1.83×10^{-2} 为三位有效数字。

（5）百分数 百分数的有效数字位数取决于百分号前的数字，如 92.3%为三位有效数字。

（二）有效数字的修约

1. 术语和定义

（1）数值修约 通过省略原数值的最后若干位数字，调整所保留的末位数字，使最后所得到的值最接近原数值的过程。经数值修约后的数值称为（原数值的）修约值。

（2）修约间隔 修约值的最小数值单位。修约间隔的数值一经确定，修约值即为该数值的整数倍。例如，指定修约间隔为 0.1，修约值应在 0.1 的整数倍中选取，相当于将数值修约到一位小数。

（3）特定场合 系指修约间隔明确时。

2. 数值修约规则

（1）确定修约间隔 指定修约间隔为 10^{-n}（n 为正整数），或指明将数值修约到 n 位小数；指定修约间隔为 1，或指明将数值修约到“个”数位；指定修约间隔为 10^n（n 为正整数），或指明将数值修约到“十”、“百”、“千”……数位。

（2）进舍规则

1）拟舍弃数字的最左一位数字小于 5，则舍去，保留其余各位数字不变。例如，将 12.1498 修约到个数位，得 12；将 12.1498 修约到一位小数，得 12.1。

2）拟舍弃数字的最左一位数字大于 5，则进一，即保留数字的末位数字加 1。例如，将 1268 修约到“百”数位，得 13×10^2（特定场合可写为 1300）。

3）拟舍弃数字的最左一位数字是 5，且其后有非 0 数字时进一，即保留数字的末位数字加 1。例如，将 10.5002 修约到个数位，得 11。

4）拟舍弃数字的最左一位数字为 5，且其后无数字或皆为 0 时，若所保留的末位数字为奇数（1，3，5，7，9）则进一，即保留数字的末位数字加 1；若所保留的末位数字为偶数（0，2，4，6，8），则舍去。如数值 1.050、0.35 修约间隔为 0.1，则修约值分别为 10×10^{-1}、4×10^{-1}（特定场合可写成为 1.0、0.4）；又如数值 2500、3500 修约间隔为 1000（或 1×10^3），则修约值分别为 2×10^3、4×10^3（特定场合可写成为 2000、4000）。

5）负数修约时，先将它的绝对值按上述进舍规则的规定进行修约，然后在所得值前面加上负号。如数值–355、–325 修约到“十”位数，则修约值分别为-36×10、-32×10（特定场合可写成为–360、

–320）；又如数值–0.0365 修约到三位小数，即修约间隔为 10^{-3}，则修约值为-36×10^{-2}（特定场合可写成为–0.036）。

（3）不允许连续修约

1）拟修约数字应在确定修约间隔或指定修约数位后一次修约获得结果，不得多次连续修约。如修约 97.46，修约间隔为 1。正确的做法：97.46→97；不正确的做法：97.46→97.5→98。又如修约 15.4546，修约间隔为 1。正确的做法：15.4546→15；不正确的做法：15.4546→15.455→15.46→15.5→16。

2）在具体实施中，有时测试与计算部门先将获得数值按指定的修约数位多一位或几位报出，而后由其他部门判定。

（4）0.5 单位修约与 0.2 单位修约　在对数值进行修约时，若有必要，也可采用 0.5 单位修约或 0.2 单位修约。

1）0.5 单位修约：指按指定修约间隔对拟修约的数值 0.5 单位进行的修约。

0.5 单位修约方法如下：将拟修约数值 X 乘以 2，按指定修约间隔对 $2X$ 依上述进舍规则规定修约，所得数值（$2X$ 修约值）再除以 2。如拟修约数值 X 为 60.25，修约到"个"数位的 0.5 单位修约，则 $2X$ 为 120.50，$2X$ 修约值为 120，X 的修约值为 60.0。

2）0.2 单位修约：指按指定修约间隔对拟修约的数值 0.2 单位进行的修约。

0.2 单位修约方法如下：将拟修约数值 X 乘以 5，按指定修约间隔对 $5X$ 依上述进舍规则规定修约，所得数值（$5X$ 修约值）再除以 5。如拟修约数值 X 为 830，修约到"百"数位的 0.2 单位修约，则 $5X$ 为 4150，$5X$ 修约值为 4200，X 的修约值为 840。

（三）有效数字的运算规则

在分析结果的计算中，每个测量值的误差都将传递到最后的测定结果中，因此根据测量值之间、计算结果与测量值之间准确度一致的原则，确定各位有效数字保留的位数。然后根据修约规则对各有效数字进行修约，最后运算，得出运算结果。

数值修约的计算必须遵循以下的运算规则。

1. 加减运算　在加减运算中，先修约，再加减。以小数点后位数最少（即绝对误差最大）的数据为标准对所有数字进行修约，为避免误差快速累计，修约时可多保留一位，然后加减，运算结果仍保留规定的位数。

例题 2-6　计算 0.2524 + 3.14 + 1.159

解：$0.2524 + 3.14 + 1.159 = 0.252 + 3.14 + 1.16 = 4.552=4.55$

2. 乘除运算　在乘除运算中，先修约，再乘除。以有效数字总位数最少（即相对误差最大）的数据为标准对所有数字修约，修约时可多保留一位，然后乘除，运算结果保留的位数与运算过程修约时的位数相同。

例题 2-7　计算 $0.0121\times25.64\times1.0581$

解：$0.0121\times25.64\times1.0581 = 0.0121\times25.6\times1.06= 0.3283456 = 0.328$

二、可疑值的取舍

在分析工作中通常要对试样进行平行测定，在测得的一组数据中，可能会出现个别数据与其他数据相差较大的情况，这种数据称为可疑值或逸出值。如果此数据确定是由于实验中的过失造成，则可舍去，否则可应用统计学方法进行检验，决定其取舍。在统计学中处理可疑值的常用方法有两种：Q 检验法和 G 检验法。

（一）Q 检验法

在测定次数较少时（n=3～10），用 Q 检验法决定可疑值的取舍是比较合理的方法。其检验步骤如下。

1. 将所有测量数据按从小到大顺序排列，算出测定值的极差（即最大值与最小值之差）。
2. 计算出可疑值与其邻近值之差的绝对值。
3. 用式（2-8）计算 $Q_{计}$。

$$Q_{计}=\frac{|X_{可疑}-X_{邻近}|}{X_{最大}-X_{最小}} \tag{2-9}$$

4. 查 Q 值表（表 2-1），如果 $Q_{计}>Q_{表}$，将可疑值舍去，反之，应当保留。

表 2-1 不同置信度下的 Q 值表

置信度/%	测定次数							
	3	4	5	6	7	8	9	10
90	0.94	0.76	0.64	0.56	0.51	0.47	0.44	0.41
95	0.98	0.85	0.73	0.64	0.59	0.54	0.51	0.48
99	0.99	0.93	0.82	0.74	0.68	0.63	0.60	0.57

例题 2-8 检测人员对试样中钙的含量进行了 6 次测定，测定结果钙的百分含量分别为 38.51%、38.45%、38.47%、38.50%、38.62%、38.40%，试用 Q 检验法判断可疑值 38.62%是否应弃去（置信度为 90%）。

解：（1）将各数据按由小到大进行排列：38.40%、38.45%、38.47%、38.50%、38.51%、38.62%，求出最大值与最小值之差：38.62%–38.40%=0.22%。

（2）求出可疑值与其相邻数据之差的绝对值：38.62%–38.51%=0.11%。

（3）计算 Q 值：$Q_{计}=\frac{0.11\%}{0.22\%}=0.50$。

（4）查表 2-1 得，当 n=6 时，$Q_{表}=0.56$。

（5）判断：$Q_{计}<Q_{表}$，所以可疑值 38.62%应保留。

（二）G 检验法

G 检验法是目前较常使用的检验可疑值的方法，具体步骤如下。

1. 计算出包括可疑值在内的平均值及标准偏差。
2. 计算可疑值与平均值之差的绝对值。
3. 按式（2-10）计算 $G_{计}$ 值：

$$G_{计}=\frac{|X_{可疑}-\bar{X}|}{S} \tag{2-10}$$

4. 查 G 值表（表 2-2），如果 $G_{计}>G_{表}$，将可疑值舍去，反之，应当保留。

表 2-2 G 检验临界值表

置信度/%	测定次数							
	3	4	5	6	7	8	9	10
90	1.15	1.46	1.67	1.82	1.94	2.03	2.11	2.18
95	1.15	1.48	1.71	1.89	2.02	2.13	2.21	2.29
99	1.15	1.49	1.75	1.94	2.10	2.22	2.39	2.48

例题 2-9 下列一组数据：0.1008、0.1010、0.1012、0.1018。在置信度为 90%下，用 G 检验法判

断第 4 个数据是否保留？

解： $\bar{X}=\dfrac{0.1008+0.1010+0.1012+0.1018}{4}=0.1012(\text{mol/L})$

$$S=\sqrt{\frac{\sum_{i=1}^{n}(X_i-\bar{X})^2}{n-1}}=\sqrt{\frac{d_1^2+d_2^2+d_3^2+\cdots+d_i^2}{n-1}}$$

$$=\sqrt{\frac{(0.0004)^2+(0.0002)^2+(0.0000)^2+(0.0006)^2}{4-1}}=0.00043$$

$$G_{计}=\frac{|X_{可疑}-\bar{X}|}{S}=\frac{|0.1018-0.1012|}{0.00043}=1.40$$

查表 2-2，n=4，置信度为 90%时，$G_{表}=1.46$，$G_{表}>G_{计}$，数据 0.1018 应当保留。

自测题

一、单选题

1. 下列叙述错误的是（ ）
   A. 方法误差属于系统误差
   B. 系统误差又称可定误差
   C. 系统误差呈正态分布
   D. 系统误差包括操作误差
   E. 误差难以避免
2. 下列措施能减小偶然误差的是（ ）
   A. 空白试验　B. 对照试验
   C. 回收试验　D. 多次测定取平均值
   E. 校准仪器
3. 偶然误差产生的原因不包括（ ）
   A. 方法不当　B. 温度的变化
   C. 湿度的变化　D. 气压的变化
   E. 分析仪器的轻微波动
4. 精密度的表示方法不包括（ ）
   A. 绝对偏差　B. 相对误差
   C. 相对平均偏差　D. 标准偏差
   E. 相对标准偏差
5. 一次成功的测量结果应是（ ）
   A. 精密度高，准确度高　B. 精密度高，准确度差
   C. 精密度差，准确度高　D. 精密度差，准确度差
   E. 不存在任何偶然误差和系统误差
6. 下列测量值中，不是四位有效数字的是（ ）
   A. 10.00　B. 0.1234
   C. 10.010　D. 20.10
   E. 0.002412
7. 使用的试剂溶剂不纯所引起的误差，称为（ ）
   A. 方法误差　B. 仪器误差
   C. 试剂误差　D. 过失误差
   E. 偶然误差
8. 衡量准确度大小，常用什么表示（ ）
   A. 误差　B. 偏差
   C. 平均偏差　D. 相对平均偏差
   E. 标准偏差
9. 下列有关偶然误差的叙述中不正确的是（ ）
   A. 偶然误差在分析中是不可避免的
   B. 偶然误差中正负误差出现的机会相等
   C. 可以通过多次测量取平均值减小偶然误差
   D. 偶然误差由一些不确定的偶然因素造成
   E. 偶然误差具有单向性
10. 分析结果的精密度高，其准确度（ ）
   A. 一定高　B. 为正值
   C. 不变　D. 为负值
   E. 不一定高

二、简答题

1. 简述准确度与精密度的区别和联系。
2. 简述系统误差与偶然误差的区别，其消除或减免的方法。

三、计算题

1. 将下列数据修约成四位有效数字。
   （1）39.225　（2）0.359350
   （3）32.0451　（4）17.475
   （5）1.8351×10^{-3}　（6）548.359
   （7）532.87
2. 标定盐酸溶液的浓度（mol/L），五次平行操作结果分别为 0.1048、0.1037、0.1047、0.1043、0.1040。计算平均浓度、平均偏差、相对平均偏差、标准偏差和相对标准偏差。

（杨　栩）

项目3
滴定分析法概论

学习目标

1. 知识目标：掌握滴定分析法的基本概念；熟悉滴定反应必须具备的基本条件，以及滴定液浓度的表示方法；了解滴定分析法和滴定方式的分类。

2. 能力目标：能够准确配制滴定液，熟悉多种浓度表示方法，并能灵活进行浓度换算。

3. 素质目标：在学习知识的过程中，养成勤思考、爱动脑、严谨务实的科学态度。

链接 阿司匹林的发明和测定方法

德国科学家霍夫曼于19世纪终于研制出了阿司匹林，它具有解热、镇痛、抗炎、抑制血小板聚集等作用，成为医药史上经典药物之一。其化学名为2-（乙酰氧基）苯甲酸，俗称乙酰水杨酸，分子式为$C_9H_8O_4$。《中华人民共和国药典》提供了阿司匹林含量的测定方法：精密称取一定量阿司匹林 0.4g 试样，将试样加入20ml 中性乙醇溶解，加入3滴酚酞指示剂，用0.1mol/LNaOH 滴定液进行滴定，终点时粉红色30s 不褪色，记录消耗 NaOH 滴定液的体积。

滴定分析法又称为容量分析法，是分析化学中最重要的定量分析方法之一。在药物分析过程中，维生素C、葡萄糖酸钙、阿司匹林等多种药物的含量可以通过不同类型的滴定分析法进行测定。《中华人民共和国药典》（简称《中国药典》）中，维生素C的含量可通过氧化还原法进行测定，葡萄糖酸钙注射液中葡萄糖酸钙的含量采用配位滴定法进行测定，阿司匹林的含量可通过酸碱滴定法进行测定。

任务1 概　　述

一、基本概念

滴定分析法是将一种已知准确浓度的试剂溶液（即滴定液），滴加到待测物质的溶液中，当所滴加的滴定液与待测物质恰好按化学计量关系完全反应时，停止滴加，根据滴加的滴定液的浓度和体积，计算出待测物质含量的方法。

1. 滴定液 是指已知准确浓度的试剂溶液，也称为标准溶液。

2. 滴定 是指将滴定液从滴定管滴加到待测物质溶液中的过程。

3. 化学计量点 当滴定液与待测溶液按化学计量关系恰好完全反应时，称反应达到了化学计量点（理论终点）。

4. 指示剂 是指帮助确定化学计量点的辅助试剂，利用它的颜色变化来指示化学计量点的到达。

5. 滴定终点（实际终点） 是指滴定分析中指示剂发生颜色变化的转变点。

6. 终点误差 是指滴定终点与化学计量点不一定完全吻合，由此而产生的误差称为滴定误差。

滴定分析法通常用于测定常量组分，即待测组分含量大于1%以上，不同反应类型和指示剂都会影响终点误差的大小，一般相对误差小于0.2%为准确，超过此范围必须进行校正或重做实验。滴定分析法具有设备简单、操作方便、测定快速、应用广泛的特点，在生产实践和科学实验中具有很大的实用价值。

二、主要分析方法

案例 3-1

患者，女，50 岁，近来经常感觉胃部不适，有反酸、烧心的表现，入院检查，患者有胃溃疡，医生给予其铝碳酸镁咀嚼片[$Al_2Mg_6(OH)_{16}CO_3 \cdot 4H_2O$]药物治疗和健康饮食的建议，经过一段时间的治疗，患者症状有所缓解。

问题：1. 铝碳酸镁咀嚼片有哪些治疗功效？

2. 铝碳酸镁咀嚼片的主要成分中含有哪两种金属元素？

3. 可采用哪种滴定分析法进行主要成分的含量测定？

根据滴定液与待测物质发生的化学反应类型不同，滴定分析方法可分为以下四种类型。

（一）酸碱滴定法

酸碱滴定法是以质子（H^+）转移反应为基础的滴定分析方法，主要测定酸和碱。一般的酸、碱，以及能与酸、碱直接或间接发生质子转移反应的物质都可用酸碱滴定法进行测定。

例如，NaOH 标准溶液滴定 HCl 溶液，该反应属于强碱滴定强酸，化学反应的实质为

$$OH^- + H_3O^+ \rightleftharpoons 2H_2O$$

例如，NaOH 标准溶液测定 HAc 含量，该反应属于强碱滴定弱酸，化学反应的实质为

$$OH^- + HAc \rightleftharpoons Ac^- + H_2O$$

（二）配位滴定法

配位滴定法是以配位（也称络合）反应为基础的滴定分析方法，主要用于测定金属离子含量，基本反应为

$$M + Y \rightleftharpoons MY$$

M 代表金属离子，Y 代表 EDTA 配位剂。MY 代表 EDTA 与金属离子生成的稳定配合物，EDTA 是目前应用最广的氨羧配位剂。

（三）沉淀滴定法

沉淀滴定法是以沉淀反应为基础的滴定分析方法。该反应的特点是生成难溶于水的沉淀，常用方法是银量法，主要测定 Cl^-、Br^-、I^-、SCN^-、Ag^+、CN^-，基本反应为

$$Ag^+ + X^- \rightleftharpoons AgX\downarrow$$

例如，用硝酸银滴定液测定氯离子，主要反应为

$$Ag^+ + Cl^- \rightleftharpoons AgCl\downarrow$$

（四）氧化还原滴定法

氧化还原滴定法是以氧化还原反应为基础的滴定分析方法。主要用于测定氧化性和还原性物质。该反应机制复杂，反应速率较慢，常伴有副反应，主要有高锰酸钾法、碘量法、亚硝酸钠法等。例如，高锰酸钾法的典型反应为

$$2MnO_4^- + 5H_2C_2O_4 + 6H^+ \rightleftharpoons 2Mn^{2+} + 10CO_2\uparrow + 8H_2O$$

三、滴定反应基本条件

滴定分析法是以化学反应为基础的定量分析方法，并不是所有的化学反应都能适用于滴定分析，为使测定结果满足准确度的要求，滴定分析反应必须具备以下条件。

1. 反应必须定量、完全 滴定液与待测物质之间的化学反应要按确定的化学计量关系进行，无副反应发生，或者可以采取措施消除副反应，且反应程度要达到99.9%以上。

2. 反应速率要快，要求瞬间完成 对于化学反应速率较慢的反应，可以通过加热或选择合适的催化剂以提高反应速率。

3. 反应要有适当的方法来确定终点 一般常借助指示剂颜色改变来确定滴定终点，也可采用其他简便可靠的方法确定终点，如电位滴定法等。

四、主要滴定方式

滴定分析法的滴定方式可分为以下四种。

（一）直接滴定法

直接滴定法是用滴定液直接滴定待测物质溶液的一种滴定方式。凡是符合滴定反应三个基本条件的化学反应都可以采用直接滴定法，该法最简单、应用最广泛。

例如，用NaOH标准溶液滴定HCl溶液，用酚酞指示剂，到达滴定终点时，酚酞指示剂溶液颜色由无色变粉红色，化学反应为

$$NaOH + HCl \rightleftharpoons NaCl + H_2O$$

（二）返滴定法

返滴定法也称为剩余滴定法或回滴定法，是先准确加入过量滴定液，使其与待测物质进行反应，待反应完成以后，再用另一种标准溶液滴定剩余的滴定液，据此求出待测物质的含量的方法。该方法适用于反应速率较慢、难溶于水的固体试样或没有合适指示剂的反应。

例如，固体试样$CaCO_3$含量的测定，取一定量试样先加入一定量的过量盐酸滴定液，使试样完全溶解，待反应完全且体系冷却后，再用NaOH标准溶液返滴定剩余的HCl滴定液（酚酞指示剂在滴定终点由无色变红色），反应过程如下

$$CaCO_3 + 2HCl（过量）\rightleftharpoons CaCl_2 + H_2O + CO_2\uparrow$$

$$NaOH + HCl（剩余）\rightleftharpoons NaCl + H_2O$$

（三）置换滴定法

先用适当试剂与待测物质反应，定量置换出另一种物质，再用滴定液滴定置换出的物质，这种方法称为置换滴定法。该方法适用于待测物质与滴定液之间的反应无明确定量关系，且常伴随副反应的情况。

例如，在酸性条件下，硫代硫酸钠（$Na_2S_2O_3$）直接滴定法测定重铬酸钾（$K_2Cr_2O_7$）的含量，二者反应没有确定的计量关系，且伴随副反应，产物复杂，无法计算。但若在$K_2Cr_2O_7$的酸性溶液中加入过量的KI，定量置换出I_2，再用$S_2O_3^{2-}$滴定I_2，就可以算出$K_2Cr_2O_7$的含量，反应过程如下

$$Cr_2O_7^{2-} + 6I^- + 14H^+ \rightleftharpoons 2Cr^{3+} + 3I_2 + 7H_2O$$

$$I_2 + 2S_2O_3^{2-} \rightleftharpoons 2I^- + S_4O_6^{2-}$$

（四）间接滴定法

当被测组分不能与滴定液直接反应时，将待测物质通过一定的化学反应后，再用适当的滴定液

滴定反应产物，这种滴定方式称为间接滴定法。该方法适用于待测物质与滴定液不能直接发生反应的情况。

例如，用 $KMnO_4$ 滴定液测 $CaCl_2$ 的含量，由于钙盐不能与 $KMnO_4$ 直接反应，可先用 $(NH_4)_2C_2O_4$ 使 Ca^{2+} 转化为 CaC_2O_4 沉淀，然后加入 H_2SO_4 溶解生成草酸 $H_2C_2O_4$，再用 $KMnO_4$ 标准溶液滴定 $C_2O_4^{2-}$，间接测定 $CaCl_2$，过程如下

$$Ca^{2+} + C_2O_4^{2-} \rightleftharpoons CaC_2O_4 \downarrow$$

$$CaC_2O_4 + 2H^+ \rightleftharpoons Ca^{2+} + H_2C_2O_4$$

$$2MnO_4^- + 5H_2C_2O_4 + 6H^+ \rightleftharpoons 2Mn^{2+} + 10CO_2 \uparrow + 8H_2O$$

任务 2 滴 定 液

滴定液也称为标准溶液，是一种已知浓度的试剂溶液。在滴定分析实验中，用于滴定待测溶液，根据其浓度和滴定终点时所消耗体积，计算待测溶液的浓度。因此，需要熟练掌握滴定液的配制方法。

配制滴定液有两种方法：直接配制法和间接配制法。

一、直接配制法

（一）基准物质

基准物质是用以直接制备滴定液或标定滴定液浓度的纯物质，需具备以下几个条件。

1. 组成恒定，组成与化学式完全相符（如 NaCl），若含结晶水，其数目也应与化学式符合（如 $Na_2B_4O_7 \cdot 10H_2O$）。

2. 试剂纯度高，一般要求在 99.9%以上。

3. 性质稳定，不挥发、不分解、不潮解、不风化，不吸收空气中的 CO_2，不易被空气氧化等。

4. 具有较大的摩尔质量，以减小称量误差。

5. 试剂参加滴定反应时，按反应式定量反应，无副反应。

常用的基准物质有纯金属和纯化合物，如 Ag、Cu、Zn、$K_2Cr_2O_7$、NaCl、Na_2CO_3、$Na_2C_2O_4$、$H_2C_2O_4$、$CaCO_3$、$Na_2B_4O_7 \cdot 10H_2O$。

（二）直接配制法具体步骤

凡是符合基准物质条件的试剂，均可用直接配制法。

直接配制法的具体步骤包括：准确称取一定量的基准物质，溶解后定量转入一定体积的容量瓶中，定容后混合均匀，根据基准物质的质量和所配溶液的体积计算出滴定液的准确浓度。即称量、溶解、转移、定容、摇匀、计算。

例如，准确称取 0.1060g 无水 Na_2CO_3，用适量的蒸馏水溶解冷却后，定量转移至容量瓶中，稀释定容至 100ml，计算其溶液的浓度（碳酸钠摩尔质量 106g/mol）。

$$c_{Na_2CO_3} = \frac{m_{Na_2CO_3}}{M_{Na_2CO_3}V}$$

二、间接配制法

有很多物质不符合基准物质必备的条件，如 NaOH（易吸收空气中的水和二氧化碳）、HCl（易挥发）等，因此不能用直接配制法配制标准溶液，要采用间接配制法。先配制成一种近似于所需浓度的

试剂溶液，然后用基准物质或其他滴定液来确定该近似溶液的浓度，这种方法称为间接配制法。

间接配制法包括配制和标定两个步骤。

（一）配制

先配制成近似于所需浓度的试剂溶液：用托盘天平或台秤粗略称量固体物质，用量筒量取所需体积的溶剂进行溶解、稀释（在烧杯中）即可。

如果配制前的溶质是液体，可用量筒量取一定体积的浓溶液，再加一定体积的溶剂进行稀释。

（二）标定

利用基准物质或已知准确浓度的滴定液来确定另一种滴定液浓度的操作过程称为标定。常用的标定方法有基准物质标定法和比较标定法。

1. 基准物质标定法 精密称取一定量的基准物质，溶解后用待标定的滴定液滴定，根据基准物质的质量和待标定滴定液所消耗的体积，计算出待标定滴定液的准确浓度，这种方法称为基准物质标定法。

基准物质标定法分为多次称量法和移液管法。

（1）多次称量法 精密称取 n 份（$n \geqslant 3$）基准物质（用递减称量法），置于不同的锥形瓶中溶解，并分别用待标定的滴定液进行滴定，根据基准物质的质量及待标定溶液在滴定终点时所消耗的体积，计算出待标定滴定液的浓度，结果取平均值，这种方法称为多次称量法。

例如，利用基准试剂邻苯二甲酸氢钾标定 0.1mol/L 的 NaOH 溶液。用递减称量法称取三份经105～110℃干燥至恒重的适量邻苯二甲酸氢钾基准试剂，分别置于 3 个锥形瓶中，各加适量蒸馏水溶解后，再各加 1～2 滴酚酞指示剂，用待标定的 NaOH 溶液滴定至终点（酚酞指示剂由无色变为浅粉红色，且 30s 不褪色）。根据消耗 NaOH 溶液的体积和邻苯二甲酸氢钾的质量，计算出 NaOH 的浓度，平行测定 3 次的结果取平均值。反应式和计算公式如下

$$\mathrm{NaOH + HOOCC_6H_4COOK \rightleftharpoons NaOOCC_6H_4COOK + H_2O}$$

$$c_{\mathrm{NaOH}} = \frac{m_{\text{邻苯二甲酸氢钾}}}{M_{\text{邻苯二甲酸氢钾}} V_{\mathrm{NaOH}}}$$

（2）移液管法 精密称取一份基准物质置于烧杯中，加适量溶剂溶解后，定量转移至容量瓶中，加溶剂稀释并定容至刻度，摇匀备用。用移液管移取几份该溶液，分别置于锥形瓶中，用待标定的滴定液分别进行滴定，计算出待标定滴定液的准确浓度，结果取平均值。

例如，用基准试剂无水 Na_2CO_3 标定 HCl 溶液，首先准确称取 1 份无水 Na_2CO_3，置于烧杯中，加水溶解后，定量转移至容量瓶中，用水稀释至刻度，摇匀。然后用移液管移取 3 份上述 Na_2CO_3 溶液，分别置于锥形瓶中，分别加入甲基橙指示剂，用待标定的 HCl 溶液滴定至溶液刚好由黄色变为橙色即为终点。记录所消耗 HCl 溶液的体积，由此计算出 HCl 溶液的准确浓度，结果取平均值。反应式和计算公式如下

$$\mathrm{Na_2CO_3 + 2HCl \rightleftharpoons 2NaCl + H_2O + CO_2\uparrow}$$

$$c_{\mathrm{HCl}} = \frac{2}{1} \times \frac{m_{\mathrm{Na_2CO_3}}}{M_{\mathrm{Na_2CO_3}} V_{\mathrm{HCl}}}$$

总结上述两种方法的区别，多次称量法步骤可归纳为“多次称取、多次溶解、多次测定”，移液管法步骤可归纳为“一次称取、一次溶解、多次移液、多次测定”。

两种方法各有优缺点，多次称量法的优点是称量的份数较多，随机误差易发现，在实际工作中应用最多。移液管法的优点在于一次称取足够量的基准试剂，可做几次平行测定，既可节省称量时间，又可降低称量相对误差，但随机误差不易发现。

多次称量法和移液管法既适用于滴定液的标定，又适用于试样中待测组分含量的测定。

2. 比较标定法 准确移取一定量的待标定溶液，用已知准确浓度的滴定液进行滴定，或准确移取一定量的已知准确浓度的滴定液，用待标定溶液进行滴定，根据终点时两种溶液所消耗的体积和滴定液的浓度，计算出待标定溶液的浓度。这种操作过程中，待标定溶液与已知准确浓度的滴定液进行了"比较"，因此，这种标定方法称为比较标定法。

例如，用已知准确浓度的 NaOH 溶液，滴定一定量的 HCl 待标定溶液，根据两种溶液滴定消耗的体积和 NaOH 溶液的浓度，计算出 HCl 溶液的浓度。反应式与计算公式如下

$$NaOH + HCl \rightleftharpoons NaCl + H_2O$$

$$c_{HCl} = \frac{c_{NaOH}V_{NaOH}}{V_{HCl}}$$

比较标定法操作简便，不如基准物质标定法精确，因为已知准确浓度溶液是由基准物质或标准溶液标定好的，也称二级标准，在该法中引入了两次滴定误差。一般对于准确度要求较高的分析实验，应采用基准物质标定法，且最好采用多次称量法。标定好的滴定液应标注浓度和日期，对性质不稳定的溶液要定期进行标定，如 NaOH、$Na_2S_2O_3$ 放置 2～3 个月后应重新标定。

任务 3 滴定分析计算

滴定液浓度常用物质的量浓度与滴定度表示，这两种浓度表示方法与物质的含量三者之间存在着一定的换算关系。

一、滴定液浓度的表示方法

（一）物质的量浓度

物质的量浓度是指单位体积溶液中所含溶质 B 的物质的量，简称浓度，以符号 c_B 表示，其数学表达式为

$$c_B = \frac{n_B}{V} \quad (3\text{-}1)$$

式中，n_B 为物质 B 的物质的量，单位为 mol；V 为溶液的体积，单位为 L；c_B 为物质 B 的物质的量，单位为 mol/L。

物质的量与物质的质量有如下关系

$$n_B = \frac{m_B}{M_B} \quad (3\text{-}2)$$

式中，m_B 为物质 B 的质量，单位为 g；M_B 为物质 B 的摩尔质量，单位为 g/mol。

将式（3-1）和式（3-2）联立，可推导出以下公式

$$c_B = \frac{n_B}{V} = \frac{m_B}{M_B V} \quad (3\text{-}3)$$

根据上述关系，可计算物质的量浓度、溶质的质量、物质的量、溶液的体积。

例题 3-1 1L NaOH 溶液中含有 NaOH 40.01g，计算该溶液的物质的量浓度。（NaOH 的摩尔质量为 40.01g/mol）

解：根据式（3-3）则

$$c_{NaOH} = \frac{m_{NaOH}}{M_{NaOH}V} = \frac{40.01}{40.01 \times 1} = 1(\text{mol/ L})$$

答：该 NaOH 溶液的物质的量浓度为 1mol/L。

例题 3-2 配制 1mol/L 的 NaCl 溶液 2L，需要 NaCl 多少克？（NaCl 的摩尔质量为 58.44g/mol）

解：根据式（3-3）则

$$m_{NaCl} = c_{NaCl}M_{NaCl}V = 1\times 58.44\times 2 = 116.88(g)$$

答：需要 NaCl 的质量为 116.88g。

（二）滴定度

滴定度是指每毫升滴定液相当于被测物质的质量，以符号 $T_{T/B}$ 表示，单位为 g/ml，滴定度与被测物质的质量关系式为

$$T_{T/B} = \frac{m_B}{V_T} \qquad (3\text{-}4)$$

式中，m_B 为被测物质 B 的质量，单位为 g；V_T 为滴定液 T 的体积，单位为 ml。

例题 3-3 已知 $T_{HCl/Fe}$=0.003001g/ml，滴定终点时消耗 HCl 滴定液 20.00ml，计算被测溶液中 Fe 的质量。

解：根据式（3-4）则

$$m_{Fe} = T_{HCl/Fe}V_{HCl} = 0.003001\times 20.00 = 0.06002(g)$$

答：被测溶液中 Fe 的质量为 0.06002g。

在常规分析中，滴定度经常被使用。《中国药典》中多种药物含量的测定均采用滴定度表示。例如，葡萄糖酸钙注射液中葡萄糖酸钙含量的测定过程中，每 1ml 乙二胺四乙酸二钠（0.05mol/L）相当于 22.42mg 的 $C_{12}H_{22}CaO_{14}\cdot H_2O$。维生素 C 的含量测定过程中，每 1ml 碘滴定液（0.05mol/L）相当于 8.806mg 的维生素 C（$C_6H_8O_6$）。

二、滴定分析法计算的依据

滴定分析计算中，滴定液 T 与待测物质 B 之间的化学反应计量关系可通过下式表示：

$$bB + tT \rightleftharpoons cC + dD$$

待测物　滴定液

当滴定到达化学计量点时，b mol B 与 t mol T 完全反应，即被测物质 B 与滴定液 T 的物质的量之比等于各物质的系数之比

$$\frac{n_B}{n_T} = \frac{b}{t} \quad 或 \quad n_B = \frac{b}{t}n_T \qquad (3\text{-}5)$$

三、滴定分析计算的基本公式

（一）滴定液配制的计算公式

配制前后溶质的物质的量相等：

$$n_{配制前} = n_{配制后}$$

若配制前物质为固体，则

$$\frac{m_B}{M_B} = c_BV_B \qquad (3\text{-}6)$$

若配制前物质为液体，则

$$c_1V_1 = c_2V_2 \qquad (3\text{-}7)$$

其中“1”表示稀释前，“2”表示稀释后。

例题 3-4 欲配制 0.05000mol/L $K_2Cr_2O_7$ 滴定液 500ml，应称取 $K_2Cr_2O_7$ 多少克？（$K_2Cr_2O_7$ 摩尔质量为 294.2g/mol）

解： 已知 $c_{K_2Cr_2O_7}=0.05000\text{mol/L}$，$M_{K_2Cr_2O_7}=294.2\text{g/mol}$，$V_{K_2Cr_2O_7}=500\text{ml}$

根据式（3-6）得

$$m_{K_2Cr_2O_7}=c_{K_2Cr_2O_7}M_{K_2Cr_2O_7}V_{K_2Cr_2O_7}=0.05000\times294.2\times500\times10^{-3}=7.355(\text{g})$$

答：应称取 $K_2Cr_2O_7$ 的质量为 7.355g。

例题 3-5 用质量分数为 98%，密度为 1.84kg/L 的浓硫酸配制浓度为 1.000mol/L 的稀硫酸 250.0ml，应量取浓硫酸多少毫升？（硫酸的摩尔质量为 98.00g/mol）

解： 已知 $\omega_1=98\%$，ρ=1.84kg/L=1840g/L，c_2=1000mol/L，v_2=250.0ml，$M_{H_2SO_4}$=98.00g/mol

根据密度基本公式 $\rho=\dfrac{m_s}{V}$ 和式（3-6），可计算浓硫酸的物质的量浓度为

$$c_1=\frac{\omega_1\rho}{M_{H_2SO_4}}=\frac{98\%\times1840}{98.00}=18.40(\text{mol/ L})$$

根据式（3-7）得

$$V_1=\frac{c_2V_2}{c_1}=\frac{1.000\times250.0}{18.40}=13.59(\text{ml})$$

答：应量取浓硫酸 13.59ml。

（二）滴定液标定的计算公式

1. 用基准物质标定的计算公式 称量基准物质（B）m_B g，溶解后标定待测物质（T）溶液，根据式（3-5）和具体条件可推出如下公式：

$$\frac{m_B}{M_B}=\frac{b}{t}\times c_TV_T \text{ 或 } c_T=\frac{t}{b}\times\frac{m_B}{M_BV_T} \quad \text{或 } m_B=\frac{b}{t}\times c_TV_TM_B \tag{3-8}$$

2. 用滴定液标定的计算公式 根据式（3-5）和具体条件，可推出滴定液（B）标定待测物质（T）溶液之间的计算公式为

$$c_BV_B=\frac{b}{t}\times c_TV_T \tag{3-9}$$

例题 3-6 标定 Na_2CO_3 溶液浓度，精密称取 0.2352g Na_2CO_3，溶解冷却后，用 HCl 滴定液滴定，消耗 HCl 滴定液 20.66ml，计算 HCl 滴定液的浓度。（Na_2CO_3 摩尔质量为 105.99g/mol）

解： 滴定反应式为 $Na_2CO_3+2HCl \rightleftharpoons 2NaCl+H_2O+CO_2\uparrow$

根据式（3-8）得

$$c_{HCl}=\frac{t}{b}\times\frac{m_{Na_2CO_3}}{M_{Na_2CO_3}V_{HCl}}=\frac{2\times0.2352}{105.99\times20.66\times10^{-3}}=0.2148(\text{mol/L})$$

答：HCl 滴定液的浓度为 0.2148mol/L。

例题 3-7 取需要标定的 H_2SO_4 溶液 20.00ml，用 0.1000mol/L 的 NaOH 滴定液滴定，消耗 NaOH 溶液 20.00ml，计算 H_2SO_4 溶液的浓度。

解： 化学反应式为 $NaOH+H_2SO_4 \rightleftharpoons Na_2SO_4+2H_2O$

根据式（3-9）得

$$c_{H_2SO_4}=\frac{b}{t}\times\frac{c_{NaOH}V_{NaOH}}{V_{H_2SO_4}}=\frac{0.1000\times20.00}{2\times20.00}=0.05000(\text{mol/L})$$

答：H_2SO_4 溶液的浓度为 0.05000mol/L。

注意以上计算过程中 b 与 t 为 H_2SO_4 与 NaOH 化学反应方程式前配平的系数，为 1：2，如果双方体积都为毫升可以不用换算为升，因为乘除运算可以相互抵消。

（三）滴定度与物质的量浓度的换算公式

把式（3-8）代入式（3-4），推导得出滴定度与物质的量浓度之间的关系式为

$$T_{T/B}=\frac{m_B}{V_T}=\frac{b}{t}\times c_T M_B\times 10^{-3} \tag{3-10}$$

注意：式（3-8）中单位是 L，式（3-4）中单位是 ml，换算过程需要统一单位。

例题 3-8 用 0.1mol/LHCl 滴定液测定 CaO 含量，计算 HCl 滴定液测定 CaO 的滴定度 $T_{HCl/CaO}$。（CaO 摩尔质量为 56.08g/mol）

解： 化学反应式为 $CaO+2HCl \rightleftharpoons CaCl_2+H_2O$

根据式（3-10），则

$$T_{HCl/CaO}=\frac{1}{2}\times c_{HCl}M_{CaO}\times 10^{-3}=\frac{1}{2}\times 0.1\times 56.08\times 10^{-3}=0.002804(g/ml)$$

答：HCl 滴定液测定 CaO 的滴定度为 0.002804g/ml。

例题 3-9 已知某 HCl 滴定液对 NaOH 的滴定度 $T_{HCl/NaOH}=0.004000g/ml$，计算该 HCl 滴定液的浓度。（NaOH 的摩尔质量为 40.01g/mol）

解： 反应方程式为 $NaOH+HCl \rightleftharpoons NaCl+H_2O$

根据式（3-10）得

$$c_{HCl}=\frac{t}{b}\times\frac{T_{HCl/NaOH}\times 10^3}{M_{NaOH}}=\frac{1}{1}\times\frac{0.004000\times 10^3}{40.01}=0.9998(mol/L)$$

答：该 HCl 滴定液的浓度为 0.9998mol/L。

例题 3-10 用 0.2500mol/L HCl 滴定液滴定 Na_2CO_3，计算每 1ml 0.2500mol/L HCl 滴定液相当于 Na_2CO_3 的质量。（Na_2CO_3 的摩尔质量为 105.99g/mol）

解： 反应方程为 $Na_2CO_3+2HCl \rightleftharpoons 2NaCl+H_2O+CO_2\uparrow$

根据式（3-10）得

$$T_{HCl/Na_2CO_3}=\frac{b}{t}\times c_{HCl}M_{Na_2CO_3}\times 10^{-3}=\frac{1}{2}\times 0.2500\times 105.99\times 10^{-3}=0.01325(g/ml)$$

答：每 1ml 0.2500mol/L HCl 滴定液相当于 0.01325g Na_2CO_3。

（四）测定被测物质含量的计算公式

被测物质的含量用质量分数表示。质量分数是指供试品中所含纯物质的质量，用 ω_B 表示，计算公式为

$$\omega_B=\frac{m_B}{m_S} \tag{3-11}$$

式中，m_B 为供试品中纯物质的质量，单位为 g；m_S 为供试品质量，单位为 g；结果可用小数表示，也可用百分数表示。

1. 利用物质的量浓度计算质量分数 将式（3-8）代入式（3-11），可得出以下质量分数与物质的量浓度的关系式为

$$\omega_B=\frac{b}{t}\times\frac{c_T V_T M_B}{m_S} \tag{3-12}$$

如果体积 V 的单位为 ml，则式（3-12）可变为

$$\omega_B = \frac{b}{t} \times \frac{c_T V_T M_B \times 10^{-3}}{m_S} \quad (3\text{-}12a)$$

药物含量常用百分数表示，则式（3-12a）可变为

$$\omega_B = \frac{b}{t} \times \frac{c_T V_T M_B \times 10^{-3}}{m_S} \times 100\% \quad (3\text{-}12b)$$

例题 3-11 称取 NaCl 样品 0.1925g，用 $AgNO_3$ 滴定液（0.1000mol/L）滴定至终点，消耗 $AgNO_3$ 滴定液 24.00ml，计算样品中 NaCl 的百分含量。（氯化钠的摩尔质量为 58.44g/mol）

解： 已知 $m_S = 0.1925g$，$c_{AgNO_3} = 0.1000mol/L$，$V_{AgNO_3} = 24.00ml$，$M_{NaCl} = 58.44g/mol$

化学反应式为 $AgNO_3 + NaCl \rightleftharpoons AgCl\downarrow + NaNO_3$

根据式（3-12b）则

$$\begin{aligned}\omega_{NaCl} &= \frac{b}{t} \times \frac{c_{AgNO_3} V_{AgNO_3} M_{NaCl} \times 10^{-3}}{m_S} \times 100\% \\ &= \frac{1}{1} \times \frac{0.1000 \times 24.00 \times 58.44 \times 10^{-3}}{0.1925} \times 100\% \\ &= 72.86\%\end{aligned}$$

答：试样中 NaCl 的百分含量为 72.86%。

2. 利用滴定度计算质量分数 根据式（3-4）和式（3-11）可推出以下公式

$$\omega_B = \frac{m_B}{m_S} = \frac{T_{T/B} V_T}{m_S} \text{ 或 } \omega_B = \frac{m_B}{m_S} = \frac{T_{T/B} V_T}{m_S} \times 100\% \quad (3\text{-}13)$$

在实际滴定中，若滴定液的实际浓度与规定浓度不一致（一般要求实际浓度与规定浓度应该很接近），可用校正因子 F 进行校正，F 表示为溶液的实测浓度与规定浓度之比，表示为

$$F = \frac{c_{实测}}{c_{规定}}$$

则式（3-13）可表示为

$$\omega_B = \frac{m_B}{m_S} = \frac{T_{T/B} V_T F}{m_S} \quad (3\text{-}13a)$$

百分含量表示为

$$\omega_B = \frac{m_B}{m_S} \times 100\% = \frac{T_{T/B} V_T F}{m_S} \times 100\% \quad (3\text{-}13b)$$

例题 3-12 测定某药物中硫的含量，称取样品 1.000g，用 I_2 滴定液滴定，终点时消耗 I_2 滴定液 22.98ml，已知 $T_{I_2/S} = 0.00004560g/ml$，计算样品中硫的含量。

解： 根据式（3-13），则

$$\omega_B = \frac{T_{I_2/S} V_{I_2}}{m_S} \times 100\% = \frac{0.00004560 \times 22.98}{1.0000} \times 100\% = 0.1048\%$$

答：样品中硫的含量为 0.1048%。

例题 3-13 称取 NaCl 样品 0.1925g，用 $AgNO_3$ 滴定液（0.1046mol/L）滴定至终点，消耗 $AgNO_3$ 滴定液 24.00ml，已知每 1ml $AgNO_3$ 滴定液（0.1mol/L）相当于 5.844mg 的 NaCl。计算样品中的 NaCl 百分含量。（氯化钠的摩尔质量为 58.44g/mol）

解： 已知 m_S=0.1925g，$c_{AgNO_3} = 0.1000mol/L$，$V_{AgNO_3} = 24.00ml$，$M_{NaCl} = 58.44g/mol$，$T_{AgNO_3/NaCl} = 5.844mg/ml = 0.005844g/ml$

由于实际浓度与标准浓度有差距，需引入校正因子 F

$$F=\frac{c_{实测}}{c_{规定}}=\frac{0.1046}{0.1}=1.046$$

化学反应式为 $AgNO_3+NaCl \rightleftharpoons AgCl+NaNO_3$

根据式（3-13b），则

$$\omega_{NaCl}=\frac{m_{NaCl}}{m_S}=\frac{T_{AgNO_3/NaCl}V_{AgNO_3}F}{m_S}\times100\%$$
$$=\frac{0.005844\times24.00\times1.046}{0.1925}\times100\%=76.21\%$$

答：样品中 NaCl 的百分含量为 76.21%。

链接 《中国药典》药物含量限度的表示方法

1. 原料药含量限度以百分含量表示：

$$B(\%)=\frac{T_{T/B}V_TF}{m_S}\times100\%$$

2. 制剂含量限度以标示量的百分含量表示，以胶囊剂为例：

$$标示量(\%)=\frac{T_{T/B}V_TF}{m_S}\times\frac{平均粒重}{标示量}\times100\%$$

自测题

一、单选题

1. 滴定分析法主要用于（ ）
   A. 仪器分析　B. 定性分析
   C. 常量分析　D. 重量分析
   E. 微量分析
2. 下列误差中属于终点误差的是（ ）
   A. 在终点时多加或少加半滴滴定液而引起的误差
   B. 指示剂的变色点与化学计量点不一致而引起的误差
   C. 由于确定终点的方法不同，测量结果不一致而引起的误差
   D. 终点时由于指示剂消耗滴定液而引起的误差
   E. 终点时由于观察人员不同而引起的误差
3. 能够用直接法配制滴定液的试剂必须是（ ）
   A. 纯净物　B. 化合物
   C. 单质　D. 基准物质
   E. 混合物
4. 滴定分析中已知准确浓度的试剂称为（ ）
   A. 溶液　B. 唯一溶液
   C. 准确试剂　D. 滴定液
   E. 规定溶液
5. 滴定分析法是一种（ ）
   A. 化学分析法　B. 仪器分析法
   C. 重量分析法　D. 定性分析法
   E. 微量分析法
6. 下列说法中正确的是（ ）
   A. 指示剂的变色点即为化学计量点
   B. 分析纯的试剂均可作基准物质
   C. 定量完成的反应均可作为滴定反应
   D. 已知准确浓度的溶液称为滴定液
   E. 化学计量点就是滴定终点
7. 滴定反应需要具备的条件不包括（ ）
   A. 反应速率要迅速，瞬间完成
   B. 反应要完全，反应程度达到 99.9%以上
   C. 有合适的指示剂或其他适当的方法确定终点
   D. 反应过程要有明显的现象发生
   E. 反应按一定的化学计量关系进行
8. 基准物质所具备的特点不包括（ ）
   A. 组成与化学式相符
   B. 纯度高，达到 99.9%以上
   C. 稳定性高
   D. 摩尔质量小，称量误差小
   E. 不挥发、不潮解、不分解、不易氧化等
9. 标定是指利用用什么来确定另一种滴定液浓度的操作过程（ ）
   A. 反应物
   B. 一种单质

C. 待测物
D. 基准物质或已知准确浓度的滴定液
E. 一种化合物

10. 间接法配制滴定液的步骤是（　　）
A. 配制与标定　B. 配制
C. 标定　D. 比较
E. 对照

11. 滴定液标定的方法不包括（　　）
A. 比较法　B. 移液管法
C. 对照法　D. 多次称量法
E. 基准物质标定法

12. 多次称量法的主要步骤包括（　　）
A. 多次称量　B. 多次移液
C. 多次溶解　D. 多次滴定
E. 除 B 以外都对

13. 高锰酸钾法测定 Ca^{2+}，由于二者不能直接滴定，需要将 Ca^{2+}沉淀为 CaC_2O_4，过滤洗涤沉淀后溶于酸生成 $H_2C_2O_4$，再用 $KMnO_4$ 滴定液滴定生成的 $H_2C_2O_4$，从而测定 Ca^{2+}的含量。所采用的滴定方式属于（　　）
A. 直接滴定法　B. 间接滴定法
C. 返滴定法　D. 置换滴定法
E. 回滴定法

14. $KMnO_4$ 法测定 Ca^{2+}的含量过程中，所采用的滴定分析方法是（　　）
A. 酸碱滴定法　B. 配位滴定法
C. 沉淀滴定法　D. 氧化还原滴定法
E. 重量分析法

15. 下列纯物质中可以作为基准物质的是（　　）
A. $KMnO_4$　B. $Na_2B_4O_7 \cdot 10H_2O$
C. NaOH　D. HCl
E. H_2SO_4

16. 下列试剂中可用直接法配制滴定液的是（　　）
A. $K_2Cr_2O_7$　B. NaOH
C. H_2SO_4　D. $KMnO_4$
E. HCl

17. 下列说法中正确的是（　　）
A. 凡能满足一定要求的反应都能用直接滴定法
B. 一些反应太慢的可以采用返滴定法
C. 凡发生副反应的均可采用置换滴定法
D. 一些物质不能直接滴定，必定可以采用间接滴定法
E. 没有适当指示剂确定终点的必定可用氧化还原滴定法

18. 用 HCl 滴定液测定 $CaCO_3$ 含量时，不能用直接滴定法，而需用返滴法是由于（　　）
A. $CaCO_3$ 难溶于水，与 HCl 反应速率慢
B. $CaCO_3$ 与 HCl 反应不完全
C. $CaCO_3$ 与 HCl 不反应
D. 没有适合的指示剂
E. 反应有气体产生影响终点判断

19. 配制 NaOH 滴定液的正确方法是（　　）
A. 间接配制法　B. 酸碱滴定法
C. 沉淀滴定法　D. 直接配制法
E. 配位滴定法

20. 滴定液配制过程中，配制前与配制后，下列哪项保持不变（　　）
A. 溶液质量　B. 溶质的物质的量
C. 溶液体积　D. 溶剂质量
E. 溶液的密度

二、简答题

1. 什么是滴定分析法？主要分析方法有哪几种？
2. 滴定反应具备哪些基本条件？
3. 滴定液的配制有几种方法？各自的步骤是什么？

三、计算题

1. 0.2500g 碳酸钙样品，加入 25.00ml 0.2600mol/L 盐酸，溶解煮沸除去 CO_2，用 0.2450mol/L NaOH 溶液返滴定过量盐酸，消耗 6.50ml，计算样品中碳酸钙含量。
2. 量取 40.00ml 血清样品测定血清钙的含量，加入一定量的蒸馏水和$(NH_4)_2C_2O_4$ 溶液，使其中的 Ca^{2+}转化 CaC_2O_4 沉淀，然后加入 H_2SO_4 溶解生成草酸（$H_2C_2O_4$），用 0.01000mol/L 的 $KMnO_4$ 标液滴定至终点，消耗 4.500ml$KMnO_4$ 滴定液，计算每 100.0ml 血清中钙的含量。（$Ca^{2+} + C_2O_4^{2-} \rightleftharpoons CaC_2O_4 \downarrow$　$CaC_2O_4 + 2H^+ \rightleftharpoons Ca^{2+} + H_2C_2O_4$　$2MnO_4^- + 5H_2C_2O_4 + 6H^+ \rightleftharpoons 2Mn^{2+} + 10CO_2 \uparrow + 8H_2O$）
3. 精密称取 0.4005g 阿司匹林，加中性乙醇 20ml 溶解后，加酚酞指示剂 3 滴，用 NaOH 滴定液滴定至呈粉红色且 30s 不褪色，停止滴定，消耗滴定液 22.00ml，已知每 1ml 该 NaOH 滴定液相当于 18.02mg 的阿司匹林，求阿司匹林的百分含量。
4. 为标定 HCl 溶液，称取硼砂（$Na_2B_4O_7 \cdot 10H_2O$）0.4710g，用 HCl 溶液滴定至化学计量点时消耗 24.20ml。求 HCl 溶液的浓度。（硼砂摩尔质量为 381.37g/ml，反应式为 $Na_2B_4O_7 + 2HCl + 5H_2O \rightleftharpoons 4H_3BO_3 + 2NaCl$）
5. 精密称取含盐酸普鲁卡因的试样 0.6325g，用 0.09986mol/L $NaNO_2$ 滴定液滴定至终点时，消耗 21.45ml $NaNO_2$。已知用 0.1000mol/L $NaNO_2$ 滴定液滴定，每 1ml 滴定液相当于 27.28mg 的 $C_{13}H_{20}N_2O_2 \cdot HCl$。计算盐酸普鲁卡因质量分数。

（张志华）

项目4 酸碱滴定法

学习目标

1. 知识目标：掌握酸碱指示剂的变色原理及选择原则，不同类型酸碱滴定过程中 pH 的变化规律，影响滴定突跃范围的因素，酸碱滴定的相关计算；理解酸碱滴定曲线的绘制方法和过程；了解酸碱滴定液的配制、标定及其应用，酸碱滴定法的一般应用。

2. 能力目标：能根据被测物的量确定滴定的突跃范围，并由此选择相应的指示剂；能正确操作酸碱滴定，准确判定滴定终点。

3. 素质目标：培养学生良好的科学态度和逻辑思维能力，以及发现问题、分析问题和解决问题的能力。

案例 4-1

阿托品是从茄科植物颠茄、曼陀罗或莨菪等中提取的外消旋莨菪碱，其硫酸盐为无色结晶或白色粉末，易溶于水。临床上，阿托品为一种抗胆碱药，具有解除胃肠平滑肌痉挛、缓解缓慢性心律失常、解除急性有机磷酸酯类中毒等作用。但阿托品分子中含有酯键，在碱性条件下易水解生成莨菪醇和莨菪酸而失效。

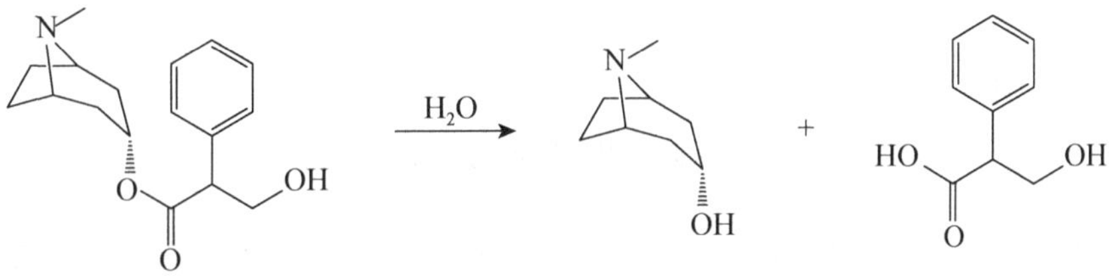

问题：1.《中国药典》阿托品含量的测定选用了什么方法？

2. 在检测中用到哪些试剂？为什么选用这些试剂？

酸碱滴定法是以酸碱反应为基础的滴定分析方法，也称中和法。酸碱滴定法操作简便、准确度高，是经典的化学分析方法之一。酸碱滴定法不仅可以直接测定酸碱物质，还可以测定能与酸碱间接发生反应的物质，因此广泛应用于科学研究、工农业分析，以及药品、食品等分析中。

任务 1　酸碱指示剂

由于一般酸碱反应本身无外观的变化，因此通常需要加入能在化学计量点附近发生颜色变化的物质来指示化学计量点。这些能随溶液 pH 的改变而发生颜色变化的物质，称为酸碱指示剂。因此掌握酸碱指示剂的变色原理和变色范围，正确地选择酸碱指示剂，对减小误差及获得准确度高的分析结果具有重要意义。

一、酸碱指示剂的变色原理

酸碱指示剂一般为有机弱酸或有机弱碱，它们在水溶液中发生酸碱解离平衡的同时，还发生结构互变异构平衡，其共轭酸碱对由于结构不同而具有不同的颜色。当溶液的 pH 变化时，共轭酸失去质子变为共轭碱，或共轭碱得到质子变为共轭酸，共轭酸碱对之间结构的变化引起溶液颜色的变化，从而起到指示滴定终点的作用。现以酚酞和甲基橙为例，说明酸碱指示剂的变色原理。

酚酞是一种有机二元弱酸，为单色指示剂（图 4-1）。在酸性溶液中（pH＜8.0），该解离平衡向左移动，酚酞主要以无色的羟式结构存在；在碱性溶液中（pH＞10.0），平衡向右移动，酚酞转变为红色的醌式结构。因此 pH=8.0～10.0 为酚酞的变色范围。

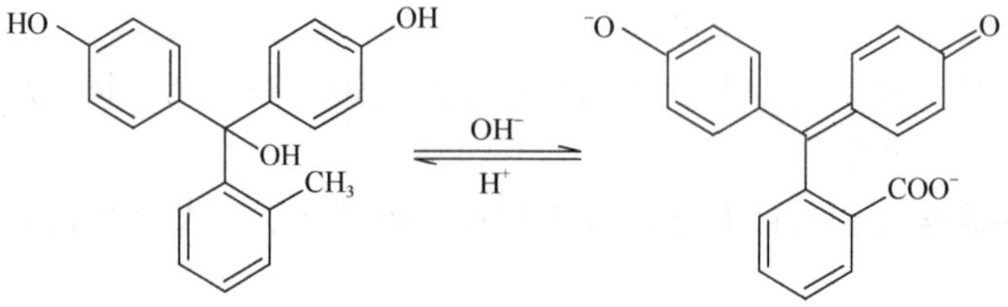

羟式结构（无色）　　　　醌式结构（红色）

图 4-1　酚酞结构示意图

甲基橙是一种有机弱碱，在水溶液中存在以下解离平衡和颜色变化（图 4-2）。

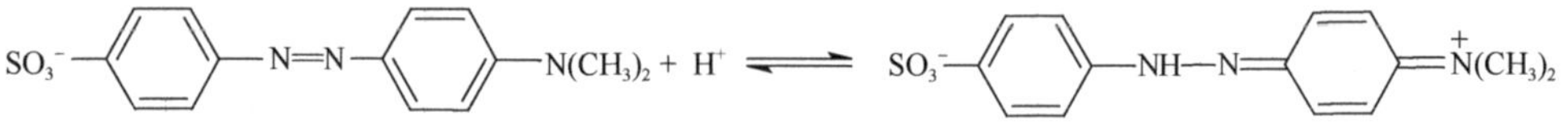

偶氮式结构（黄色）　　　　醌式结构（红色）

图 4-2　甲基橙醌式与偶氮式转化示意图

当 H^+浓度增大时，平衡向右移动，甲基橙主要以醌式结构形式存在，溶液呈红色（pH＜3.1）；当 OH^-浓度增大时，平衡向左移动，甲基橙主要以偶氮式结构形式存在，溶液呈黄色（pH＞4.4）。因此 pH=3.1～4.4 为甲基橙的变色范围。

由此可知，溶液 pH 的变化引起指示剂共轭酸碱对的结构相互转化，从而引起指示剂颜色变化。在酸碱滴定中，通过溶液颜色的变化可以指示化学反应终点的到达。

二、酸碱指示剂的变色范围

为明确指示剂颜色变化范围与溶液酸度之间的数量关系，我们以有机弱酸 HIn 的解离平衡为例进行探讨：

$$\mathrm{HIn} \rightleftharpoons \mathrm{H^+} + \mathrm{In^-}$$

可得

$$K_{\mathrm{HIn}} = \frac{[\mathrm{H^+}][\mathrm{In^-}]}{[\mathrm{HIn}]} \quad 或 \quad [\mathrm{H^+}] = K_{\mathrm{HIn}}\frac{[\mathrm{HIn}]}{[\mathrm{In^-}]}$$

两边同时取负对数：

$$\mathrm{pH} = \mathrm{p}K_{\mathrm{HIn}} + \lg\frac{[\mathrm{In^-}]}{[\mathrm{HIn}]}$$

由该式可以看出，在一定温度下，由于 pK_{HIn} 为常数，$[In^-]$ 与 $[HIn]$ 的比值仅取决于溶液的 pH。当溶液的 pH 发生改变时，$[In^-]$ 与 $[HIn]$ 的比值也随之改变，从而使溶液呈现不同的颜色。所以，指示剂的颜色只随溶液 pH 的变化而改变。

由该式还可以得出，当 $pH=pK_{HIn}$，即 $[In^-]=[HIn]$ 时，$[H^+]=K_{HIn}$，溶液的颜色是由 HIn 和 In^- 两者颜色各占一半组成的混合色，称为中间色，此时溶液的 pH 称为该指示剂的理论变色点，数值上等于 pK_{HIn}，其意义是指示剂变色的转折点。

由于人的眼睛辨别颜色的能力有限，只有当两种颜色的浓度之比在 10 或 10 以上时，人眼才能看到浓度较大的物质的颜色。即：

当 $[In^-]/[HIn] \leqslant 1/10$ 时，仅能看到酸式色。

当 $[In^-]/[HIn] \geqslant 10$ 时，仅能看到碱式色。

当 $1/10 < [In^-]/[HIn] < 10$ 时，看到的是酸式和碱式的混合色。

由此可见，只有溶液 pH 在 $pH=pK_{HIn}-1$ 和 $pH=pK_{HIn}+1$ 之间变化时，人眼才能观察到溶液颜色的变化。此范围称为指示剂的变色范围，用 $pH=pK_{HIn}\pm 1$ 来表示。由于不同指示剂的 pK_{HIn} 不同，所以其变色范围也不同。

由以上可知，指示剂的理论变色范围应该是只有 2 个 pH 单位，但实测的各种指示剂变色范围并不都是 2 个 pH 单位，而是略有上下，这是因为指示剂的实际变色范围是靠人的肉眼观察得到的。由于人的肉眼对各种颜色的敏感程度不同，加上指示剂的两种颜色之间相互掩盖，导致实测值与理论值有一定差距。因此，指示剂的变色范围应由实验测定。表 4-1 列出了一些常用酸碱指示剂的变色范围。

表 4-1 一些常见酸碱指示剂的变色范围

指示剂	变色范围 pH	颜色变化	pK_{HIn}	常用溶液	10ml 试液用量/滴
百里酚蓝	1.2～2.8	红～黄	1.7	0.1%的 20%乙醇溶液	1～2
甲基黄	2.9～4.0	红～黄	3.3	0.1%的 90%乙醇溶液	1
甲基橙	3.1～4.4	红～黄	3.4	0.05%的水溶液	1
溴酚蓝	3.0～4.6	黄～紫	4.1	0.1%的 20%乙醇溶液或其钠盐水溶液	1
溴甲酚绿	4.0～5.6	黄～蓝	4.9	0.1%的 20%乙醇溶液或其钠盐水溶液	1～3
甲基红	4.4～6.2	红～黄	5.2	0.1%的 60%乙醇溶液或其钠盐水溶液	1
溴百里酚蓝	6.2～7.6	黄～蓝	7.3	0.1%的 20%乙醇溶液或其钠盐水溶液	1
中性红	6.8～8.0	红～黄橙	7.4	0.1%的 60%乙醇溶液	1
苯酚红	6.8～8.4	黄～红	8.0	0.1%的 60%乙醇溶液或其钠盐水溶液	1
酚酞	8.0～10.0	无～红	9.1	0.5%的 90%乙醇溶液	1～3
百里酚蓝	8.0～9.6	黄～蓝	8.9	0.1%的 20%乙醇溶液	1～4
百里香酚酞	9.4～10.6	无～蓝	10.0	0.1%的 90%乙醇溶液	1～2

三、影响指示剂变色范围的因素

为了使滴定终点尽量接近化学计量点，要求在化学计量点处，溶液 pH 的微小改变可立即引起指示剂变色，以指示滴定终点，因此指示剂的变色范围应越窄越好。以下几个方面可影响指示剂的变色范围。

1. 温度 温度的变化会引起酸碱指示剂解离平衡常数 K_{HIn} 的变化，因而酸碱指示剂的变色范围也随之改变。即同一指示剂，在不同温度下其变色范围不同。通常情况下，滴定分析应在室温下进行。

2. 溶剂 在不同的溶剂中，酸碱指示剂的 K_{HIn} 也不同，因此酸碱指示剂的变色范围会受到溶剂性质的影响。

3. 指示剂的用量 指示剂的用量要适当，过多或过少会使指示剂的颜色过深或过浅，导致指示剂变色不敏锐。另外，指示剂本身是弱酸或弱碱，也要消耗一定量的滴定液，带来一定的误差，影响测定结果。一般情况下，在 50ml 溶液中加入 2～3 滴指示剂为宜。

4. 滴定程序 由于人眼对颜色的判断一般是由浅到深较为敏锐，而由深到浅反应较为迟钝，因此，应按指示剂颜色由浅到深的变化过程设计滴定程序。例如，酚酞由酸式结构（无色）变为碱式结构（红色），颜色变化明显，易辨别；甲基橙由碱式结构（黄色）变为酸式结构（红色），颜色变化明显，易辨别。

四、混合指示剂

在酸碱滴定中，指示剂的变色范围是越小越好，这样在化学计量点处，微小的 pH 的改变使指示剂变色敏锐。选择的指示剂的 pK_{HIn} 应尽可能接近化学计量点的 pH，以减小终点误差。

但是，有些酸碱滴定在计量点附近的酸度变化非常小，若使用变色范围较宽的单一指示剂指示滴定终点，误差较大，此时可采用混合指示剂来指示酸度的变化。混合指示剂具有变色范围窄、变色敏锐的优点，它弥补了单一指示剂变色范围过大、变色不灵敏的缺陷。

混合指示剂通常有两种配制方法。一种是在指示剂中加入不随溶液 H^+浓度改变而改变颜色的惰性染料混合配制而成。例如，甲基橙和靛蓝（染料）组成的混合指示剂，靛蓝（蓝色）在滴定过程中无颜色变化，只作为甲基橙变色的背景色。当溶液 pH 改变时，该混合指示剂随溶液 pH 的改变而发生如下颜色变化：pH≤3.1 时，为紫色（红色+蓝色）；pH=4.1 时，为浅灰色（橙色+蓝色），pH≥4.4 时则为绿色（黄色+蓝色）。另一种是由两种或两种以上的指示剂按一定的比例混合而成，利用颜色之间的互补作用，使变色更加敏锐。例如，甲基红（pH：4.4～6.2，颜色：红色至黄色）和溴甲酚绿（pH：3.8～5.4，颜色：黄色至蓝色）按 1∶3 的比例混合，当溶液 pH＜5.1 时为酒红色，pH＞5.1 时则为黄绿色，pH=5.1 时则为浅灰色。因此，混合指示剂颜色变化不仅明显，而且变色区间也较窄。几种常见的混合指示剂，见表 4-2。

表 4-2 几种常见的混合指示剂

指示剂的组成	理论变色点（pH）	颜色变化		备注
		酸式色	碱式色	
1 份 0.1%甲基橙乙醇溶液 1 份 0.1%甲基蓝乙醇溶液	3.25	蓝紫	绿	pH=3.2，蓝紫色 pH=3.4，绿色
1 份 0.1%甲基橙水溶液 1 份 0.25%靛蓝二磺酸水溶液	4.1	紫	黄绿	pH=4.1，灰色
1 份 0.1%溴甲酚绿钠盐水溶液 1 份 0.2%甲基橙水溶液	4.3	橙	蓝绿	pH=3.5，黄色 pH=4.1，绿色 pH=4.3，浅绿色
3 份 0.1%溴甲酚绿乙醇溶液 1 份 0.2%甲基红乙醇溶液	5.1	酒红	绿	pH=5.1，灰色
1 份 0.1%溴甲酚绿钠盐水溶液 1 份 0.1%氯酚红钠盐溶液	6.1	黄绿	蓝紫	pH=5.4，蓝绿色 pH=5.8，蓝色 pH=6.0，蓝带紫色 pH=6.2，蓝紫色

续表

指示剂的组成	理论变色点（pH）	颜色变化		备注
		酸式色	碱式色	
1 份 0.1%中性红乙醇溶液 1 份 0.1%次甲基蓝乙醇溶液	7.0	紫蓝	绿	pH=7.0，紫蓝色
1 份 0.1%甲酚红钠盐水溶液 3 份 0.1%百里酚蓝钠盐水溶液	8.3	黄	紫	pH=8.2，玫瑰红 pH=8.4，紫色
1 份 0.1%百里酚蓝 50%乙醇溶液 3 份 0.1%酚酞 50%乙醇溶液	9.0	黄	紫	从黄到绿，再到紫色 pH=9.0，绿色
1 份 0.1%酚酞乙醇溶液 1 份 0.1%百里酚酞乙醇溶液	9.9	无	紫	pH=9.6，玫瑰红 pH=10，紫色
2 份 0.1%百里酚酞乙醇溶液 1 份 0.1%茜素黄 R 乙醇溶液	10.2	黄	紫	由微黄至黄色， 再到青色

任务 2　酸碱滴定曲线和指示剂的选择

在酸碱滴定过程中，溶液 pH 会发生规律性的变化。这种规律性的变化对于正确选择指示剂、准确判断滴定终点具有重要的意义。特别是化学计量点前后±0.1%的范围内溶液 pH 的变化情况，是正确选择指示剂的重要依据。

在酸碱滴定过程中，以加入滴定液的体积为横坐标，以溶液的 pH 为纵坐标，绘制的曲线称为酸碱滴定曲线。不同类型的酸碱滴定过程中 pH 的变化规律、滴定曲线的形状及指示剂的选择都有所不同。

常见的酸碱滴定类型有强酸强碱的相互滴定、强酸滴定弱碱或强碱滴定弱酸、强酸滴定多元弱碱或强碱滴定多元弱酸三种类型。下面以三种类型中典型滴定反应为例，具体讨论酸碱滴定过程中溶液 pH 的变化规律，并选择合适的指示剂。

一、强酸（强碱）的滴定

（一）滴定曲线

由于强酸（如 HCl、H_2SO_4、HNO_3 等）与强碱（如 NaOH、KOH 等）在溶液中全部解离，因此它们之间的互相滴定实质是 $H^+ + OH^- \rightleftharpoons H_2O$ 的反应。现以 0.1000mol/L NaOH 溶液滴定 20.00ml 0.1000mol/L HCl 溶液为例，讨论强酸强碱相互滴定时的滴定曲线和指示剂的选择。

设 HCl 的起始浓度为 c_{HCl}，体积为 V_{HCl}=20.00ml；NaOH 的浓度为 c_{NaOH}，滴定时加入的体积为 V_{NaOH}，整个滴定过程可分为四个阶段。

1. 滴定前（V_{NaOH}=0），此时溶液的酸度等于 HCl 的起始浓度：$[H^+]=c_{HCl}$=0.1000mol/L，pH=1.00。

2. 滴定开始至计量点前（$V_{HCl}>V_{NaOH}$），此时溶液的酸度取决于剩余 HCl 的浓度。当滴入 18.00ml NaOH 溶液时，溶液中：

$$[H^+]=\frac{0.1000\times20.00-0.1000\times18.00}{20.00+18.00}=5.3\times10^{-3}\text{mol/L}$$

$$pH=2.28$$

当滴入 V_{NaOH} =19.98ml 时，溶液中：$[H^+]=5.00\times10^{-5}$mol/L，pH=4.30。

3. 计量点时（$V_{HCl}=V_{NaOH}$），此时滴入 $V_{NaOH}=V_{HCl}$=20.00ml，溶液呈中性，pH=7.00。

4. 计量点后（$V_{NaOH}>V_{HCl}$），此时随着 NaOH 溶液的逐渐滴入其开始过量，溶液的酸度取决于过量的 NaOH 的浓度。

当滴入 NaOH 溶液 20.02ml 时，此时仅多滴入 0.02ml，相当于过量 0.1%：

$$[OH^-]=\frac{0.1000\times20.02-0.1000\times20.00}{20.00+20.02}=5.0\times10^{-5}\text{mol/L}$$

$$pH=14-pOH=14+\lg(5.0\times10^{-5})=9.70$$

当滴入 NaOH 溶液 22.00ml 时：pOH=2.32，pH=14.00−2.32=11.68

按上述方法，再计算滴入 V_{NaOH} 分别为 20.20ml 和 40.00ml 时溶液的 pH，并将计算结果列于表 4-3 中。

表 4-3 0.1000mol/L NaOH 滴定 20.00ml 0.1000mol/L HCl 的计算结果

加入 NaOH 溶液/ml	HCl 被中和百分数/%	剩余 HCl/ml	过量 NaOH/ml	pH
0.00	0.00	20.00	0.00	1.00
18.00	90.0	2.00	0.00	2.28
19.80	99.0	0.20	0.00	3.30
19.98	99.9	0.02	0.00	4.30 } 滴定突跃
20.00	100.0	0.00	0.00	7.00
20.02	100.1	0.00	0.02	9.70
20.20	101.0	0.00	0.20	10.70
22.00	110.0	0.00	2.00	11.70
40.00	200.0	0.00	20.00	12.50

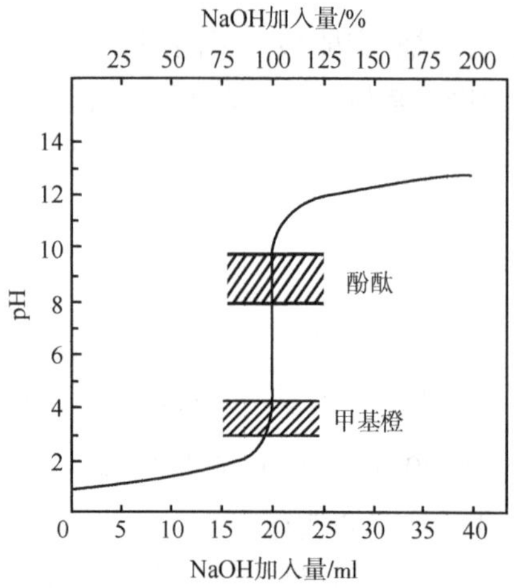

图 4-3 0.1000mol/L NaOH 滴定 0.1000mol/L HCl 的滴定曲线

以表 4-3 中加入 NaOH 溶液的体积（或滴定体积百分数）为横坐标，对应溶液的 pH 为纵坐标绘图，即可得到 0.1000mol/L NaOH 溶液滴定 0.1000mol/L HCl 溶液的滴定曲线，见图 4-3。

从表 4-3 和图 4-3 中可以看出，从滴定开始到滴入 V_{NaOH}=19.80ml，溶液的 pH 从 1.00 变到 3.30，只改变了 2.3 个单位；再加入 0.18ml NaOH 溶液即滴入 V_{NaOH}=19.98ml 时，pH 从 3.30 变到 4.30，就改变了 1 个单位；再加入 0.02ml NaOH 溶液即 V_{NaOH}=20.00ml 时，正好是化学计量点，pH 由 4.30 增至 7.00，改变了 2.7 个单位；再加入 0.02ml NaOH，pH 从 7.00 变为 9.70，又改变了 2.7 个单位。

从滴定曲线可以看出，在计量点附近滴入 NaOH 溶液的量虽然从 19.98ml 增加到 20.02ml 只加入了 0.04ml（约 1 滴），但此时溶液 pH 却从 4.30 变到 9.70，改变了 5.40 个单位，滴定曲线斜率变大，出现了陡峭的一段，说明溶液的酸度发生了较大的变化。因此，把化学计量点±0.1% 范围内由 1 滴碱或酸的加入引起溶液 pH 的急剧变化称为滴定突跃，滴定突跃所在的 pH 范围称为滴定突跃 pH 范围，简称滴定突跃范围。

（二）指示剂的选择

指示剂的选择以滴定突跃范围为依据，最理想的指示剂应该恰好在化学计量点时变色，但实际上凡是变色范围部分或全部落在突跃范围内的指示剂，均可用于指示滴定终点。这是因为，此时滴定终点与计量点之差（滴定误差）最大也只有±0.1%，符合滴定分析所允许的测量误差要求。因此，对于0.1000mol/L NaOH滴定20.00ml 0.1000mol/L HCl来说，凡是在滴定突跃范围（pH=4.30～9.70）以内能引起变色的指示剂（即指示剂的变色范围全部或一部分落在滴定突跃范围之内），都可作为该滴定的指示剂，如酚酞（pH=8.0～10.0）、甲基橙（pH=3.1～4.4）和甲基红（pH=4.4～6.2）等。在滴定突跃范围内停止滴定，则测定结果具有足够的准确度。

（三）影响滴定突跃范围的因素

滴定突跃范围随滴定剂和被滴定物浓度的改变而改变，指示剂的选择也应视具体情况而定。图4-4是三种不同浓度的NaOH溶液滴定不同浓度的HCl溶液的滴定曲线。由图可见，如果溶液的浓度改变，虽然化学计量点时溶液的pH仍为7.00，但是滴定突跃范围却不同：酸碱溶液的浓度越大，滴定突跃范围越大，可选指示剂越多；酸碱溶液的浓度越小，滴定突跃范围越小，可供选择的指示剂就越少。例如，用0.01000mol/L NaOH溶液滴定0.01000moL/L HCl溶液，滴定突跃范围的pH在5.30～8.70，可选择甲基红、酚酞作指示剂，而甲基橙就不适用了，否则会造成较大的误差。但是，若用较高浓度的酸碱溶液进行滴定，虽然滴定突跃范围大，可选用的指示剂较多，但此时产生的滴定误差也较大，不易控制滴定终点。因此滴定液浓度一般控制在0.1～0.5mol/L较为适宜。

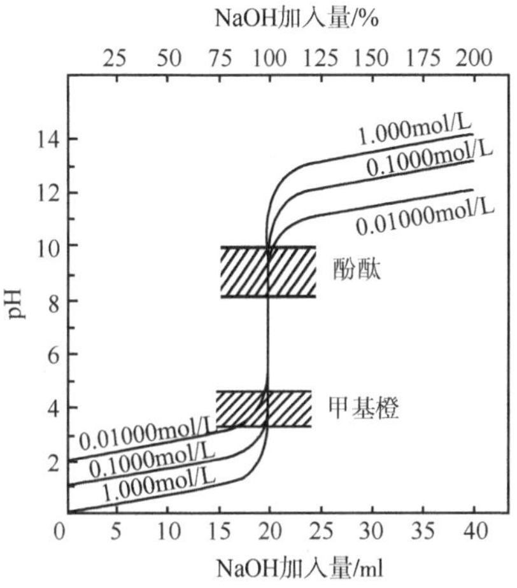

图4-4 不同浓度的NaOH溶液滴定不同浓度的HCl溶液的滴定曲线

0.1000mol/L HCl滴定20ml 0.1000mol/L的NaOH溶液，与0.1000mol/L NaOH滴定20ml 0.1000mol/L的HCl溶液，二者滴定曲线的形状是左右对称的，滴定突跃范围前者的pH是9.70～4.30，后者的pH是4.30～9.70。

二、一元弱酸（弱碱）的滴定

（一）滴定曲线

我们以强碱滴定一元弱酸为例，它们之间的反应实质是$HA + OH^- \rightleftharpoons H_2O + A^-$的反应。我们具体以0.1000mol/L的NaOH溶液滴定20.00ml 0.1000mol/L HAc为例，来讨论强碱滴定弱酸的酸度变化规律。

设HAc的起始浓度为c_{HAc}，体积为V_{HAc}=20.00ml；NaOH的浓度为c_{NaOH}，滴定时加入的体积为V_{NaOH}，整个滴定过程同样也可分为四个阶段。

1. 滴定前（V_{NaOH}=0），此时溶液为0.1000mol/L的HAc溶液，且V_{HAc}=20.00ml，由一元弱酸溶液的pH计算公式，可得

$$[H^+] = \sqrt{cK_a} = \sqrt{1.8 \times 10^{-5} \times 0.1000} = 1.35 \times 10^{-3} \text{mol/L}$$

$$pH=2.87$$

2. 滴定开始至计量点前（$V_{HAc} > V_{NaOH}$），在这一过程中溶液中未被中和的HAc与反应生成的Ac^-组成缓冲对，其溶液的酸度可用缓冲计算公式求出。

当滴入V_{NaOH}=18.00ml时：

$$pH = pK_a + \lg\frac{[V_{Ac^-}]}{[V_{HAc}]} = 4.75 + \lg\frac{0.1000 \times 18.00}{0.1000 \times 20.00 - 0.1000 \times 18.00} = 5.70$$

当滴入 V_{NaOH}=19.98ml 时：

$$pH = pK_a + \lg\frac{[V_{Ac^-}]}{[V_{HAc}]} = 4.75 + \lg\frac{0.1000 \times 19.98}{0.1000 \times 20.00 - 0.1000 \times 19.98} = 7.75$$

3. 计量点时（V_{HAc} =V_{NaOH}），此时 NaOH 与 HAc 恰好完全反应生成 NaAc。此时，[NaAc]= 0.0500mol/L，故有

$$[OH^-] = \sqrt{c_{NaAc}K_{NaAc}} = 5.3 \times 10^{-6}\,mol/L\text{，求得 pH=8.72}$$

4. 计量点后（V_{NaOH}>V_{HAc}），由于随着 NaOH 溶液的滴入其逐渐过量，抑制了 Ac^-与 H_2O 的质子转移反应，此时溶液的 pH 取决于过量 NaOH 的浓度，计算方法与强碱滴定强酸的相同。当滴入 V_{NaOH}=20.02ml 时，

$$[OH^-] = \frac{0.1000 \times 20.02 - 0.1000 \times 20.00}{20.00 + 20.02} = 4.998 \times 10^{-5}\,mol/L \qquad pOH = 4.30$$

$$pH = 14 - pOH = 14 - 4.30 = 9.70$$

按上述方法再计算出多项数据，将计算结果列于表 4-4，并制作强碱滴定一元弱酸的滴定曲线（图 4-5）。

表 4-4　0.1000mol/L NaOH 滴定 20.00ml 0.1000mol/L HAc 的计算结果

加入 NaOH/ml	HAc 被滴定百分数/%	计算式	pH
0.00	0.00	$[H^+] = \sqrt{[HAc]K_{a(HAc)}}$	2.87
10.00	50.0	$[H^+] = K_a\frac{[HAc]}{[Ac^-]}$	4.76
18.00	90.0		5.70
19.80	99.0		6.76
19.96	99.8		7.46
19.98	99.9		7.75 滴定突跃
20.00	100.0	$[OH^-] = \sqrt{\frac{K_w}{K_{a(HAc)}}[Ac^-]}$	8.72
20.02	100.1	$[OH^-]=[NaOH]_{过量}$	9.70
20.04	100.2		10.00
20.20	101.0		10.70
22.00	110.0		11.70

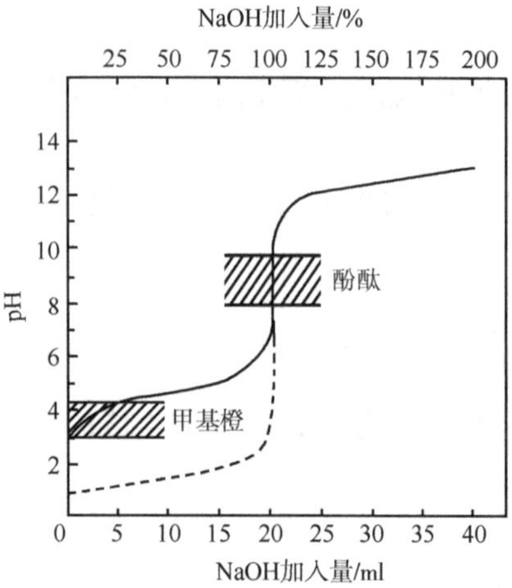

图 4-5　0.1000mol/L NaOH 滴定 0.1000mol/L HAc 的滴定曲线

由表 4-4 和图 4-5 可以看出强碱滴定一元弱酸具有以下几个特点。

1. 该滴定曲线起点的 pH=2.87，比图 4-3 中强碱滴定强酸滴定曲线的起点 pH=1.00 要高，这是由于相同浓度的强酸和弱酸，强酸的 H^+浓度远大于弱酸的 H^+浓度的缘故。

2. 滴定开始后，曲线的斜率加大，说明随着 NaOH 的滴入，溶液的 pH 迅速升高。这是由于滴定开始后有 NaAc 的生成，产生同离子效应，抑制了 HAc 的解离，使 H^+浓度迅速降低的缘故。

3. 随后，出现较长的一段平坦曲线，这是由于随着 NaOH 的不断滴入，生成的 NaAc 增多，NaAc 与溶液中剩余的 HAc 形成的 NaAc-HAc 缓冲溶液，因此溶液的 pH 变化缓慢。

4. 近化学计量点时，曲线斜率又加大，这是由于溶液中的 HAc 浓度已很低，而生成的大量 NaAc 水解作用加强，因此溶液中 OH^-

浓度随着 NaOH 溶液的加入增加较快，溶液 pH 上升迅速。

5. 化学计量点时，溶液 pH=8.72，显碱性。这是由于生成的 NaAc 是强碱弱酸盐，水解呈碱性，因此化学计量点落在碱性区域。滴定突跃范围为 7.74～9.70，变化约 2 个 pH 单位，比图 4-3 中强碱滴定强酸的滴定突跃范围 4.30～9.70 小了约 3 个 pH 单位。滴定突跃范围较小，只有酚酞（pH=8.0～10.0）、百里酚酞（pH=9.4～10.6）等少数指示剂才可用于该滴定。

6. 计量点后为 NaAc 和过量 NaOH 的混合溶液，由于 Ac^-的解离受到过量滴定剂 OH^-的抑制，故滴定曲线的变化趋势与 NaOH 滴定 HCl 溶液时基本相同。

（二）指示剂的选择

根据滴定突跃范围及选择指示剂的原则，此类滴定应选择在碱性区域变色的指示剂，如酚酞、百里酚蓝等。

（三）影响滴定突跃范围的因素

在强碱滴定弱酸的过程中，滴定突跃范围的大小除与弱酸的浓度有关外，还与弱酸的强度（K_a）有关。溶液浓度越大，滴定突跃范围越大；弱酸的解离常数 K_a 越大，酸性越强，滴定突跃范围越大。图 4-6 为 0.1000mol/L NaOH 滴定 20.00ml 0.1000mol/L 不同强度弱酸时的滴定曲线。从图 4-6 可以看出，当酸浓度一定时，K_a 越大，滴定突跃范围就越大；当浓度为 0.1mol/L，$K_a \leqslant 10^{-9}$ 时已无明显的滴定突跃，因此找不到合适的指示剂确定滴定终点。所以，若用强碱直接滴定弱酸，必须符合一定条件：即弱酸的 $c_aK_a \geqslant 10^{-8}$ 才能满足这一要求，反之，则必须改换其他方法测定。因此，通常将 $c_aK_a \geqslant 10^{-8}$ 作为判断弱酸能否被直接滴定的依据。

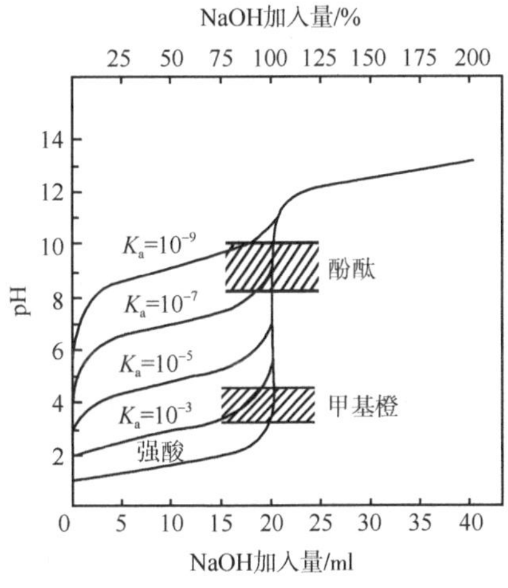

图 4-6　0.1000mol/L NaOH 滴定 0.1000mol/L 不同强度弱酸的滴定曲线

强酸滴定弱碱与强碱滴定弱酸的情况相似。对于弱碱来说，只有当 $c_bK_b \geqslant 10^{-8}$ 时才能被强酸直接滴定。并且弱酸和弱碱之间不能相互滴定，这是因为在滴定过程中无明显的 pH 滴定突跃，无法用一般的指示剂确定滴定终点，因此在酸碱滴定中，一般以强碱和强酸作为滴定液。

三、多元酸（碱）的滴定

（一）多元酸的滴定

我们以 0.1000mol/L 的 NaOH 溶液滴定 20.00ml 0.1000mol/L H_3PO_4 为例，来讨论强碱滴定多元弱酸的酸度变化规律及指示剂的选择原则。

H_3PO_4 为三元弱酸，在溶液中存在三级解离：

$$H_3PO_4 \rightleftharpoons H^+ + H_2PO_4^- \quad K_{a_1} = 7.5 \times 10^{-3}$$

$$H_2PO_4^- \rightleftharpoons H^+ + HPO_4^{2-} \quad K_{a_2} = 6.3 \times 10^{-8}$$

$$HPO_4^{2-} \rightleftharpoons H^+ + PO_4^{3-} \quad K_{a_3} = 2.2 \times 10^{-13}$$

其与强碱发生酸碱中和也是分步进行的：

$$H_3PO_4 + NaOH \rightleftharpoons NaH_2PO_4 + H_2O$$

$$NaH_2PO_4 + NaOH \rightleftharpoons Na_2HPO_4 + H_2O$$

$$Na_2HPO_4 + NaOH \rightleftharpoons Na_3PO_4 + H_2O$$

判断多元弱酸各级解离的H^+能否被准确滴定的依据与一元弱酸相同，即各级弱酸的解离常数与多元弱酸溶液浓度的乘积，满足$cK_{a_n} \geqslant 10^{-8}$，则可确定该级解离的$H^+$能被准确滴定。

判断相邻两级解离的H^+能否被分步滴定的依据是：在满足准确滴定的前提下，当相邻两级电离常数的比值满足$K_{a_n} / K_{a_{n+1}} \geqslant 10^4$时，相邻两级$H^+$能被分步滴定，即有两个滴定突跃。

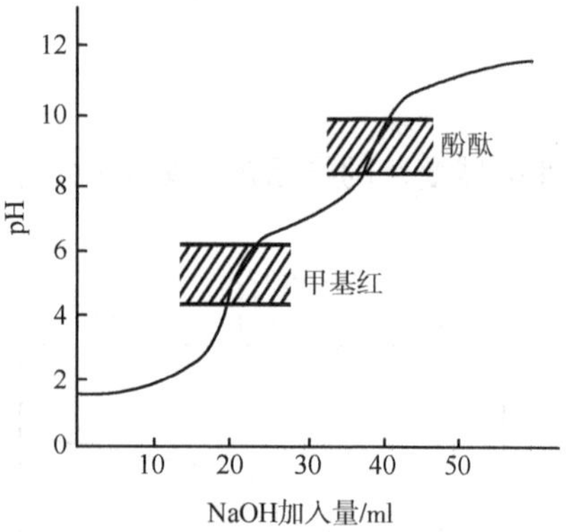

图 4-7 0.1000mol/L NaOH 滴定 H_3PO_4 的滴定曲线

例如：H_3PO_4的$cK_{a_1} \geqslant 10^{-8}$，$cK_{a_2} \approx 10^{-8}$，所以第一级和第二级解离出的$H^+$能与强碱发生定量反应，又由于$K_{a_1} / K_{a_2} \geqslant 10^4$，所以第一级和第二级离解的$H^+$可以被分步滴定，即在第一化学计量点和第二化学计量点各出现一个滴定突跃。但是，虽然$K_{a_2} / K_{a_3} \geqslant 10^4$，而$c \cdot K_{a_3} < 10^{-8}$，因此第三级离解的$H^+$不能被直接滴定。所以，在 NaOH 滴定$H_3PO_4$的曲线上只有两个滴定突跃，如图 4-7 所示。

由于计算多元弱酸（碱）溶液的酸度较复杂，在滴定多元弱酸（碱）时，一般是以化学计量点时溶液的 pH 作为选择指示剂的依据。即指示剂的变色点尽量与化学计量点接近。从 NaOH 与H_3PO_4反应可知，第一化学计量点时H_3PO_4全部转变为NaH_2PO_4，溶液显酸性，溶液的 pH 可用下式近似计算：

$$[H^+] = \sqrt{K_{a_1} \cdot K_{a_2}}$$

$$pH = \frac{1}{2}(pK_{a_1} + pK_{a_2}) = \frac{1}{2}(2.12 + 7.21) = 4.66$$

可选择甲基红指示滴定终点。

第二化学计量点时生成物是Na_2HPO_4，其溶液显碱性，溶液的 pH 可用下式近似计算：

$$[H^+] = \sqrt{K_{a_2} \cdot K_{a_3}}$$

$$pH = \frac{1}{2}(pK_{a_2} + pK_{a_3}) = \frac{1}{2}(7.21 + 12.67) = 9.94$$

可选择酚酞指示滴定终点。

（二）多元弱碱的滴定

多元弱碱的滴定与多元弱酸的滴定相似。判断多元弱碱能否被直接准确滴定和分步滴定的条件为：$cK_{b_n} \geqslant 10^{-8}$，能被直接准确滴定；$K_{b_n} / K_{b_{n+1}} \geqslant 10^4$，能被分步滴定。

现以 0.1000mol/L HCl 滴定 20.00ml 0.1000mol/L Na_2CO_3溶液为例，讨论强酸滴定多元弱碱的酸度变化规律及指示剂的选择原则。

Na_2CO_3为二元弱碱，水溶液呈碱性，存在两级解离平衡：

$$CO_3^{2-} + H^+ \rightleftharpoons HCO_3^- \quad K_{b_1} = 1.79 \times 10^{-4}$$

$$HCO_3^- + H^+ \rightleftharpoons H_2CO_3 \quad K_{b_2} = 2.38 \times 10^{-8}$$

由于$cK_{b_1} \geqslant 10^{-8}$和$cK_{b_2} \geqslant 10^{-8}$，且$K_{b_1} / K_{b_2} \approx 10^4$，因此$Na_2CO_3$两级解离的碱不仅能被强酸直接准确滴定，而且还能被分步滴定，滴定曲线上有两个滴定突跃。

其滴定反应式为

$$Na_2CO_3 + HCl \rightleftharpoons NaHCO_3 + NaCl$$

$$NaHCO_3 + HCl \rightleftharpoons NaCl + H_2O + CO_2 \uparrow$$

第一化学计量点时，产物为 $NaHCO_3$，属于两性物质，其溶液 pH 可由下式近似计算：

$$[H^+] = \sqrt{K_{a_1} \cdot K_{a_2}}$$

$$pH = \frac{1}{2}(pK_{a_1} + pK_{a_2}) = \frac{1}{2}(6.38 + 10.25) = 8.31$$

可选择碱性区域变色的酚酞等作指示剂。

第二化学计量点时，$NaHCO_3$ 全部反应生成 CO_2 和 H_2O，溶液为 H_2CO_3 的饱和溶液，浓度约为 0.04mol/L，其溶液 pH 可由下式近似计算：

$$[H^+] = \sqrt{cK_{a_1}} = \sqrt{0.04 \times 4.3 \times 10^{-7}} = 1.31 \times 10^{-4}$$

$$pH = 3.89$$

可选择酸性区域变色的甲基橙作指示剂。滴定曲线图如图 4-8 所示。

应注意，在滴定接近第二化学计量点时，由于生成的 H_2CO_3 易形成过饱和溶液，溶液中 H^+浓度增大，致使滴定终点提前。因此接近终点时，应剧烈振摇溶液或将溶液煮沸以除去 CO_2，冷却至室温后再继续滴定至终点。

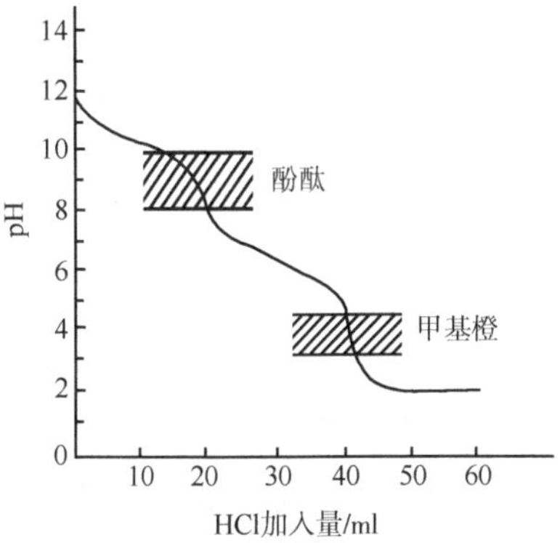

图 4-8　0.1000mol/L HCl 滴定 Na_2CO_3 的滴定曲线

任务 3　酸碱滴定液

在酸碱滴定法中，最常用的滴定液是 HCl 和 NaOH 溶液，也可用 H_2SO_4、KOH 等其他强酸强碱溶液，其浓度一般为 0.01～1mol/L，最常用的是 0.1mol/L。因为 HCl 具有挥发性，NaOH 易吸收空气中的 CO_2 和 H_2O，所以 HCl 和 NaOH 滴定液只能用间接法配制。

一、HCl 滴定液

（一）配制

市售浓 HCl 的密度为 $1.19g/cm^3$，质量分数为 0.37，换算成物质的量浓度为 12mol/L。

配制 0.1mol/L HCl 溶液 1000ml 应量取浓 HCl 的体积为

$$12 \times V_{HCl} = 0.1 \times 1000 \quad 解得\ V_{HCl} = 8.3ml$$

由于浓 HCl 易挥发，应比计算量多取些，配制成近似浓度的溶液，一般量取浓盐酸 9.0ml，置于盛有少量蒸馏水的 1000ml 试剂瓶中，再用蒸馏水稀释至 1000ml，密塞，充分摇匀，待标定。

（二）标定

标定 HCl 溶液常用的基准物质为硼砂或无水碳酸钠。硼砂（$Na_2B_4O_7 \cdot 10H_2O$）的优点是易提纯且不易吸水，其摩尔质量（381.4g/mol）较大，直接称量单份基准物作标定时误差小。其缺点是不易保存，在空气中相对湿度小于 39%时易风化失去部分结晶水，因此必须把它保存在相对湿度为 60%的恒湿器中。用硼砂标定 HCl 溶液的标定反应为

$$Na_2B_4O_7 + 2HCl + 5H_2O \rightleftharpoons 4H_3BO_3 + 2NaCl$$

选用甲基红作指示剂，溶液颜色由黄变红显示滴定终点，颜色变化较为明显。计算公式为

$$c_{HCl}=\frac{2m_{Na_2B_4O_7\cdot 10H_2O}}{V_{HCl}M_{Na_2B_4O_7\cdot 10H_2O}}\times 10^3$$

无水碳酸钠的优点是易制得纯品且价格低廉，缺点是吸湿性较强，使用前必须在270～300℃高温炉中烘干至恒重。称量时动作必须迅速，否则易吸收空气中水分而带入测定误差。用Na_2CO_3标定HCl溶液的标定反应为

$$2HCl+Na_2CO_3 \rightleftharpoons H_2O+CO_2\uparrow+2NaCl$$

滴定时用溴甲酚绿-甲基红混合液指示剂，用配制好的HCl溶液滴定至溶液由绿色变为紫红色，再煮沸2min，冷却至室温，继续滴定至溶液由绿色变为暗紫色。计算公式为

$$c_{HCl}=\frac{2m_{Na_2CO_3}}{V_{HCl}M_{Na_2CO_3}}\times 10^3$$

二、NaOH滴定液

（一）配制

NaOH不仅易吸潮，还易吸收空气中CO_2生成Na_2CO_3，因此不能直接配制。根据Na_2CO_3难溶于NaOH的饱和溶液中的特性，通常将NaOH配制成饱和溶液，储存于塑料瓶中，使Na_2CO_3沉于底部，取上层清液稀释成所需配制的浓度。

配制0.1mol/L NaOH溶液1000ml，应取澄清饱和NaOH溶液（浓度为20mol/L）的体积为

$$20\times V_{NaOH}=0.1\times 1000 \quad 解得\ V_{NaOH}=5.0ml$$

一般比计算量多取一些，通常取5.6ml澄清饱和NaOH溶液，加新煮沸过的冷蒸馏水稀释至1000ml，摇匀，倒入聚乙烯塑料瓶，密塞保存，待标定。

（二）标定

标定NaOH溶液常用的基准物质是草酸或邻苯二甲酸氢钾。

草酸（$H_2C_2O_4\cdot 2H_2O$）的优点是容易提纯，且比较稳定。草酸是二元弱酸，能被NaOH一次滴定到$C_2O_4^{2-}$。其标定反应如下：

$$H_2C_2O_4+2NaOH \rightleftharpoons NaC_2O_4+2H_2O$$

用草酸标定NaOH溶液时可选用酚酞作指示剂，终点时溶液由无色变成粉红色，变色敏锐，半分钟内不褪色。计算公式为

$$c_{NaOH}=\frac{2m_{H_2C_2O_4\cdot 2H_2O}}{V_{NaOH}M_{H_2C_2O_4\cdot 2H_2O}}\times 10^3$$

邻苯二甲酸氢钾（$KHC_8H_4O_4$）的优点是易制得纯品，性质稳定，摩尔质量（204.2g/mol）较大，直接称量单份基准物作标定时误差小。标定前将邻苯二甲酸氢钾在100～125℃干燥后才能使用。且干燥温度不可过高，否则邻苯二甲酸氢钾会脱水成为邻苯二甲酸酐。用邻苯二甲酸氢钾标定NaOH溶液的标定反应如下：

滴定时用酚酞作指示剂，终点时溶液由无色变成粉红色，半分钟内不褪色。计算公式为

$$c_{NaOH}=\frac{m_{KHC_8H_4O_4}}{V_{NaOH}M_{KHC_8H_4O_4}}\times 10^3$$

任务4 酸碱滴定法的应用

酸碱滴定法的应用极其广泛，许多药品如阿司匹林、药用硼酸、药用 NaOH 及铵盐等都可用酸碱滴定法测定。按滴定方式的不同分为直接滴定法和间接滴定法。

一、直接滴定法

强酸、强碱、$cK_a \geqslant 10^{-8}$ 的酸性物质及 $cK_b \geqslant 10^{-8}$ 的碱性物质，均可用酸碱滴定法直接滴定。

1. 乙酰水杨酸含量的测定 乙酰水杨酸（阿司匹林 $C_9H_8O_4$）是常用的解热镇痛药，呈酸性（水溶液中 pK_a=3.49），由于其不易溶于水，可在中性乙醇溶液中用 NaOH 滴定液直接滴定，以酚酞为指示剂。

例题 4-1 现称取乙酰水杨酸样品 0.4536g，用适量乙醇溶解，以酚酞为指示剂，滴定至终点消耗 0.1020mol/L 的 NaOH 滴定液 18.08ml，试计算乙酰水杨酸的含量（$M_{C_9H_8O_4}$=180.16）。

解：滴定反应式为

计算公式为

$$\omega_{C_9H_8O_4} = \frac{c_{NaOH}V_{NaOH}M_{C_9H_8O_4} \times 10^{-3}}{m_S} \times 100\%$$

将数值代入公式即得

$$\omega_{C_9H_8O_4} = \frac{0.1020 \times 18.08 \times 180.16 \times 10^{-3}}{0.4536} \times 100\% = 73.25\%$$

2. 混合碱含量的测定 由于 NaOH 易吸收空气中的 CO_2，部分 NaOH 可变质为 Na_2CO_3，形成由 NaOH 和 Na_2CO_3 组成的混合碱。因此，在测定药用 NaOH 时，应测定 NaOH 和 Na_2CO_3 各自的含量，可采用以下两种方法。

（1）双指示剂法 向混合碱溶液中先加入酚酞指示剂，用 HCl 滴定液滴定，待红色刚好褪去时暂停滴定，此时溶液中全部的 NaOH 已被中和，而 Na_2CO_3 只被中和到 $NaHCO_3$，即被中和到一半，假设此时共用去 HCl 的体积为 V_1；然后加入甲基橙指示剂，继续用 HCl 滴定液滴定，直到溶液由黄色变为橙色，此时 $NaHCO_3$ 被完全中和，假设此过程用去 HCl 的体积为 V_2。整个滴定过程图解如下：

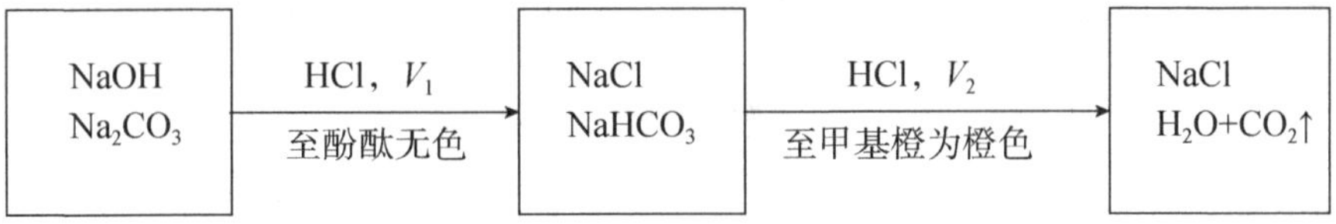

根据滴定体积的关系可以看出，消耗 Na_2CO_3 的体积为 $2V_2$，而消耗 NaOH 的体积为 V_1-V_2。因此，NaOH 和 Na_2CO_3 百分含量的计算如下（m_S 为样品重量）：

$$\omega_{NaOH} = \frac{c_{HCl}(V_1 - V_2)M_{NaOH} \times 10^{-3}}{m_S} \times 100\%$$

$$\omega_{Na_2CO_3} = \frac{c_{HCl}V_2 \times M_{Na_2CO_3} \times 10^{-3}}{m_S} \times 100\%$$

（2）氯化钡法 先取一份试样溶液，加甲基橙指示剂用 HCl 滴定液滴至橙色，消耗的 HCl 体积为 V_1 ml（NaOH 和 Na_2CO_3 共同消耗）。另取一份相同体积的试样溶液，加入一定量的 $BaCl_2$ 溶液使 Na_2CO_3 转变为 $BaCO_3$ 沉淀析出，然后加酚酞指示剂，用 HCl 滴定液滴定至红色褪去，记录 HCl 体积

V_2 ml（混合物中 NaOH 所消耗）。

计算公式为

$$\omega_{NaOH} = \frac{c_{HCl}V_2M_{NaOH} \times 10^{-3}}{m_S} \times 100\%$$

$$\omega_{Na_2CO_3} = \frac{c_{HCl}(V_1 - V_2) \times M_{Na_2CO_3} \times 10^{-3}}{2m_S} \times 100\%$$

二、间接滴定法

有些物质的酸碱性很弱（如 H_3BO_3）或难溶于水（如 ZnO），不能用酸碱滴定法直接滴定，可通过一些反应增强其酸碱性，或通过一些反应产生一定量的酸和碱，然后采用间接滴定法进行滴定。

1. 食品中附加剂硼酸含量的测定 硼酸（H_3BO_3）的酸性很弱（K_a=5.8×10^{-10}），不能用强碱直接滴定。但硼酸与多元醇反应可生成稳定的配合酸，其酸性增强。例如，硼酸与丙三醇反应生成酸性较强的甘油硼酸（K_a=3×10^{-7}），可用 NaOH 滴定液直接滴定，以酚酞为指示剂。有关反应式如下：

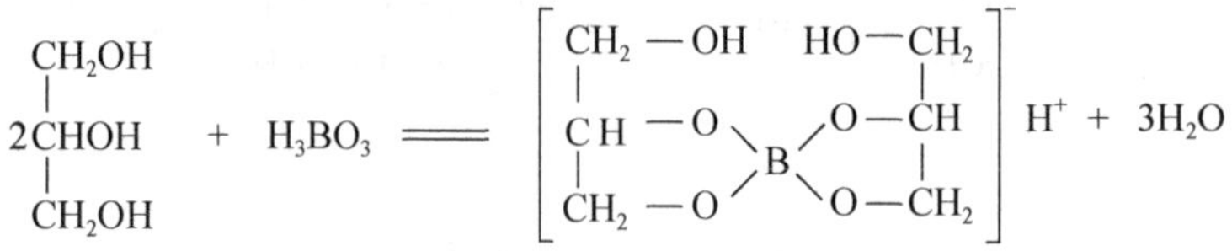

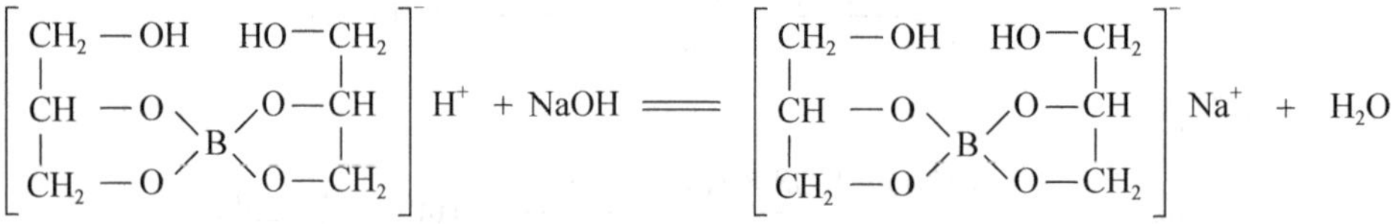

计算公式为

$$\omega_{H_3BO_3} = \frac{c_{NaOH}V_{NaOH}M_{H_3BO_3} \times 10^{-3}}{m_s} \times 100\%$$

2. 铵盐中氮的测定 NH_4^+ 是弱酸（K_a=5.7×10^{-10}），$(NH_4)_2SO_4$、NH_4Cl 等不能用碱滴定液直接滴定，通常可采用下列两种方法测定。

（1）蒸馏法 在铵盐中加入过量的 NaOH，加热使 NH_3 蒸馏出来，用一定量的 HCl 滴定液吸收，过量的酸用 NaOH 滴定液返滴定。

（2）甲醛法 甲醛与铵盐生成六次甲基四胺离子，同时放出定量 H^+，用 NaOH 滴定液滴定。

自测题

一、单选题

1. 下列不属于常用酸碱指示剂的是（ ）
   A. 酚酞 B. 甲基橙
   C. 甲基红 D. 淀粉
   E. 溴酚蓝
2. 标定 HCl 溶液常用的基准物质是（ ）
   A. 碳酸钠 B. 氢氧化钠
   C. 草酸 D. 氯化钠
   E. 邻苯二甲酸氢钾
3. 弱碱能被直接准确滴定应满足的条件是（ ）
   A. $cK_a \geq 10^{-8}$ B. $cK_b \leq 10^{-8}$
   C. $cK_b \geq 10^{-8}$ D. $cK_a \leq 10^{-8}$
   E. 以上都不对
4. 下列能用 NaOH 滴定液直接滴定，并且能分步滴定的是（ ）
   A. 草酸 K_1=5.9×10^{-2}，K_2=6.4×10^{-5}
   B. 硼酸 K_1=7.3×10^{-10}，K_2=1.8×10^{-13}，K_3=1.6×10^{-14}
   C. 邻苯二甲酸 K_1=1.3×10^{-5}，K_2=3.9×10^{-6}
   D. 顺丁烯二酸 K_1=1.0×10^{-2}，K_2=5.5×10^{-7}
   E. 琥珀酸 K_1=6.9×10^{-5}，K_2=2.5×10^{-6}

5. 用 HCl 滴定液滴定 Na_2CO_3 溶液接近终点时，需要煮沸溶液的目的是（　　）
   A. 驱出 O_2
   B. 驱出 CO_2
   C. 加快反应速率
   D. 指示剂在热溶液中易变色
   E. 驱出 N_2
6. 通常用 NaOH 的饱和溶液配制 NaOH 滴定液的原因是（　　）
   A. 防止吸潮　B. 防止吸收 CO_2
   C. 除去杂质 Na_2CO_3　D. 除去 O_2
   E. 防止 NaOH 质量减少
7. 导致酸碱指示剂发生颜色变化的外因条件是（　　）
   A. 溶液的温度　B. 溶液的黏度
   C. 溶液的解离度　D. 溶液的 pH
   E. 溶液的密度
8. 用 NaOH 滴定液滴定 HAc 选择的指示剂是（　　）
   A. 石蕊　B. 甲基橙
   C. 酚酞　D. 甲基红
   E. 淀粉
9. 在选择指示剂时，可以不考虑的因素是（　　）
   A. 指示剂的分子量大小
   B. 指示剂的变色范围
   C. 指示剂颜色变化
   D. 滴定突跃范围
   E. 以上都要考虑
10. 某指示剂 $pK_{HIn}=1\times10^{-5}$，则此指示剂变色的 pH 范围是（　　）
   A. 8～10　B. 7～9
   C. 5～6　D. 4～6
   E. 3～5
11. 酸碱指示剂一般属于（　　）
   A. 有机弱酸或有机弱碱
   B. 有机酸
   C. 有机碱
   D. 无机弱酸
   E. 无机弱碱
12. 标定 NaOH 滴定液的基准物质是（　　）
   A. HAc　B. Na_2CO_3
   C. $KHC_8H_4O_4$　D. $NH_3·H_2O$
   E. HCl
13. HCl 滴定液滴定 $NH_3·H_2O$，应选择的指示剂是（　　）
   A. 甲基橙　B. 酚酞
   C. 百里酚酞　D. 中性红
   E. 百里酚蓝
14. 可用碱滴定液直接测定的物质为（　　）
   A. $cK_a\geqslant10^{-8}$ 的弱酸
   B. $cK_b\geqslant10^{-8}$ 的弱碱
   C. NaOH
   D. $NH_3·H_2O$
   E. ZnO
15. 判断某一元弱酸能否被强碱直接准确滴定的依据是（　　）
   A. $cK_a\geqslant10^{-8}$　B. $cK_a\leqslant10^{-8}$
   C. $cK_a\geqslant10^{-6}$　D. $cK_a\leqslant10^{-6}$
   E. 以上都不对
16. 滴定分析中，在指示剂变色时停止滴定，该点称为（　　）
   A. 化学计量点　B. 滴定分析点
   C. 滴定误差　D. 滴定终点
   E. 滴定突跃
17. 对于滴定分析法，下列叙述错误的是（　　）
   A. 以化学反应为基础的分析方法
   B. 是药物分析中常用的一种含量测定方法
   C. 要有合适的方法指定滴定终点
   D. 所有化学反应都可以用于滴定分析
   E. 滴定终点与化学计量点不一致是滴定分析的主要误差来源
18. 在酸碱滴定中，指示剂的理论变色范围是（　　）
   A. $pH=K_{HIn}\pm1$　B. $pH=K_{HIn}$
   C. $pH=pK_{HIn}\pm1$　D. $pH=pK_{HIn}$
   E. 以上都不对
19. 滴定分析多用于（　　）
   A. 微量分析　B. 常量分析
   C. 半微量分析　D. 痕量分析
   E. 任意量分析
20. 在酸碱滴定中选择强酸强碱作为滴定剂的理由是（　　）
   A. 可直接配制滴定液
   B. 滴定突跃大
   C. 滴定反应速率快
   D. 滴定曲线较完美
   E. 副反应少

二、简答题

1. 什么是滴定突跃？其影响因素有哪些？
2. 酸碱滴定中指示剂的选择原则是什么？
3. 什么是酸碱滴定曲线？强碱滴定强酸与强碱滴定弱酸的滴定曲线有什么不同？
4. 若用已吸收少量水的无水碳酸钠标定 HCl 溶液的浓度，对标定结果有什么影响？并解释原因。
5. 常用的 HCl 和 NaOH 滴定液用什么方法配制？为什么？

三、计算题

1. 精密称取基准物质无水 Na_2CO_3 0.1060g，标定 HCl 溶

液，以甲基橙为指示剂，滴定至终点时，消耗 HCl 溶液 20.00ml，计算 HCl 溶液的物质的量浓度。

2. 用邻苯二甲酸氢钾基准物质 0.4563g 标定 NaOH 溶液时，消耗 NaOH 溶液的体积为 22.05ml，计算 NaOH 溶液的浓度。
3. 取食醋 5.00ml 加水稀释后，以酚酞为指示剂，用 0.1000mol/L NaOH 滴定液滴定至溶液呈淡红色，消耗 NaOH 滴定液 24.00ml，求食醋中乙酸的含量（g/100ml）。
4. 称取药用硼砂样品 0.4000g，用 0.1000mol/L HCl 滴定液滴定消耗 20.00ml，计算样品中 $Na_2B_4O_7\cdot 10H_2O$ 的含量。
5. 称取混合碱试样 0.6800g，以酚酞为指示剂，用 0.2000mol/L 的 HCl 滴定液滴定至终点，消耗 HCl 溶液体积 V_1=26.80ml，然后加入甲基橙指示剂滴定至终点，又消耗 HCl 溶液体积 V_2=23.00ml，判断混合碱的组成，并计算各组分的含量。

（丁其春）

项目5 非水酸碱滴定法

学习目标

1. 知识目标： 掌握非水溶剂的性质、对溶质酸碱性的影响及选择原则，高氯酸滴定液的配制和标定；熟悉非水溶剂的分类及非水酸碱滴定在药品检验中的应用；了解甲醇钠滴定液的配制和标定。

2. 能力目标： 会按照《中国药典》的规定配制和标定0.1mol/L高氯酸滴定液；能够按照非水酸碱滴定法操作规程进行相关药品的分析检验；能够正确记录实验数据并计算结果。

3. 素质目标： 培养学生科学思维和严谨工作作风，树立科学精神。

案例 5-1

维生素 B_1 又称硫胺素，多存在于一些粗粮如荞麦、燕麦、大豆、花生等的外皮和胚芽部分，另外动物的内脏也含有一定量的维生素 B_1。维生素 B_1 是体内多种辅酶的重要组成成分，对于机体的多项生命活动具有非常重要的调控作用。如果患者缺乏维生素 B_1，可能出现脚气病及周围神经炎症等。

问题： 1.《中国药典》维生素 B_1 的含量测定选用了什么方法？

2. 在检测方法中用到了哪些溶剂？为什么选用这些溶剂？

大多数情况下滴定分析是在水溶液中进行的。水作为溶剂，有许多优点，如溶解能力强、无毒性、无污染、价廉、安全、易操作、易处理等，因此水是滴定分析的首选溶剂。但有的情况下，水作为溶剂达不到滴定要求，如样品在水中溶解度太小，某些酸（$c_aK_a<10^{-8}$）、碱（$c_bK_b<10^{-8}$）或者盐的酸碱性太弱，导致滴定突跃范围太小而无法选择到合适的指示剂等，这就需要选择水以外的溶剂了。水以外的溶剂称为非水溶剂。在非水溶剂中进行滴定的方法，称为非水滴定法。滴定分析法中选择合适的非水溶剂，不仅可以增加样品的溶解性，而且能够改变物质的酸碱性，使在水中不能进行完全的反应能够反应完全，从而扩大滴定法的应用范围。

非水滴定法包括非水酸碱滴定法、非水沉淀滴定法、非水配位滴定法及非水氧化还原滴定法，其中非水酸碱滴定法应用最广，它具有滴定分析法所具备的准确、快速、仪器设备简单等优点，是很多药物采用的含量测定方法。

任务1　概　　述

一、溶剂的性质

非水滴定与其他滴定分析的区别主要在于溶剂不同，因此了解溶剂的性质，对非水滴定有重要意义。

（一）溶剂的解离性

除惰性溶剂外，常用的非水溶剂均有一定程度的解离，并且与水一样能发生质子自递反应。例如，具有解离性的溶剂（以 HS 表示），存在下列解离平衡：

$$HS + HS \rightleftharpoons H_2S^+ + S^-$$

该反应的平衡常数反映了溶剂分子间发生质子转移的程度，称为溶剂的自身解离常数或质子自递常数，用 K_S 表示：

$$K_S = [H_2S^+][S^-]$$

K_S 在一定温度下为一常数，部分常见溶剂的 K_S 见表 5-1。

表 5-1　常见溶剂的自身解离常数（p*K*s）（298K）

溶剂	p*K*s	溶剂	p*K*s	溶剂	p*K*s
水	14.00	冰醋酸	14.45	乙腈	28.50
甲醇	16.70	醋酐	14.50	甲基异丁酮	>30
乙醇	19.10	乙二胺	15.30		

溶剂 K_S 的大小对滴定突跃范围有直接的影响，以水和乙醇为例进行比较说明。在水和乙醇两种溶剂中，分别用 NaOH 滴定液（0.1mol/L）滴定等浓度的 HCl 溶液，结果见表 5-2。

表 5-2　水和乙醇对滴定突跃范围的影响

溶剂	化学计量点前 0.1%溶液	溶液 pH	化学计量点后 0.1%溶液	溶液 pH	突跃范围
水	5.00×10^{-5}mol/L	4.3	$K_W/(5.00\times10^{-5})=2.00\times10^{-10}$mol/L	9.7	4.3～9.7
乙醇	5.00×10^{-5}mol/L	4.3	$K_S/(5.00\times10^{-5})=1.59\times10^{-15}$mol/L	14.8	4.3～14.8

由此可见，一般溶剂的 K_S 越小，滴定突跃范围越大，反之越小。在水中不能被直接滴定的酸或碱，在 K_S 小的非水溶剂中有可能被滴定。因此在非水滴定中，综合考虑其他条件的情况下，尽可能选用 K_S 比较小的溶剂。

（二）溶剂的酸碱性

一般物质的酸碱性并不是一成不变的，既与自身的酸碱性有关，也与溶解它的溶剂有关。以 HA 表示酸，B 表示碱，HS 表示溶剂，看看它们之间酸碱性的关系。

1. 酸碱的固有强度

（1）固有酸度　不同的酸给出质子的能力不同，酸反应的程度不同。酸反应平衡时，解离平衡常数也不同。

对于酸 HA，酸反应为：$HA \rightleftharpoons H^+ + A^-$

反应达平衡时：$K_{a(固)}^{HA} = \dfrac{[H^+][A^-]}{[HA]}$

酸自身的解离平衡常数越大，说明酸反应进行得越完全，酸给出质子的能力越强，即酸的强度越大，因此酸的强度可以用酸的解离平衡常数值 $K_{a(固)}^{HA}$ 来衡量。

（2）固有碱度　不同的碱接受质子的能力不同，碱反应的程度不同。碱反应平衡时，解离平衡常数也不同。

对于碱 B，碱反应为：$B + H^+ \rightleftharpoons BH^+$

反应达平衡时：$K_{b(固)}^{B} = \dfrac{[BH^+]}{[B][H^+]}$

解离平衡常数越大，说明碱反应进行得越完全，碱接受质子的能力越强，即碱的强度越大，因此碱的强度可以用碱的解离平衡常数值 $K_{b(固)}^{B}$ 来衡量。

2. 溶剂的酸碱性

（1）酸在溶液中的强度　酸在溶液中的解离反应是酸和溶剂之间发生的酸碱反应，反应式为

$$HA \rightleftharpoons H^+ + A^-$$

$$HS + H^+ \rightleftharpoons H_2S^+$$

$$HA + HS \rightleftharpoons A^- + H_2S^+$$

反应达到平衡时： $$K_{a(HS)}^{HA} = \frac{[A^-][H_2S^+]}{[HA][HS]} = K_{a(固)}^{HA} K_{b(固)}^{HS}$$

因此，酸在溶液中的强度 $K_{a(HS)}^{HA}$ 取决于酸自身的强度 $K_{a(固)}^{HA}$ 和溶剂的碱性强度 $K_{b(固)}^{HS}$。对于弱酸，其自身给出质子的能力弱，可选择易接受质子的物质（碱性物质）作溶剂，以提高其酸性。

（2）碱在溶液中的强度　碱在溶液中的解离反应是碱和溶剂之间发生的酸碱反应，反应式为

$$B + H^+ \rightleftharpoons BH^+$$

$$HS \rightleftharpoons H^+ + S^-$$

$$B + HS \rightleftharpoons BH^+ + S^-$$

反应达到平衡时： $$K_{b(HS)}^{B} = \frac{[S^-][BH^+]}{[B][HS]} = K_{b(固)}^{B} K_{a(固)}^{HS}$$

因此，碱在溶液中的强度 $K_{b(HS)}^{B}$ 取决于碱自身的强度 $K_{b(固)}^{B}$ 和溶剂的酸性强度 $K_{a(固)}^{HS}$。对于弱碱，其自身接受质子的能力弱，可选择易提供质子的物质（酸性物质）作溶剂，以提高其碱性。

由此可知，弱酸性物质选择碱性溶剂，会使物质的酸性增强；弱碱性物质选择酸性溶剂，会使物质的碱性增强。因此，在水溶液中不能完全反应的酸碱反应，选用酸碱性不同的非水溶剂则可以完全反应。

案例 5-2

盐酸多巴胺的含量测定：取本品约 0.15g，精密称定，加冰醋酸 25ml，煮沸使溶解，冷却至约 40℃，加乙酸汞试液 5ml，放冷，加结晶紫指示液 1 滴，用高氯酸滴定液（0.1mol/L）滴定至溶液显蓝绿色，并将滴定的结果用空白试验校正。每 1ml 高氯酸滴定液（0.1mol/L）相当于 18.96mg 的 $C_8H_{11}NO_2 \cdot HCl$。

问题：1. 上述例题中使用了哪些溶剂？

2. 这些溶剂的作用是什么？如何选择溶剂？

（三）溶剂的均化效应和区分效应

由于酸碱的强度不仅取决于酸碱自身的强度，还和溶剂的酸碱性有关，有的溶剂能将不同强度的酸和碱完全解离，表现出相同的碱性或酸性强度。例如，$HClO_4$、H_2SO_4、HCl、HNO_3 四种酸在 H_2O 中，存在下列酸碱平衡：

$$HClO_4 + H_2O \rightleftharpoons H_3O^+ + ClO_4^-$$

$$H_2SO_4 + H_2O \rightleftharpoons H_3O^+ + HSO_4^-$$

$$HCl + H_2O \rightleftharpoons H_3O^+ + Cl^-$$

$$HNO_3 + H_2O \rightleftharpoons H_3O^+ + NO_3^-$$

四种酸能够全部把质子转移给 H_2O，表现出相同的酸度。溶剂使不同强度的酸碱溶液表现出相同强度的作用称为均化效应或拉平效应。具有均化效应的溶剂称为均化溶剂或拉平溶剂。H_2O 就是 $HClO_4$、H_2SO_4、HCl、HNO_3 四种酸的拉平溶剂。

如果将上述四种酸溶于 HAc 中：

$$HClO_4 + HAc \rightleftharpoons H_2Ac^+ + ClO_4^- \quad K_a = 2.0 \times 10^7$$

$$H_2SO_4 + HAc \rightleftharpoons H_2Ac^+ + HSO_4^- \quad K_a = 1.3 \times 10^6$$

$$HCl + HAc \rightleftharpoons H_2Ac^+ + Cl^- \quad K_a = 1.0 \times 10^3$$

$$HNO_3 + HAc \rightleftharpoons H_2Ac^+ + NO_3^- \quad K_a = 2.2 \times 10$$

从以上四个反应的电离平衡常数 K_a 来看，在 HAc 中四种酸的酸性大小为 $HClO_4 > H_2SO_4 > HCl > HNO_3$。这是因为 HAc 本身具有弱酸性，它接受质子的能力比 H_2O 小，只能部分接受四种酸给出的质子。对方酸性强时，它接受的质子多些，对方酸性不太强时，它接受的质子少些，因此四种酸在 HAc 中表现出不同的酸性。溶剂使强度相近的酸碱溶液表现出不同强度的作用称为区分效应，具有区分效应的溶剂称为区分溶剂。HAc 就是 $HClO_4$、H_2SO_4、HCl、HNO_3 四种酸的区分溶剂。

一般来说，酸性溶剂是酸的区分溶剂，是碱的均化溶剂；碱性溶剂是碱的区分溶剂，是酸的均化溶剂；惰性溶剂无明显的酸碱性，也不参与质子转移反应，因而无均化效应。在非水溶液的酸碱滴定中，经常利用均化效应测定混合酸或混合碱的总量，利用区分效应测定混合酸或混合碱中各组分的含量。

（四）溶剂的极性

同一溶质在极性不同的溶剂中表现出不同的酸碱度，溶剂极性的强弱常用溶剂的介电常数（ε）衡量。溶剂的介电常数越大，溶剂的极性越强，酸、碱的解离程度越大，溶液的酸碱强度就越大。例如，水和乙醇两种溶剂酸碱性相当而极性不同，水（ε=78.5）的极性强于乙醇（ε=24.0），将冰醋酸溶解在水中的解离度比溶解在乙醇中大，即冰醋酸在水中的酸性相对较强。

二、非水溶剂的分类

根据溶剂分子能否发生质子自递反应，可将非水溶剂分为质子性溶剂和非质子性溶剂两大类。

（一）质子性溶剂

质子性溶剂是指能够接受质子或给出质子的溶剂。这类溶剂既可以表现为酸，又可以表现为碱，其最大特点是溶剂分子间有质子转移，能发生质子自递反应。质子性溶剂根据酸碱性的强弱，可分为酸性溶剂、碱性溶剂和两性溶剂。

1. 酸性溶剂 指易给出质子的溶剂。与水相比，该类溶剂具有显著的酸性，如甲酸、乙酸、丙酸等，最常用的是冰醋酸。酸性溶剂适于作弱碱性物质的溶剂。

2. 碱性溶剂 指易接受质子的溶剂。与水相比，该类溶剂具有显著的碱性，如乙二胺、乙醇胺、丁胺等。碱性溶剂适于作弱酸性物质的溶剂。

3. 两性溶剂 指既易给出质子又易接受质子的溶剂，又称中性溶剂。该类溶剂具有与水相似的酸碱性，如甲醇、乙醇、异丙醇等醇类属于两性溶剂。两性溶剂适于作不太弱的酸或碱的溶剂。

（二）非质子性溶剂

非质子性溶剂是指溶剂分子间没有质子转移，不能发生质子自递反应的溶剂。根据接受质子和形成氢键的能力不同，非质子性溶剂可分为非质子亲质子性溶剂和惰性溶剂。

1. 非质子亲质子性溶剂 指不能给出质子但却具有较弱地接受质子和形成氢键能力的溶剂。包括酰胺类、酮类、腈类、吡啶类等，如二甲基甲酰胺、吡啶、丙酮、乙腈等，其中二甲基甲酰胺、吡啶的碱性较明显，形成氢键的能力也较强。该类溶剂适用于作为滴定弱酸或某些混合酸时的溶剂。

2. 惰性溶剂 指几乎没有接受质子和形成氢键能力的溶剂，如苯、四氯化碳、氯仿、正己烷等。这类溶剂只起到溶解、分散和稀释溶质的作用。

（三）混合溶剂

混合溶剂是将质子性溶剂与惰性溶剂混合使用。它的优点是既能增大样品的溶解性，又能增强物质的酸碱性，增大滴定突跃范围，使终点敏锐。例如，滴定弱碱性物质，可选择冰醋酸-醋酐、冰醋酸-苯等混合溶剂；滴定弱酸性物质，可选择苯-甲醇等混合溶剂；二醇类-烃类混合溶剂可用于溶解有机酸盐、生物碱和高分子化合物等。

三、非水溶剂的选择原则

非水滴定中溶剂的选择是滴定成败的重要因素之一，选择非水溶剂应遵循如下原则。

1. 溶解性好 应能完全溶解样品和滴定产物。可依据相似相溶原则进行选择。

2. 能增强被测物质的酸性或碱性 弱酸性物质可选择碱性溶剂，弱碱性物质可选择酸性溶剂。

3. 无副反应 溶剂不参加其他反应。例如，某些芳伯胺或芳仲胺类化合物能与醋酐发生乙酰化反应而影响滴定结果，故这类反应不能选择醋酐为溶剂。

4. 纯度要高 溶剂中不应含有水分及其他酸、碱性杂质。

5. 安全 选择相对安全、价廉、低黏度、挥发性小，并且易于回收和精制的溶剂。

任务2 非水酸碱滴定液

根据被滴定物质的性质，非水酸碱滴定法可分为弱碱的滴定和弱酸的滴定两大类，不同的滴定类型选择不同的滴定液和溶剂。

一、高氯酸滴定液

对于在水溶液中不能直接滴定的弱碱，应选择酸性溶剂，以增强弱碱的碱性，使滴定突跃明显，能够用酸滴定液直接滴定。非水酸碱滴定中，滴定弱碱最常用的溶剂是冰醋酸或者冰醋酸与醋酐的混合溶剂；指示剂一般选择结晶紫、喹哪啶红等；常用的酸滴定液为高氯酸滴定液。

（一）高氯酸滴定液（0.1mol/L）的配制

1. 溶剂 冰醋酸是最常用的酸性溶剂。冰醋酸中常含有少量水分，而水分是非水溶液滴定中的干扰杂质，且影响滴定突跃，使指示剂变色不敏锐，因此使用前应加入适量醋酐除去水分，反应式如下：

$$(CH_3CO)_2O + H_2O \rightleftharpoons 2CH_3COOH$$

从反应式可知，醋酐与水的反应是等物质的量的反应，可根据冰醋酸中水的量，计算加入醋酐的量：

$$n_{水} = n_{醋酐}$$

$$\frac{\rho_{冰醋酸}V_{冰醋酸}C_{水}\%}{M_{水}} = \frac{\rho_{醋酐}V_{醋酐}C_{醋酐}\%}{M_{醋酐}} \quad (5\text{-}1)$$

式中，$\rho_{冰醋酸}$ 为冰醋酸的密度，g/ml；$V_{冰醋酸}$ 为冰醋酸的体积，ml；$C_{水}\%$ 为冰醋酸的含水量；$M_{水}$ 为水的摩尔质量，g/mol；$\rho_{醋酐}$ 为醋酐的密度，g/ml；$V_{醋酐}$ 为醋酐的体积，ml；$C_{醋酐}\%$ 为醋酐的含量；$M_{醋酐}$ 为醋酐的摩尔质量，g/mol。

例题 5-1 要除去 1000ml，密度为 1.05g/ml，含水量为 0.2%的冰醋酸中的水分，需要加入密度为 1.082g/ml，含量为 97%的醋酐多少毫升？（$M_{醋酐}$ =102.09g/mol，$M_{水}$ =18.02g/mol）

解：

$$\frac{\rho_{冰醋酸}V_{冰醋酸}C_{水}\%}{M_{水}}=\frac{\rho_{醋酐}V_{醋酐}C_{醋酐}\%}{M_{醋酐}}$$

$$\frac{1.05\times1000\times0.2\%}{18.02}=\frac{1.082\times V_{醋酐}\times97\%}{102.09}$$

$$则V_{醋酐}=11.34\text{ml}$$

2. 滴定液 冰醋酸作溶剂时，高氯酸的酸性最强，因此测定弱碱常用高氯酸的冰醋酸溶液作为滴定液。

（1）配制计算 市售的高氯酸溶液的含量百分比通常为 70%～72%，含有 28%～30%的水分，因此只能用间接法配制高氯酸滴定液。

若配制高氯酸滴定液（0.1mol/L）1000ml，则需高氯酸溶液（含量 70%，密度 1.75g/ml）的体积计算如下：

$$V_{HClO_4}=\frac{0.1\times1000\times10^{-3}\times100.46}{1.75\times70\%}=8.20\text{ml}(M_{HClO_4}=100.46\text{g/mol})$$

在实际配制中，为使高氯酸的浓度达到 0.1mol/L，故常取市售高氯酸溶液 8.5ml。

（2）去除高氯酸的水分 市售高氯酸含水，其水分同样应加入醋酐去除。如果去除高氯酸中的水分，则用公式：

$$\frac{\rho_{高氯酸}V_{高氯酸}C_{水}\%}{M_{水}}=\frac{\rho_{醋酐}V_{醋酐}C_{醋酐}\%}{M_{醋酐}} \tag{5-2}$$

式中，$\rho_{高氯酸}$ 为高氯酸的密度，g/ml；$V_{高氯酸}$ 为高氯酸的体积，ml；$C_{水}\%$ 为高氯酸的含水量；$M_{水}$ 为水的摩尔质量，g/mol；$\rho_{醋酐}$ 为醋酐的密度，g/ml；$V_{醋酐}$ 为醋酐的体积，ml；$C_{醋酐}\%$ 为醋酐的含量；$M_{醋酐}$ 为醋酐的摩尔质量，g/mol。

例题 5-2 配制 1000ml 高氯酸滴定液（0.1mol/L），需取用高氯酸（含量 70%，密度 1.75g/ml）8.5ml，为除去其中水分，需要加入密度为 1.082g/ml，含量为 97%的醋酐多少毫升？（$M_{醋酐}$ =102.09g/mol，$M_{水}$ =18.02g/mol）

解：

$$\frac{\rho_{高氯酸}V_{高氯酸}C_{水}\%}{M_{水}}=\frac{\rho_{醋酐}V_{醋酐}C_{醋酐}\%}{M_{醋酐}}$$

$$\frac{1.75\times8.5\times(1-70\%)}{18.02}=\frac{1.082\times V_{醋酐}\times97\%}{102.09}$$

$$则V_{醋酐}=24.09\text{ml}$$

（3）高氯酸滴定液（0.1mol/L）的配制 取无水冰醋酸 750ml，加入高氯酸（70%～72%）8.5ml，摇匀，在室温下缓缓滴加醋酐 23ml，边加边摇，加完后再振摇均匀，放冷，加无水冰醋酸适量使成 1000ml，摇匀，放置 24h。若所测供试品易乙酰化，则须用水分测定法（《中国药典》（2025 年版）通则 0832）测定本液的含水量，再用水和醋酐调节至本液的含水量为 0.01%～0.2%。

配制好的高氯酸滴定液贮藏在棕色玻瓶中，密闭保存。

（4）高氯酸滴定液配制注意事项 ①高氯酸与有机物接触，遇热时极易引起爆炸。因此不能将醋酐直接加到高氯酸中，应先用无水冰醋酸将高氯酸稀释后，在不断搅拌下，慢慢滴加醋酐。②量取过高氯酸的量筒不能接着量取醋酐。③测定一般样品时，醋酐量稍多些没有什么影响。若所测样品是芳伯胺或芳仲胺时，醋酐过量会导致乙酰化，影响测定结果，故不宜过量。④高氯酸有腐蚀性，配制时要注意防护。⑤如高氯酸滴定液颜色变黄，说明高氯酸已部分分解，不能再使用。

（二）高氯酸滴定液（0.1mol/L）的标定

1. 标定依据 标定高氯酸滴定液，常用邻苯二甲酸氢钾（$C_8H_5O_4K$）为基准物质，结晶紫为指示剂，滴定至蓝色为终点。标定反应为

$$C_6H_4(COOH)(COOK)+HClO_4 \rightleftharpoons C_6H_4(COOH)_2+KClO_4$$

由于溶剂和指示剂要消耗一定量的滴定液，故需做空白试验进行校正。

2. 标定方法 取在 105℃干燥至恒重的基准邻苯二甲酸氢钾约 0.16g，精密称定，加无水冰醋酸 20ml 使溶解，加结晶紫指示液 1 滴，用本液缓缓滴定至蓝色，并将滴定的结果用空白试验校正。每 1ml 高氯酸滴定液（0.1mol/L）相当于 20.42mg 的邻苯二甲酸氢钾。根据本液的消耗量与邻苯二甲酸氢钾的取用量，算出本液的浓度。

高氯酸滴定液的浓度计算：计量点时，$n_{C_8H_5O_4K}:n_{HClO_4}=1:1$

$$c_{HClO_4}(V_{HClO_4}-V_{空})\times 10^{-3}:\frac{m_{C_8H_5O_4K}}{M_{C_8H_5O_4K}}=1:1$$

$$c_{HClO_4}=\frac{m_{C_8H_5O_4K}}{(V_{HClO_4}-V_{空})\times M_{C_8H_5O_4K}\times 10^{-3}} \qquad (5\text{-}3)$$

式中，V_{HClO_4} 为基准邻苯二甲酸氢钾消耗高氯酸滴定液的体积，ml；$V_{空}$ 为空白试验消耗高氯酸滴定液的体积，ml；$m_{C_8H_5O_4K}$ 为基准邻苯二甲酸氢钾的质量，g；$M_{C_8H_5O_4K}$ 为邻苯二甲酸氢钾的摩尔质量，g/mol。

如需用高氯酸滴定液（0.05mol/L 或 0.02mol/L）时，可取高氯酸滴定液（0.1mol/L）用无水冰醋酸稀释制成，并标定浓度。

（三）滴定终点的确定

非水酸碱滴定中，常用指示剂法和电位滴定法确定终点。

滴定弱碱，最常用的指示剂为结晶紫（0.5%的冰醋酸溶液），其酸式色为黄色，碱式色为紫色。在不同的酸度下，由碱式色到酸式色的颜色变化为紫色、蓝紫色、蓝色、蓝绿色、绿色、黄绿色、黄色。滴定不同强度的碱时，终点颜色不同。滴定较强碱时，以蓝色或蓝绿色为终点；滴定极弱碱时，以蓝绿色或绿色为终点；具体颜色须以电位滴定法对照确定。

此外，常用的指示液还有喹哪啶红（0.1%的甲醇溶液），碱式色为红色，酸式色为无色。

链接 高氯酸滴定液的温度校正

温度变化对溶剂冰醋酸的影响较大。冰醋酸的凝点为 16.6℃，当室温低于 16.6℃时，滴定液就会凝聚在滴定管中，因此滴定温度应控制在 20℃以上。冰醋酸的膨胀系数较大，为 0.0011/℃，即温度改变 1℃，其体积就有 0.11%的变化，所以高氯酸滴定液的滴定温度与标定温度超过 10℃以上或滴定液放置 1 个月以上，使用时应重新标定；若滴定温度与标定温度相差在±10℃以内时，可根据下面校正公式对高氯酸滴定液浓度加以校正。

$$c_{滴定}=\frac{c_{标定}}{1+0.0011(t_{滴定}-t_{标定})} \qquad (5\text{-}4)$$

式中，$c_{滴定}$ 为滴定时的浓度，mol/L；$c_{标定}$ 为标定时的浓度，mol/L；$t_{滴定}$ 为滴定时的温度，℃；$t_{标定}$ 为标定时的温度，℃。

二、甲醇钠滴定液

对于在水溶液中不能直接滴定的弱酸，应选择碱性溶剂，以增强弱酸的酸性，使滴定突跃明显，能够用碱滴定液直接滴定。滴定弱酸的溶剂根据弱酸的酸性强弱选择，一般用醇、乙二胺或二甲基甲酰胺等；常用的指示剂有偶氮紫、百里酚蓝等；滴定液一般常用甲醇钠的苯-甲醇滴定液、氢氧化四丁基铵滴定液等。

（一）甲醇钠滴定液（0.1mol/L）的配制

取无水甲醇（含水量 0.2%以下）150ml，置于冰水冷却的容器中，分次加入新切的金属钠 2.5g，待完全溶解后，加无水苯（含水量 0.02%以下）适量，使溶液成 1000ml，摇匀。

金属钠与甲醇反应式：$2CH_3OH + 2Na \rightleftharpoons 2CH_3ONa + H_2$

（二）甲醇钠滴定液（0.1mol/L）的标定

1. 标定 取在五氧化二磷干燥器中减压干燥至恒重的基准苯甲酸约 0.4g，精密称定，加无水甲醇 15ml 使其溶解，加无水苯 5ml 与 1%百里酚蓝的无水甲醇溶液 1 滴，用甲醇钠滴定液滴定至溶液显蓝色，并将滴定的结果用空白试验校正。每 1ml 的甲醇钠滴定液（0.1mol/L）相当于 12.21mg 的苯甲酸。根据终点时消耗甲醇钠滴定液的体积和基准试剂苯甲酸的取用量即可计算出滴定液的准确浓度。

2. 标定原理

标定反应为：$C_6H_5COOH + CH_3ONa \rightleftharpoons C_6H_5COONa + CH_3OH$

计量点时，$n_{C_6H_5COOH} : n_{CH_3ONa} = 1:1$

$$c_{CH_3ONa} = \frac{m_{C_6H_5COOH}}{(V_{CH_3ONa} - V_{空})M_{C_6H_5COOH} \times 10^{-3}} \quad (5\text{-}5)$$

式中，V_{CH_3ONa} 为苯甲酸消耗甲醇钠滴定液的体积，ml；$V_{空}$ 为空白试验消耗甲醇钠滴定液的体积，ml；$m_{C_6H_5COOH}$ 为基准苯甲酸的质量，g；$M_{C_6H_5COOH}$ 为苯甲酸的摩尔质量，g/mol。

（三）甲醇钠滴定液的配制标定及使用注意事项

1. 配制滴定液的溶剂甲醇、苯具有一定的毒性及挥发性，滴定液要置密闭的附有滴定装置的容器内，避免与空气中的二氧化碳及湿气接触。
2. 配制滴定液的溶剂甲醇、苯所含水分一定要去除。
3. 本液标定时应注意防止二氧化碳的干扰和溶剂的挥发，每次临用前均应重新标定。
4. 滴定应在密闭装置中进行，如选用全自动滴定仪或自动回零滴定装置。

任务 3 非水酸碱滴定法的应用

一、非水酸碱滴定法的应用范围

在药品检验中，非水酸碱滴定法主要用于原料药的含量测定。弱碱如生物碱类中的咖啡因，氨基酸类中的甘氨酸、天冬氨酸，含氮杂环类如己酮可可碱、尼可刹米等，某些有机碱的无机酸盐如盐酸吗啡、盐酸多巴胺、硫酸阿托品、硫酸奎宁等，有机碱的有机酸盐如马来酸麦角新碱、马来酸氯苯那敏等，有机酸的碱金属盐如枸橼酸钠、枸橼酸钾等，均可用高氯酸滴定液进行滴定。

弱酸包括羧酸类、酚类、巴比妥类、磺胺类、烯醇类等具有酸性基团的化合物，可用甲醇钠、甲醇锂、氢氧化四丁基铵等滴定。

二、弱碱的测定

弱碱一般用冰醋酸为溶剂，碱性更弱的碱可适当在冰醋酸溶剂中加上适量的醋酐，随着醋酐量的增加，滴定突跃显著增大，可获得满意的结果。一般来说：当弱碱的 K_b 在 10^{-10}～10^{-8} 时，宜选用冰醋酸为溶剂；在弱碱的 K_b 在 10^{-12}～10^{-10} 时，宜选用冰醋酸和醋酐的混合溶剂为溶剂；在弱碱的 $K_b \leqslant 10^{-12}$ 时，宜选用醋酐为溶剂。

（一）有机弱碱

具有碱性基团的药物，如生物碱类、氨基酸类、含氮杂环类药物等，只要选择好合适的溶剂、滴定液和指示终点的方法，即可用非水酸碱滴定法测定。

《中国药典》中如乙胺嘧啶、尼可刹米、二羟丙茶碱、天冬氨酸、氯诺昔康、咖啡因等原料均采用非水酸碱滴定法。

例题 5-3 尼可刹米的含量测定：精密称取本品 0.1508g，加冰醋酸 10ml 与结晶紫指示液 1 滴，用高氯酸滴定液（0.1011mol/L）滴定至溶液显蓝绿色，消耗高氯酸滴定液 8.75ml，将滴定的结果用空白试验校正，空白消耗滴定液 0.05ml。每 1ml 高氯酸滴定液（0.1mol/L）相当于 17.82mg 的 $C_{10}H_{14}N_2O$。

解：

$$\omega_{C_{10}H_{14}N_2O} = \frac{T(V_{HClO_4} - V_{空})F}{m_{C_{10}H_{14}N_2O}} \times 100\%$$

$$= \frac{17.82 \times 10^{-3} \times (8.75 - 0.05) \times 0.1011 / 0.1}{0.1508} = 103.9\%$$

（二）有机碱的无机酸盐

在药物中，由于一般有机碱难溶于水，且不太稳定，故常将有机碱与酸成盐后再供药用，如盐酸麻黄碱、盐酸吗啡、硫酸阿托品、磷酸可待因等，这类药物可采用非水酸碱滴定法。

供试品如为有机碱的氢卤酸盐（以 B.HX 表示），用高氯酸滴定时有氢卤酸生成，由于氢卤酸在冰醋酸中呈较强酸性，故在滴定前需按理论量加入乙酸汞试液与氢卤酸形成不解离的卤化汞以消除氢卤酸的干扰。乙酸汞的用量按照乙酸汞与有机碱的氢卤酸盐的物质的量比（1∶2）计算，可稍过量，一般加 3～5ml。反应式如下：

$$2B.HX + Hg(Ac)_2 \rightleftharpoons 2B.HAc + HgX_2 \downarrow$$

$$B.HAc + HClO_4 \rightleftharpoons B.HClO_4 + HAc$$

例题 5-4 盐酸吗啡的含量测定：精密称取本品 0.2155g，加冰醋酸 10ml 与乙酸汞试液 4ml 溶解后，加结晶紫指示液 1 滴，用高氯酸滴定液（0.1001mol/L）滴定至溶液显绿色，消耗滴定液 6.69ml，将滴定的结果用空白试验校正，消耗滴定液 0.02ml。每 1ml 高氯酸滴定液（0.1mol/L）相当于 32.18mg 的 $C_{17}H_{19}NO_3 \cdot HCl$。

解：

$$\omega_{C_{17}H_{19}NO_3 \cdot HCl} = \frac{T \times (V_{HClO_4} - V_{空})F}{m_{C_{17}H_{19}NO_3 \cdot HCl}} \times 100\%$$

$$= \frac{32.18 \times 10^{-3} \times (6.69 - 0.02) \times 0.1001 / 0.1}{0.2155} = 99.70\%$$

链接 酸根对非水酸碱滴定法的影响

药物在用非水酸碱滴定法滴定时被置换出的酸，在冰醋酸介质中的酸性强弱对滴定能否顺利进行有重要影响。常见无机酸在冰醋酸中的酸性排列顺序为：高氯酸＞氢溴酸＞硫酸＞盐酸＞硝酸＞磷酸＞有机酸。

测定生物碱的氢卤酸盐时，需加入定量的乙酸汞的冰醋酸溶液进行前处理，以消除氢卤酸的干扰；测定生物碱的硫酸盐时，只能滴定至 HSO_4^-；测定生物碱的磷酸盐及有机酸盐时，可直接滴定；测定生物碱的硝酸盐时，由于硝酸有较强的氧化性，可氧化破坏指示剂，因此只能用电位法指示终点。

（三）有机碱的有机酸盐

以 HA 代表有机酸，这类药物以 B.HA 表示，主要有马来酸麦角新碱、马来酸氯苯那敏、重酒石酸去甲肾上腺素等，这类药物在冰醋酸或冰醋酸-醋酐的混合溶剂中碱性较强，可以用高氯酸的冰醋酸溶液直接滴定。反应式如下：

$$B.HA + HClO_4 \rightleftharpoons B.HClO_4 + HA$$

例题 5-5 重酒石酸去甲肾上腺素含量测定：精密称取本品 0.2187g，加冰醋酸 10ml，振摇（必要时微温）溶解后，加结晶紫指示液 1 滴，用高氯酸滴定液（0.1012mol/L）滴定至溶液显蓝绿色，消耗滴定液 6.72ml，滴定结果用空白试验校正，空白消耗滴定液 0.03ml。每 1ml 高氯酸滴定液（0.1mol/L）相当于 31.93mg 的 $C_8H_{11}NO_3 \cdot C_4H_6O_6$。

解：

$$\omega_{C_8H_{11}NO_3 \cdot C_4H_6O_6} = \frac{T \times (V_{HClO_4} - V_{空})F}{m_{C_8H_{11}NO_3 \cdot C_4H_6O_6}} \times 100\%$$

$$= \frac{31.93 \times 10^{-3} \times (6.72 - 0.03) \times 0.1012 / 0.1}{0.2187} = 98.85\%$$

（四）有机酸的碱金属盐

由于有机酸的酸性较弱，它的共轭碱在冰醋酸-醋酐的混合溶剂中显示较强的碱性，可以用高氯酸的冰醋酸溶液滴定。这类化合物主要有羟丁酸钠、枸橼酸钾（钠）等。

例题 5-6 枸橼酸钠的含量测定：精密取称取本品 0.0852g，加冰醋酸 30ml，加热溶解后，放冷，加醋酐 10ml，照电位滴定法（《中国药典》（2025 年版））通则 0701，用高氯酸滴定液（0.1026mol/L）滴定，消耗滴定液 9.89ml，滴定结果用空白试验校正，空白消耗滴定液 0.05ml。每 1ml 高氯酸滴定液（0.1mol/L）相当于 8.602mg 的 $C_6H_5Na_3O_7$。

解：

$$\omega_{C_6H_5Na_3O_7} = \frac{T \times (V_{HClO_4} - V_{空})F}{m_{C_6H_5Na_3O_7}} \times 100\%$$

$$= \frac{8.602 \times 10^{-3} \times (9.89 - 0.05) \times 0.1026 / 0.1}{0.0852} = 101.9\%$$

三、弱酸的测定

具有酸性基团的化合物，如羧酸类、酚类、磺酰胺类、巴比妥类和氨基酸类及某些铵盐等，用碱性溶剂溶解增强酸性后，可用甲醇钠滴定液或其他碱滴定液滴定。

（一）羧酸类

滴定不太弱的羧酸时，常用甲醇、乙醇等醇类溶剂；滴定弱酸或极弱酸，常用乙二胺、二甲基甲酰胺等碱性溶剂；滴定混合酸时，常用甲基异丁酮作为区分性溶剂，有时也用甲醇-苯、甲醇-丙酮等混合溶剂。

酸的滴定常用甲醇钠作滴定液，用百里酚蓝、偶氮紫和溴酚蓝等作指示剂。

（二）酚类

酚类酸性较弱，如果用乙二胺为溶剂，用氨基乙醇钠为滴定液，可获得明显的滴定突跃。

若酚的邻位或对位有—NO_2、—CHO、—Cl、—Br 等吸电子基团，则酚的酸性增强，可在二甲基甲酰胺中以偶氮紫为指示剂，用甲醇钠滴定。

（三）磺酰胺类及其他

对于磺酰胺类、巴比妥类、氨基酸类及某些铵盐，选择适当的碱性溶剂提高其酸性，可用甲醇钠或其他碱性滴定液滴定。

例题 5-7 磺胺异噁唑的含量测定：精密称取本品 0.5021g，加二甲基甲酰胺 40ml 使溶解，加偶氮紫指示液 3 滴，用甲醇钠滴定液（0.1009mol/L）滴定至溶液恰显蓝色，消耗滴定液 18.83ml，滴定结果用空白试验校正，空白消耗滴定液 0.05ml。每 1ml 甲醇钠滴定液（0.1mol/L）相当于 26.73mg 的 $C_{11}H_{13}N_3O_3S$。

解：

$$\omega_{C_{11}H_{13}N_3O_3S}=\frac{T\times(V_{CH_3ONa}-V_{空})F}{m_{C_{11}H_{13}N_3O_3S}}\times100\%$$

$$=\frac{26.73\times10^{-3}\times(18.83-0.05)\times0.1009/0.1}{0.5021}=100.9\%$$

自测题

一、单选题

1. 可使弱酸的强度增强的溶剂是（　　）
   A. 酸性溶剂　B. 碱性溶剂
   C. 惰性溶剂　D. 混合溶剂
   E. 质子性溶剂
2. 下列非水溶剂中，不属于质子性溶剂的是（　　）
   A. 冰醋酸　B. 甲醇
   C. 苯　D. 乙二胺
   E. 异丙醇
3. 对物质的酸碱性不产生影响的因素是（　　）
   A. 酸碱自身的性质　B. 溶剂的酸碱性
   C. 溶剂的极性　D. 惰性溶剂
   E. 溶剂的解离性
4. 在下列何种溶剂中，乙酸、苯甲酸、盐酸及高氯酸的酸强度都相等（　　）
   A. 液氨　B. 纯水
   C. 浓硫酸　D. 甲醇
   E. 乙醇
5. 配制高氯酸滴定液时，除去市售冰醋酸和高氯酸中水分的方法是（　　）
   A. 加干燥剂　B. 加醋酐
   C. 蒸馏　D. 萃取
   E. 烘干
6. 用高氯酸滴定液直接滴定盐酸多巴胺选择的溶剂为（　　）
   A. 冰醋酸-醋酐溶液　B. 冰醋酸
   C. 甲苯　D. 乙二胺
   E. 醋酐
7. 用高氯酸测定有机碱的氢氯酸盐时，为了消除氢氯酸的干扰，通常在滴定前加入（　　）
   A. 氢氧化钠　B. 盐酸
   C. 醋酐　D. 乙酐汞
   E. 乙酸
8. 能够对不同强度的酸产生区分效应的非水溶剂是（　　）
   A. 氯仿　B. 冰醋酸
   C. 苯　D. 乙二胺
   E. 乙醇
9. 下列不属于非水滴定中溶剂的选择原则的是（　　）
   A. 溶解性好
   B. 无副反应
   C. 能增强被测物质的酸碱性
   D. 极性小
   E. 溶剂纯度要高
10. 标定甲醇钠滴定液常用的基准试剂为（　　）
   A. 苯甲酸　B. 百里酚蓝
   C. 苯甲酸钠　D. 枸橼酸钠
   E. 结晶紫

11. 下列试样能用高氯酸滴定液直接测定含量的是(　　)
A. 食醋的总酸含量　B. 磺胺异噁唑
C. 枸橼酸钠　D. 苯甲酸
E. 巴比妥

12. 根据能否发生质子自递反应，可将溶剂分为（　　）
A. 非质子性溶剂和质子性溶剂
B. 质子性溶剂和惰性溶剂
C. 酸性溶剂和碱性溶剂
D. 两性溶剂和惰性溶剂
E. 非质子性溶剂和惰性溶剂

13. 滴定弱碱最常用的溶剂是（　　）
A. 乙二胺　B. 丙酮
C. 冰醋酸　D. 甲醇
E. 二甲基甲酰胺

14. 由于氢卤酸在冰醋酸中呈较强酸性，故在滴定前需按理论量加入乙酸汞试液以消除氢卤酸的干扰。其用量正确的是（　　）
A. 乙酸汞与氢卤酸的物质的量比（1∶4）
B. 可稍过量，一般加 5～8ml
C. 乙酸汞与氢卤酸的物质的量比（1∶3）
D. 可稍过量，一般加 3～5ml
E. 不能过量，按照乙酸汞与氢卤酸的物质的量比（1∶1）计算加入

15. 下列供试品需要滴定前加入乙酸汞的是（　　）
A. 枸橼酸钾　B. 盐酸吗啡
C. 硫酸阿托品　D. 磷酸可待因
E. 乙琥胺

二、简答题

1. 何为平均化效应？何为区分效应？
2. 选择非水溶剂遵循的原则是什么？
3. 弱碱的滴定中，为什么需用空白试验进行校正？
4. 滴定有机碱的氢卤酸盐滴定前为什么要加入乙酸汞？
5. 如何根据弱碱的碱性强弱选择合适的溶剂？

三、计算题

1. 配制高氯酸的冰醋酸滴定液（0.05000mol/L）1000ml，需用密度 1.75g/ml，含量 72%的高氯酸多少毫升？（$M_{HClO_4}=100.46g/mol$）
2. 欲除去 8ml 密度为 1.75g/ml、含量为 70%的高氯酸中的水，应加密度为 1.087g/ml、含量为 97.0%的醋酐多少毫升？[$M_{H_2O}=18.02g/mol$，$M_{(CH_3CO)_2O}=102.09g/mol$]
3. 用醋酐除去冰醋酸中的水，冰醋酸的含水量为 0.2%，密度为 1.05g/ml，醋酐密度为 1.087g/ml，含量为 97.0%，若使配好的无水冰醋酸的总体积达到 1000ml，问应取醋酐和冰醋酸各多少毫升？[$M_{H_2O}=18.02g/mol$，$M_{(CH_3CO)_2O}=102.09g/mol$]
4. 高氯酸的冰醋酸溶液在 18℃时标定的浓度是 0.1021mol/L，试计算 25℃该溶液的浓度是多少？
5. 精密称取盐酸麻黄碱 0.1502g，加冰醋酸 10ml，加热使其溶解，加乙酸汞的冰醋酸溶液 4ml，结晶紫指示剂 1 滴，用高氯酸滴定液（0.1011mol/L）滴定至溶液呈蓝绿色，消耗了高氯酸滴定液 6.78ml。用空白试验校正，空白试验消耗高氯酸滴定液 0.09ml。计算盐酸麻黄碱的百分含量。每 1ml 的高氯酸滴定液（0.1mol/L）相当于 20.17mg 的 $C_{10}H_{15}NO\cdot HCl$。

（高秀蕊）

项目6 沉淀滴定法

学习目标

1. 知识目标：掌握银量法的分类，铬酸钾指示剂法、铁铵矾指示剂法和吸附指示剂法的测定原理、测定条件和测定对象；熟悉沉淀滴定法对沉淀反应的要求及银量法的应用；了解硝酸银滴定液及硫氰酸钾（或硫氰酸铵）滴定液的配制、标定方法。

2. 能力目标：能够按照《中国药典》的要求配制和标定硝酸银滴定液（0.1mol/L）、硫氰酸铵滴定液（0.1mol/L）；能够按照沉淀滴定法操作规程进行相关药品的分析检验；能够正确记录实验数据并计算结果。

3. 素质目标：培养学生勇于尝试、开拓创新、不断探索的科学精神。

案例 6-1

人们静脉滴注使用的氯化钠注射液浓度为 0.9%（g/ml），其渗透压与人体血浆相等，又称为生理盐水。在生产氯化钠注射液时，应严格控制其浓度在国家标准规定范围内。《中国药典》规定：本品为氯化钠的等渗灭菌水溶液，含氯化钠（NaCl）应为 0.850%～0.950%（g/ml）。

问题：1.《中国药典》中生理盐水中氯化钠的含量测定选用了什么方法？

2. 在检测中用到哪种指示剂？测定原理及滴定条件是什么？

沉淀滴定法是一种重要的滴定分析方法，在药物分析中常用于含量测定，如生理盐水中氯化钠含量的测定，抗肿瘤药盐酸丙卡巴肼（$C_{12}H_{19}N_3O\cdot HCl$）的含量测定等。

任务1 概　　述

沉淀滴定法是以沉淀反应为基础的一类滴定分析方法。虽然沉淀反应很多，但并不是所有的沉淀反应都可用于沉淀滴定，只有满足以下条件的沉淀反应才可用于滴定分析。

1. 沉淀反应迅速，定量完成，无副反应发生。
2. 生成的沉淀溶解度足够小。
3. 沉淀的吸附现象不影响滴定结果。
4. 有适当的方法指示终点。

能够满足滴定分析要求的沉淀反应中，应用较广泛的是生成难溶性银盐的沉淀反应。例如，Ag^+可与 Cl^-、Br^-、I^-、SCN^-等生成难溶性银盐，以此类反应为基础的沉淀滴定法称为银量法。反应式为

$$Ag^+ + X^- \rightleftharpoons AgX\downarrow \text{（X 可为 }Cl^-\text{、}Br^-\text{、}I^-\text{、}SCN^-\text{）}$$

根据确定终点所用指示剂的不同，可以将银量法分为铬酸钾指示剂法、铁铵矾指示剂法和吸附指示剂法。

任务2 银量法

一、铬酸钾指示剂法

铬酸钾指示剂法又称为莫尔法，是以铬酸钾为指示剂，以硝酸银溶液为滴定液，在中性或者弱碱性条件下直接滴定氯离子或溴离子的方法。

（一）测定原理

以测定Cl^-含量为例来讨论莫尔法的基本原理。以K_2CrO_4为指示剂，$AgNO_3$溶液为滴定液。由于AgCl的溶解度（1.33×10^{-5}mol/L）小于Ag_2CrO_4的溶解度（6.54×10^{-5}mol/L），根据分步沉淀原理，优先析出的是白色沉淀AgCl，当Cl^-与Ag^+沉淀完全后，稍过量的$AgNO_3$与指示剂K_2CrO_4生成砖红色沉淀Ag_2CrO_4用来指示终点，其反应式为

终点前：$Ag^+ + Cl^- \rightleftharpoons AgCl\downarrow$（白色）

终点时：$2Ag^+ + CrO_4^{2-} \rightleftharpoons Ag_2CrO_4\downarrow$（砖红色）

（二）测定条件

1. 指示剂的用量 指示剂K_2CrO_4的用量可影响滴定结果的准确性。如果K_2CrO_4指示剂用量太多，生成砖红色沉淀Ag_2CrO_4过早，终点提前；如果K_2CrO_4指示剂用量太少，生成砖红色沉淀Ag_2CrO_4推迟，终点滞后。以滴定Cl^-为例讨论指示剂K_2CrO_4合适的用量。

Cl^-与Ag^+恰好完全反应时，由于

$$[Ag^+]=[Cl^-]$$

$$K_{sp}(AgCl)=[Ag^+]\cdot[Cl^-]=1.77\times10^{-10}$$

所以$[Ag^+]=[Cl^-]=\sqrt{K_{sp}(AgCl)}=1.33\times10^{-5}\text{mol/L}$

要求此时恰好出现砖红色沉淀Ag_2CrO_4，由于

$$[Ag^+]=1.33\times10^{-5}\text{mol/L}$$

$$[Ag^+]^2\cdot[CrO_4^{2-}]=K_{sp}(Ag_2CrO_4)=1.12\times10^{-12}$$

所以 $[CrO_4^{2-}]=6.33\times10^{-3}\text{mol/L}$

由于K_2CrO_4溶液呈黄色，如果K_2CrO_4浓度过高，其颜色会掩盖终点的颜色，从而影响终点的判断。因此，实际用到的K_2CrO_4溶液浓度（5.0×10^{-3}mol/L）略小于理论计算浓度（6.33×10^{-3}mol/L），通常在50～100ml的溶液中加入5%的K_2CrO_4指示剂1～2ml。

2. 控制溶液的酸度 铬酸钾指示剂法需要在中性或者弱碱性（pH 6.5～10.5）条件下进行。因为在酸性溶液中，CrO_4^{2-}与H^+反应生成$HCrO_4^-$，再转化为$Cr_2O_7^{2-}$，使CrO_4^{2-}浓度降低，滴定终点推迟。反应式为

$$2CrO_4^{2-}+2H^+ \rightleftharpoons Cr_2O_7^{2-}+H_2O$$

如果溶液的碱性太强，Ag^+会转化为Ag_2O沉淀，影响滴定的准确度。反应式为

$$2Ag^+ + 2OH^- \rightleftharpoons 2AgOH$$

$$2AgOH \rightleftharpoons Ag_2O\downarrow + H_2O$$

采用铬酸钾指示剂法滴定前，需要先调节好溶液的pH。若酸性太强，可加入碳酸氢钠或碳酸钙；若碱性太强，可采用稀硝酸中和。如果溶液中有铵盐存在，则要求pH 6.5～7.2，因为pH过高，AgCl沉淀和Ag_2CrO_4沉淀中的Ag^+能与NH_3形成$[Ag(NH_3)_2]^+$配离子，使沉淀溶解，从而影响滴定。

3. 滴定过程中应充分振摇　采用铬酸钾指示剂法滴定 Cl^-或 Br^-时，由于生成的 AgCl 或 AgBr 沉淀能吸附溶液中的 Cl^-或 Br^-，使 Cl^-或 Br^-浓度降低，导致终点提前，因此在滴定过程中需要充分振荡，使沉淀中吸附的 Cl^-或 Br^-及时释放出来。

4. 预先分离干扰离子　若溶液中存在以下类型的干扰离子，应预先分离出来：①与 Ag^+反应生成沉淀的阴离子，如 CO_3^{2-}、PO_4^{3-}、$C_2O_4^{2-}$、AsO_4^{3-} 和 S^{2-}等；②与 CrO_4^{2-} 反应生成沉淀的阳离子，如 Ba^{2+}、Pb^{2+}和 Bi^{3+}等；③大量的有色离子，如 Cu^{2+}、Co^{2+}和 Ni^{2+}等；④中性或碱性溶液中容易水解的离子，如 Al^{3+}和 Fe^{3+}等。

（三）测定对象

铬酸钾指示剂法适用于直接测定 Cl^-或 Br^-，不适用于测定 I^-和 SCN^-。因为 AgI 和 AgSCN 沉淀分别对 I^-和 SCN^-具有较强的吸附能力，即使剧烈振摇也无法使其吸附的 I^-和 SCN^-释放出来。

二、铁铵矾指示剂法

（一）测定原理

铁铵矾指示剂法又称为福尔哈德法，是以铁铵矾[$NH_4Fe(SO_4)_2 \cdot 12H_2O$]为指示剂，以硫氰酸钾（KSCN）或硫氰酸铵（$NH_4SCN$）溶液为滴定液，在酸性条件下测定可溶性银盐或卤素化合物的方法。铁铵矾指示剂法按照滴定方式的不同，可以分为直接滴定法和返滴定法。

1. 直接滴定法　以铁铵矾为指示剂，以 KSCN 或 NH_4SCN 溶液为滴定液，在酸性条件下直接滴定 Ag^+。滴定时优先析出的是白色沉淀 AgSCN，当 Ag^+与 SCN^-沉淀完全后，稍过量的 SCN^-与指示剂中的 Fe^{3+}生成淡红色配合物用来指示终点，其反应式为

终点前：$Ag^+ + SCN^- \rightleftharpoons AgSCN\downarrow$（白色）

终点时：$Fe^{3+} + SCN^- \rightleftharpoons [FeSCN]^{2+}$（淡红色）

2. 返滴定法　此法用于滴定卤素离子。测定卤素离子前，首先加入过量、定量的 $AgNO_3$ 溶液使卤素离子全部转化为卤化银沉淀，再以铁铵矾为指示剂，以 KSCN 或 NH_4SCN 溶液为滴定液滴定过量的 Ag^+。以测定 Cl^-为例，其反应式为

终点前：Ag^+（定量且过量）$+ Cl^- \rightleftharpoons AgCl\downarrow$（白色）

Ag^+（剩余）$+ SCN^- \rightleftharpoons AgSCN\downarrow$（白色）

终点时：$Fe^{3+} + SCN^- \rightleftharpoons [FeSCN]^{2+}$（淡红色）

（二）测定条件

1. 适量的指示剂　通常在 50～100ml 溶液中，加入 10%的 $NH_4Fe(SO_4)_2 \cdot 12H_2O$ 指示剂 2ml。

2. 控制溶液的酸度　为了抑制 Fe^{3+}的水解，滴定应在 0.1～1mol/L 的 HNO_3 溶液中进行。该条件下，CO_3^{2-}、PO_4^{3-} 和 S^{2-}等弱酸根离子不能与 Ag^+生成沉淀，可避免此类弱酸根离子的干扰。

3. 滴定过程中适当振摇　在直接滴定法中，由于 AgSCN 沉淀容易吸附 Ag^+，所以在滴定过程中始终要求剧烈振摇。采用返滴定法测定 Cl^-时，开始需要充分振摇，防止生成的 AgCl 沉淀和 AgSCN 沉淀吸附 Ag^+，接近终点时，改为轻轻摇动，防止 AgCl 沉淀转化为 AgSCN 沉淀。为了避免沉淀的转化，也可采用以下措施。①加入过量、定量的 $AgNO_3$ 溶液后，过滤分离生成的 AgCl 沉淀，然后再用 KSCN 或 NH_4SCN 溶液滴定滤液。但是此方法需进行过滤、洗涤等操作，较为烦琐。②在用 KSCN 或 NH_4SCN 溶液滴定前，向待测溶液中加入一定量的硝基苯等有机溶剂，剧烈振摇，使硝基苯覆盖在 AgCl 沉淀的表面，通过减少 AgCl 与 SCN^-的接触防止沉淀的转化。

4. 预先分离干扰离子 能与 SCN^-发生反应的铜盐、汞盐和强氧化剂等，应预先分离。在测定 I^-时，加入过量、定量的 $AgNO_3$ 溶液后，才可加入铁铵矾指示剂，以防止 I^-和 Fe^{3+}发生反应。

（三）测定对象

铁铵矾指示剂法的适用范围较广，可用于测定 Ag^+、Cl^-、Br^-、I^-和 SCN^-等。测定 Br^-和 I^-时，由于 AgBr 和 AgI 的溶解度小于 AgSCN 的溶解度，因此不会发生沉淀转化，滴定终点容易控制。

三、吸附指示剂法

（一）测定原理

吸附指示剂法又称为法扬斯法，是以硝酸银溶液为滴定液，利用吸附指示剂确定终点，测定可溶性银盐或卤素化合物的方法。

吸附指示剂是一种有机染料，在溶液中解离出有色离子，有色离子被带相反电荷的胶状沉淀吸附时，结构发生变化，引起颜色的变化，因此可用于指示终点。以测定 Cl^-为例，硝酸银溶液为滴定液，荧光黄为指示剂，作用原理如下。

荧光黄是一种有机弱酸，用 HFIn 表示，在溶液中发生解离平衡，反应式为

$$HFIn \rightleftharpoons H^+ + FIn^- \text{（黄绿色）}(K_a=10^{-7})$$

化学计量点前，溶液中 Cl^-过量，AgCl 胶粒优先吸附 Cl^-而带负电（$AgCl \cdot Cl^-$），荧光黄解离出来的 FIn^-不被吸附，溶液呈黄绿色。当溶液中的 Cl^-与 Ag^+反应完全后，稍过量的 Ag^+被 AgCl 胶粒优先吸附而带正电（$AgCl \cdot Ag^+$），荧光黄解离出来的 FIn^-被（$AgCl \cdot Ag^+$）吸附，结构发生变化导致颜色变为粉红色，其反应式为

$$AgCl \cdot Ag^+ + FIn^- \rightleftharpoons AgCl \cdot Ag^+ \cdot FIn^- \text{（粉红色）}$$

（二）指示剂的选择

在吸附指示剂法中，需要选择吸附能力适当的指示剂。指示剂的选择原则：胶粒对被测离子的吸附能力略大于胶粒对吸附指示剂的吸附能力。胶粒对卤素离子和吸附指示剂的吸附能力大小如下：

I^-＞二甲基二碘荧光黄＞Br^-＞伊红＞Cl^-＞荧光黄

因此在测定 Cl^-时，应选用荧光黄；测定 Br^-时，应选用伊红；测定 I^-时，可选用伊红。

常用的吸附指示剂，见表 6-1。

表 6-1 常用的吸附指示剂及变色情况

吸附指示剂	被测离子	起点颜色	终点颜色	滴定 pH 条件
荧光黄	Cl^-	黄绿色	粉红色	7～10
二氯荧光黄	Cl^-	黄绿色	红色	4～10
二甲基二碘荧光黄	I^-	橙红色	蓝红色	中性
伊红	Br^-，I^-，SCN^-	橙色	红色	2～10

（三）测定条件

1. 加入胶体保护剂 为了防止卤化银胶体凝聚，常加入淀粉、糊精等胶体保护剂，使卤化银胶体保持胶状并具有较大的吸附表面，确保终点颜色变化敏锐。

2. 控制溶液的酸度 大多数吸附指示剂为有机弱酸，其解离出来的阴离子具有指示作用，为了使吸附指示剂主要以阴离子形式存在，必须控制合适的酸度。例如，吸附指示剂荧光黄适宜的 pH 范围为 7～10，二氯荧光黄适宜的 pH 范围为 4～10。

3. 避免强光下滴定 卤化银对光敏感，见光容易分解为黑色金属银，因此避免在强光条件下滴定。

链接 银量法的器具处理

银量法所用的滴定液主要有硝酸银（$AgNO_3$）和硫氰酸铵（NH_4SCN）两种。硝酸银溶液显弱酸性，见光易分解，且有较强的氧化性，对橡胶管有一定的腐蚀性。所以滴定时不可选用碱式滴定管，而应选用棕色酸式滴定管，也可用棕色聚四氟乙烯酸碱两用滴定管。硫氰酸铵溶液显弱酸性，滴定时应选用无色的酸式滴定管或聚四氟乙烯酸碱两用滴定管。

银量法用过的滴定管直接用纯化水洗净，不可用自来水洗涤，因为自来水中的氯离子会与硝酸银发生沉淀反应而吸附在滴定管壁上，这时只能用氨水洗涤后再处理。时间久了试剂瓶会变黑，这是因为有部分硝酸银分解生成了银单质（颗粒非常细小时显黑色）。洗涤时加入少量稀硝酸，即可除去黑色。

任务3 银量法滴定液

银量法中常用的滴定液为硝酸银（$AgNO_3$）滴定液、硫氰酸钾（KSCN）滴定液或硫氰酸铵（NH_4SCN）滴定液。

一、硝酸银滴定液

配制 $AgNO_3$ 滴定液时，若采用的 $AgNO_3$ 是基准物质，可用直接法配制；若采用的 $AgNO_3$ 为非基准物质，则采用间接法配制。

1. 直接配制法 准确称取一定质量经预处理后的 $AgNO_3$ 基准试剂，完全溶解后转移至棕色的容量瓶中，稀释、定容、摇匀，计算准确浓度。

2. 间接配制法 先称取一定质量的 $AgNO_3$ 试剂，配制成近似浓度的硝酸银溶液，然后采用基准物质 NaCl 或 NaCl 滴定液按铬酸钾指示剂法进行标定，确定其准确浓度。

《中国药典》中 0.1mol/L $AgNO_3$ 滴定液采用间接配制法。

配制方法：称取 8.5g 的 $AgNO_3$，溶于 500ml 不含 Cl^- 的纯化水中，贮存于带玻璃塞的棕色试剂瓶中，摇匀，置于暗处保存，待标定。

标定方法：准确称取 1.5g 基准试剂 NaCl，置于 100ml 烧杯中，加 40ml 蒸馏水溶解，定量转入 250ml 容量瓶中，加蒸馏水稀释至标线，摇匀。精密移取 25.00ml 的 NaCl 滴定液于 250ml 锥形瓶中，加 25ml 蒸馏水，1ml 的 K_2CrO_4 指示液，在充分摇动下，用配好的 $AgNO_3$ 滴定液滴定至溶液呈砖红色即为终点。记录消耗 $AgNO_3$ 滴定液的体积，平行测定 3 次。

二、硫氰酸钾或硫氰酸铵滴定液

KSCN（或 NH_4SCN）一般纯度不高，在空气中易潮解，常用间接法配制滴定液。先称取一定质量的 KSCN（或 NH_4SCN）试剂，配制成近似浓度的溶液，然后采用硝酸银滴定液按铁铵矾指示剂法中的直接滴定法进行标定。

《中国药典》中 0.1mol/L NH_4SCN 滴定液的配制与标定方法。

配制方法：称取 3.8g 的 NH_4SCN，溶于 500ml 纯化水中，贮存于试剂瓶中，摇匀，待标定。

标定方法：精密移取 $AgNO_3$ 滴定液 25.00ml，置于 250ml 锥形瓶中，加 50ml 水，摇匀。加入 4mol/L 硝酸溶液 4ml，$NH_4Fe(SO_4)_2$ 指示剂 1ml，用配好的 NH_4SCN 滴定液滴定，终点前摇动溶液至完全清亮后，继续滴定至溶液呈浅红色，且 30s 不褪色即为终点。记录消耗的 NH_4SCN 滴定液的体积，平行测定 3 次。

任务4 银量法的应用

银量法是应用范围最广泛的沉淀滴定法。在药品检验中，无机卤化物（如 NaCl、KCl、NaBr、KBr、KI、NaI 等）、有机碱的氢卤酸盐（如盐酸丙卡巴肼等）、银盐（如磺胺嘧啶银等）、有机卤化物（如水合氯醛、林旦等）及能形成难溶性银盐的非含卤素有机化合物（如苯巴比妥等），都可用银量法测定。《中国药典》中化学药氯化铵、氯化钠、氯化钾、林旦等的含量测定均使用银量法。

对于无机卤化物和有机碱的氢卤酸盐，由于在溶液中可直接解离出卤素离子，故可溶解后根据测定要求，从三种银量法中选择一种方法进行测定。

测定有机卤化物的含量时，实质上是测定有机卤化物中卤素原子的含量，因此测定前需进行适当的处理，使有机卤化物中的有机卤素（—C—X）以无机卤离子（X^-）形式进入溶液后，再用银量法测定。使有机卤素转变为无机卤素离子的方法有碱（氢氧化钠、氢氧化钾）水解法、氧瓶燃烧法等。

一、氯化钠的含量测定

《中国药典》规定其含量测定的具体方法为：精密量取供试品 1.0ml，精密加入 0.1mol/L 硝酸银溶液（称取硝酸银 17.0g，加水溶解并稀释至 1000ml）5ml（蛋白质含量较高者，加 2ml 饱和高锰酸钾溶液），混匀，加 8.0mol/L 硝酸溶液 10ml，加热消化至溶液澄清，冷却，加水 50ml、8%硫酸铁铵指示液 1ml，用硫氰酸铵滴定液（0.05mol/L）滴定至溶液呈淡棕红色，振摇后仍不褪色，即为终点。将滴定的结果用空白试验校正。

二、林旦的含量测定

林旦（$C_6H_6Cl_6$）是一种抗寄生虫药，常用剂型为乳膏剂。《中国药典》规定其含量测定的具体方法为：取本品约 0.4g，精密称定，加乙醇 25ml，置水浴中加热使溶解，冷却，加 1mol/L 乙醇制氢氧化钾溶液 10ml，轻轻摇匀，静置 10min，加水 100ml，加 2mol/L 硝酸溶液中和，并过量 10ml，精密加硝酸银滴定液（0.1mol/L）50ml，摇匀，加硫酸铁铵指示液 2ml，用硫氰酸铵滴定液（0.1mol/L）滴定至溶液显淡棕红色，并将滴定的结果用空白试验校正。每 1ml 硝酸银滴定液（0.1mol/L）相当于 9.694mg 的 $C_6H_6Cl_6$。

例题 6-1 《中国药典》中规定，口服补液盐散（Ⅱ）：规格每包 5.58g（氯化钠 0.7g，氯化钾 0.3g，枸橼酸钠 0.58g，无水葡萄糖 4g），含总氯（Cl）应为 0.510～0.624g。其总氯含量测定方法为：取本品①2.8013g、②2.8018g，分别置 100ml 容量瓶中，加水溶解并稀释至刻度，摇匀，精密量取 10.00ml，加铬酸钾指示液 3～5 滴，用硝酸银滴定液（0.1045mol/L）缓缓滴定至终点。消耗硝酸银滴定液的体积分别为①7.67ml、②7.68ml（已知滴定管的校正值为+0.01），已知每 1ml 硝酸银滴定液（0.1000mol/L）相当于 3.545mg 的氯（Cl）。计算本品每包含总氯（Cl）是否符合规定。

解：

$$\omega_{Cl} = \frac{V \times T \times 10^{-3} \times \dfrac{c_{AgNO_3}}{0.1000} \times \dfrac{100.00}{10.00}}{S_{样品}} \times 5.58$$

$$①\omega_{Cl} = \frac{7.68 \times 3.545 \times 10^{-3} \times \dfrac{0.1045}{0.1000} \times \dfrac{100.00}{10.00}}{2.8013} \times 5.58 = 0.5667g$$

$$②\omega_{Cl} = \frac{7.69 \times 3.545 \times 10^{-3} \times \dfrac{0.1045}{0.1000} \times \dfrac{100.00}{10.00}}{2.8018} \times 5.58 = 0.5674g$$

含总氯（Cl）平均值为0.5670g，修约为0.567g。

结论：本品每包含总氯（Cl）0.567g，符合规定。

例题6-2 《中国药典》中规定，磺胺嘧啶银为*N*-2-嘧啶基-4-氨基苯磺酰胺银盐。按干燥品计算，含$C_{10}H_9AgN_4O_2S$不得少于98.0%。其含量测定方法为：取本品①0.4998g、②0.5006g，置具塞锥形瓶中，加硝酸8ml溶解后，加水50ml与硫酸铁铵指示液2ml，用硫氰酸铵滴定液（0.1023mol/L）滴定。消耗硫氰酸铵滴定液的体积分别为①13.60ml、②13.62ml（已知滴定管校正值为+0.01），每1ml硫氰酸铵滴定液（0.1000mol/L）相当于35.71mg的$C_{10}H_9AgN_4O_2S$。经测定，其干燥失重为0.4%。按干燥品计算，该样品含$C_{10}H_9AgN_4O_2S$是否符合规定？

解：

$$\omega_{磺胺嘧啶银}=\frac{V\times T\times 10^{-3}\times\frac{c_{磺胺嘧啶银}}{0.1000}}{S_{样品}\times(1-干燥失重)}\times 100\%$$

$$①\omega_{磺胺嘧啶银}=\frac{13.61\times 35.71\times 10^{-3}\times\frac{0.1023}{0.1000}}{0.4998\times(1-0.4\%)}\times 100\%=99.88\%$$

$$②\omega_{磺胺嘧啶银}=\frac{13.63\times 35.71\times 10^{-3}\times\frac{0.1023}{0.1000}}{0.5006\times(1-0.4\%)}\times 100\%=99.94\%$$

平均含量为99.91%，修约为99.9%。

结论：按干燥品计算，本品含$C_{10}H_9AgN_4O_2S$为99.9%，符合规定。

例题6-3 《中国药典》中规定，氯化钠注射液（规格100ml：0.9g）为氯化钠的等渗灭菌水溶液，含氯化钠（NaCl）应为0.850%～0.950%（g/ml）。其含量测定方法为：精密量取本品10.00ml，加水40ml、2%糊精溶液5ml、2.5%硼砂溶液2ml与荧光黄指示液5～8滴，用硝酸银滴定液（0.1045mol/L）滴定。消耗硝酸银滴定液的体积为①14.80ml、②14.81ml（已知滴定管校正值为+0.01），每1ml硝酸银滴定液（0.1000mol/L）相当于5.844mg的NaCl。计算该样品含NaCl是否符合规定？

解：

$$\omega_{NaCl}=\frac{V\times T\times 10^{-3}\times\frac{c_{AgNO_3}}{0.1000}}{S_{样品}}\times 100\%$$

$$①\omega_{NaCl}=\frac{14.80\times 5.844\times 10^{-3}\times\frac{0.1045}{0.1000}}{10.00}\times 100\%=0.9044\%$$

$$②\omega_{NaCl}=\frac{14.81\times 5.844\times 10^{-3}\times\frac{0.1045}{0.1000}}{10.00}\times 100\%=0.9051\%$$

平均含量为0.9048%，修约为0.905%。

结论：本品含NaCl为0.905%，符合规定。

自测题

一、单选题

1. 用吸附指示剂法测定NaCl含量时，在计量点前AgCl沉淀优先吸附（　　）

A. Ag^+　　B. Cl^-　　C. 荧光黄指示剂阴离子　　D. Na^+

E. 指示剂阴离子

2. 下列不属于银量法的是（　　）

A. 重铬酸钾法　　B. 铁铵矾法

C. 吸附指示剂法　D. 铬酸钾法
E. 莫尔法

3. 铬酸钾指示剂法需要在中性或弱碱性的溶液中进行，如果酸性太强，可采用什么调节（　）
A. NaOH　B. Na_2CO_3
C. $NH_3 \cdot H_2O$　D. $NaHCO_3$
E. 以上都不对

4. 铬酸钾指示剂法需要在中性或弱碱性的溶液中进行，如果碱性太强，可采用什么调节（　）
A. HCl　B. HNO_3
C. H_2SO_4　D. H_3PO_4
E. 以上都不对

5. 铬酸钾指示剂法测定氯离子含量时，需要控制 pH 6.5～10.5，如果酸性太强，则（　）
A. $HCrO_4^-$ 浓度增大，滴定终点提前
B. 生成 Ag_2O，滴定终点提前
C. 生成 Ag_2O，滴定终点推迟
D. CrO_4^{2-} 浓度减小，滴定终点推迟
E. 以上都不对

6. 铬酸钾指示剂法测定溴化钠时，加入的铬酸钾指示剂过多，则（　）
A. Ag_2CrO_4 过早形成，终点提前
B. Ag_2CrO_4 不易形成，终点推迟
C. 不影响滴定终点
D. 无法判断
E. 以上都不对

7. 采用铬酸钾指示剂法测定氯离子的含量时，滴定终点的现象是（　）
A. 白色沉淀　B. 黄色沉淀
C. 砖红色沉淀　D. 蓝色溶液
E. 以上都不对

8. 铁铵矾指示剂法采用的指示剂是（　）
A. $K_2Cr_2O_7$　B. 吸附指示剂
C. $NH_4Fe(SO_4)_2 \cdot 12H_2O$　D. K_2CrO_4
E. Cr_2O_3

9. 铁铵矾指示剂法应在什么条件下进行（　）
A. 酸性　B. 中性或弱碱性
C. 中性　D. 碱性
E. 以上都不对

10. 铁铵矾指示剂法测定银离子时，所用的滴定液是（　）
A. $NH_4Fe(SO_4)_2 \cdot 12H_2O$　B. $AgNO_3$
C. KSCN 或 NH_4SCN　D. $AgNO_3$ 和 KSCN
E. 以上都不对

11. 吸附指示剂法所用的滴定液是（　）
A. $NH_4Fe(SO_4)_2 \cdot 12H_2O$　B. K_2CrO_4
C. KSCN 或 NH_4SCN　D. $AgNO_3$
E. NaCl

12. 采用吸附指示剂法，以荧光黄为指示剂测定氯离子，应控制 pH 在（　）
A. 6.5～10.5　B. 4～10
C. 2～10　D. 7～10
E. 5～7

13. 吸附指示剂法中，为了使卤化银胶体保持胶状，防止凝聚，可加入（　）
A. 糊精　B. 淀粉
C. 硝基苯　D. 二氯乙烷
E. A 和 B 都可以

二、简答题

1. 银量法的分类依据是什么？分为哪些方法？
2. 铁铵矾指示剂法中如何避免返滴定法中沉淀的转化？

三、计算题

1. 称取氯化钠试样 0.1182g，加适量水完全溶解后，加入 5%的 K_2CrO_4 指示剂 1ml，用 0.1024mol/L 的 $AgNO_3$ 滴定液滴定，消耗 19.56ml。采用同样的方法做空白试验，消耗 $AgNO_3$ 溶液 0.01ml。计算试样中氯化钠的含量。（$M_{氯化钠}$=58.44g/mol）
2. 《中国药典》中规定，三氯叔丁醇为 2-甲基-1，1，1-三氯-2-丙醇半水合物。按无水物计，含 $C_4H_7Cl_3O$ 不得少于 98.5%。其含量测定方法为：取本品①0.1015g、②0.1015g，加乙醇 5ml 使溶解，加 20%氢氧化钠溶液 5ml，加热回流 15min，放冷，加水 20ml 与硝酸 5ml，精密加硝酸银滴定液（0.1045mol/L）30ml，再加邻苯二甲酸二丁酯 5ml，密塞，强力振摇后，加硫酸铁铵指示液 2ml，用硫氰酸铵滴定液（0.1023mol/L）滴定，并将滴定的结果用空白试验校正，其空白值为 0.06ml。消耗硫氰酸铵滴定液的体积分别为①14.91ml、②14.93ml（已知滴定管校正值为+0.01）。每 1ml 硝酸银滴定液（0.1mol/L）相当于 5.915mg 的 $C_4H_7Cl_3O$。
已知其水分含量为 5.1%。按无水物计，计算该样品含 $C_4H_7Cl_3O$ 是否符合规定？

（陈晓姣）

项目7 配位滴定法

学习目标

1. 知识目标： 掌握EDTA的性质、EDTA滴定液的配制和标定、配位滴定结果的计算；熟悉金属指示剂的作用原理、配位滴定常用滴定方式及应用实例；了解EDTA与金属离子配合物的特点、常用金属指示剂、锌滴定液的配制和标定。

2. 能力目标： 能按照《中国药典》的规定配制和标定EDTA滴定液，熟练完成常见金属离子试样含量测定的配位滴定操作，能正确记录实验数据并对分析结果进行处理和评价。

3. 素质目标： 培养学生理论联系实际的能力和精益求精的工匠精神，树立安全生产、绿色化学理念。

案例 7-1

葡萄糖酸钙口服溶液是临床常用的用于预防和治疗钙缺乏症的药物，为无色至淡黄色液体或黏稠液体。《中国药典》规定其含量采用配位滴定法进行测定：精密量取本品5ml，置锥形瓶中，加水稀释至100ml，加15ml NaOH试液和0.1g钙紫红素指示剂，用乙二胺四乙酸二钠滴定液（0.05mol/L）滴定至溶液由紫色变为纯蓝色。

问题： 测定过程中为什么选乙二胺四乙酸二钠作为滴定液？为什么选择钙紫红素作指示剂？终点的颜色变化为什么是由紫色变为纯蓝色？

任务1 概 述

配位滴定法是以配位反应为基础的滴定分析方法，也称为络合滴定法，常用于金属离子含量的测定。能够生成配位化合物的反应很多，但是能用于配位滴定的却很少，应用于配位滴定的配位反应必须满足以下条件。

1. 形成的配合物要足够稳定且可溶于水。
2. 在一定条件下，配位比必须固定（即只形成一种配位数的配合物）。
3. 配位反应速度要快。
4. 有适当的方法指示滴定终点。

能与金属离子配位的配位剂很多，可分为无机配位剂和有机配位剂两类。多数无机配位剂只有一个配位原子，与金属离子逐级反应生成具有几种配位数的配合物，且多数配合物不够稳定，难以确定计量关系，因此很难用于滴定分析，在分析化学中多用作掩蔽剂、辅助配位剂和显色剂。有机配位剂则不同，常含有两个以上的配位原子，与金属离子配位时反应迅速，可形成具有多个环状结构且很稳定的配合物（即螯合物），大多可溶于水，配位比固定，因此有机配位剂可用于配位滴定分析。

配位剂在配位滴定中用作滴定剂，目前应用较多的有机配位剂是氨羧配位剂，其中应用最广泛的是乙二胺四乙酸（简称EDTA），通常所谓的配位滴定法主要指EDTA滴定法。

链接 氨羧配位剂及其应用

氨羧配位剂是含有氨基二乙酸[—$N(CH_2COOH)_2$]结构的一类有机配位剂，结构中含有氨氮（N）和羧氧（O）两种配位能力很强的配位原子，具有广泛而强大的配位能力，能与大多数金属离子形成可溶于水的稳定配合物。氨羧配位剂除用于配位滴定分析外，还可用于金属中毒的治疗。例如，依地酸二钠钙（$CaNa_2$-EDTA）可用于无机铅中毒，对排泄锰、镉也有一定疗效；二乙烯三胺五乙酸（DTPA）又称促排灵，可促进铅、钴、锌、铬、锰、铁及一些放射性元素的排泄，也可用于治疗含铁血黄素沉着症等。

任务 2　EDTA 及其配合物

一、EDTA 的结构与性质

乙二胺四乙酸（ethylene diamine tetraacetic acid）的结构式为

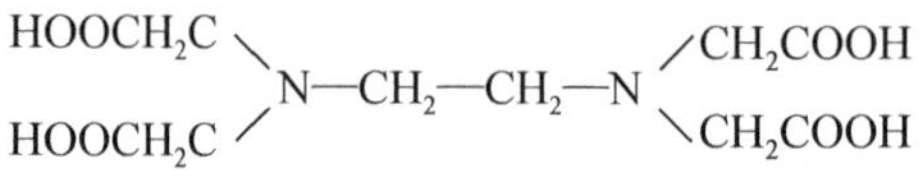

从结构式可知，乙二胺四乙酸分子中有 4 个羧基，为四元有机弱酸，习惯上用 H_4Y 表示，简称为 EDTA。

EDTA 为白色粉末状结晶，室温时微溶于水，难溶于酸和有机溶剂，但易溶于碱和氨水，生成相应的盐。由于 EDTA 在水中溶解度太小，故配位滴定中不直接用 EDTA 配制滴定液，而通常使用溶解度较大的 EDTA 二钠盐作为滴定液。EDTA 二钠盐为白色粉末状结晶，化学名称为乙二胺四乙酸二钠盐，用 $Na_2H_2Y \cdot 2H_2O$，也简称为 EDTA。

二、EDTA 在水溶液中的存在形式

在水溶液中，EDTA 两个羧基上的 H^+可以转移到 N 原子上，形成双偶极离子：

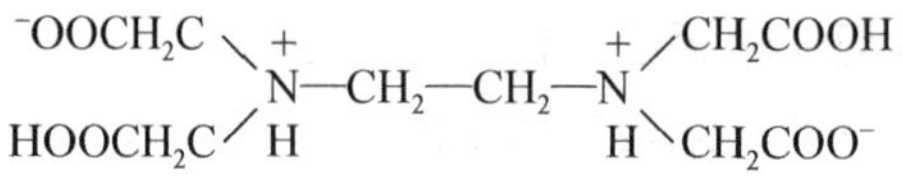

当 H_4Y 溶解于酸性很强的溶液时，它的两个羧酸根可以再接受 2 个 H^+而形成 H_6Y^{2+}，这样 EDTA 就相当于六元酸，有六级电离平衡。

$$H_6Y^{2+} \xrightleftharpoons{-H^+} H_5Y^+ \xrightleftharpoons{-H^+} H_4Y \xrightleftharpoons{-H^+} H_3Y^- \xrightleftharpoons{-H^+} H_2Y^{2-} \xrightleftharpoons{-H^+} HY^{3-} \xrightleftharpoons{-H^+} Y^{4-}$$

可见，EDTA 在水溶液中以 H_6Y^{2+}、H_5Y^+、H_4Y、H_3Y^-、H_2Y^{2-}、HY^{3-}和 Y^{4-}七种型体存在。溶液的酸度不同，EDTA 的主要存在型体也不同，如表 7-1 所示。

表 7-1　不同 pH 溶液中 EDTA 的主要存在型体

pH	<0.90	0.90～1.60	1.60～2.00	2.00～2.67	2.67～6.16	6.16～10.26	>10.26
主要存在型体	H_6Y^{2+}	H_5Y^+	H_4Y	H_3Y^-	H_2Y^{2-}	HY^{3-}	Y^{4-}

在这七种型体中，只有 Y^{4-}能与金属离子直接配位，因此将 Y^{4-}称为 EDTA 的有效离子（为了书写简便，用符号 Y 表示 Y^{4-}）。由表 7-1 可知，当溶液 pH>10.26 时，EDTA 主要以有效离子 Y^{4-}存在，

因此，EDTA 在碱性溶液中与金属离子配位能力较强。溶液的酸度成为影响“金属离子-EDTA”配合物稳定性和配位滴定的重要因素。

三、EDTA 与金属离子配位反应的特点

EDTA 分子具有 2 个氨氮原子和 4 个羧氧原子，它们都有孤对电子，能与金属离子形成配位键，即 EDTA 有 6 个配位原子。因此，很多金属离子都能与 EDTA 形成配合物，其特点如下。

1. 形成的配合物稳定 自然界中绝大多数的金属离子都能与 EDTA 形成含有多个五元环的螯合物，这种螯合物很稳定。

2. 配位比固定且简单 由于大多数金属离子的配位数不超过 6，所以 EDTA 与大多数金属离子可形成 1∶1 型的配合物，与金属离子的价态无关。

3. 形成的配合物可溶于水 EDTA 与金属离子形成的金属配合物一般都可溶于水，为滴定能在水溶液中进行提供了保证。

4. 配位反应迅速 大多数金属离子与 EDTA 形成配合物的反应瞬间即可完成，只有极少数金属离子（如 Cr^{3+}、Al^{3+}）在室温时反应较慢，加热才可促使反应迅速进行。

5. 配合物的颜色有规律 配合物的颜色由金属离子的颜色来决定。无色金属离子与 EDTA 配位时，生成无色的配合物，这有利于指示剂确定终点。例如，Ca^{2+}、Mg^{2+}和 Zn^{2+}无色，与 EDTA 形成的配离子$[CaY]^{2-}$、$[MgY]^{2-}$和$[ZnY]^{2-}$也无色。

有色的金属离子与 EDTA 配位时，则生成比原来的金属离子颜色更深的配合物。例如，Cu^{2+}为浅蓝色，与 EDTA 形成的配离子$[CuY]^{2-}$为深蓝色。滴定这些离子时要控制其浓度勿过大，否则指示剂确定终点将遇到困难。

综上所述，EDTA 滴定剂符合滴定分析测定的要求，成为配位滴定法最常用的一种滴定剂，被广泛应用。

四、EDTA 与金属离子的配合物及稳定性

（一）EDTA 配合物的稳定常数

配位滴定中，常用 M 表示金属离子，用 Y 表示 EDTA 的有效离子 Y^{4-}，金属离子与 EDTA 配位反应的计量关系为 1∶1，配位反应通式可表示为：$M^{n+}+Y^{4-} \rightleftharpoons MY^{n-4}$。为方便起见，书写时省略离子的电荷数，简写为

$$M+Y \rightleftharpoons MY$$

反应平衡常数的表达式为：

$$K_{MY}=\frac{[MY]}{[M][Y]} \tag{7-1}$$

式中，K_{MY}为一定温度下 EDTA 与金属离子配位反应的平衡常数，也称为 MY 配合物的稳定常数，又称为绝对稳定常数。K_{MY} 反映配合物的稳定性，K_{MY} 越大，配合物越稳定。在无其他外界条件影响的情况下，$K_{MY} \geqslant 10^8$（即 $\lg K_{MY} \geqslant 8$）可用于配位滴定。

由于大多数 MY 配合物的 K_{MY} 都较大，通常用 K_{MY} 的对数值 $\lg K_{MY}$ 表示。部分常见金属离子与 EDTA 配合物的稳定常数见表 7-2。

由表 7-2 可见，大多数金属离子与 EDTA 形成的配合物的 $\lg K_{MY} \geqslant 8$，很稳定。

需要指出的是，K_{MY} 仅表示无外界因素影响时配位反应的完成程度和配合物的稳定性，但在配位反应实际过程中，常受到外界其他因素的干扰和影响。

表 7-2　EDTA 与部分常见金属离子的配合物的稳定常数（$\lg K_{MY}$ 值）(20℃)

金属离子	$\lg K_{MY}$	金属离子	$\lg K_{MY}$	金属离子	$\lg K_{MY}$
Na^+	1.66	Mn^{2+}	13.87	Cu^{2+}	18.80
Li^+	2.79	Fe^{2+}	14.33	Hg^{2+}	21.80
Ag^+	7.32	Al^{3+}	16.11	Sn^{2+}	22.11
Ba^{2+}	7.86	Co^{2+}	16.31	Th^{4+}	23.20
Mg^{2+}	8.64	Cd^{2+}	16.40	Cr^{3+}	23.40
Sr^{2+}	8.73	Zn^{2+}	16.50	Fe^{3+}	25.10
Be^{2+}	9.20	Pb^{2+}	18.04	Bi^{3+}	27.94
Ca^{2+}	10.69	Ni^{2+}	18.60	Co^{3+}	36.00

（二）影响 EDTA 配合物稳定性的因素

在配位滴定中，EDTA（Y）与被测金属离子 M 发生的反应称为主反应。除主反应外，溶液中共存的其他离子与 M、Y、MY 之间的反应称为副反应。如下式：

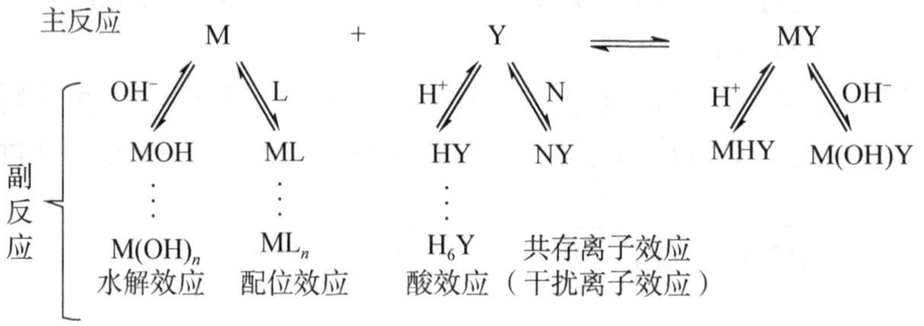

式中，L 为其他配位剂；N 为共存离子。

显然，这些副反应的发生均影响主反应的进行。其中反应物 M 和 Y 所发生的副反应均不利于主反应的进行；而生成物 MY 发生的副反应则利于主反应的进行，但由于生成的混合配合物不稳定，其影响可忽略不计。故主要探讨反应物 M（金属离子）和 Y（配位剂 EDTA）发生的副反应。

为了定量表示副反应对主反应的影响程度，引入副反应系数的概念，用 α 表示。

1. EDTA 的酸效应与酸效应系数　因 H^+ 的存在，Y 与 H^+ 发生副反应，引起配位剂 Y 参与主反应的能力降低的现象称为酸效应，也称 pH 效应。酸效应系数表示酸效应的反应程度，用符号 $\alpha_{Y(H)}$ 表示，指没有参加配位反应的 Y 的总浓度[Y′]与平衡时游离 Y 的有效浓度[Y]之比。

$$\alpha_{Y(H)} = \frac{[Y']}{[Y]} \tag{7-2}$$

$\alpha_{Y(H)}$ 数值越小，表示参加配位反应 Y 的有效浓度越大，酸度的影响越小，越有利于主反应的进行，反之亦然。在 EDTA 滴定中，$\alpha_{Y(H)}$ 是重要的副反应系数。为了应用方便，常用其对数值 $\lg\alpha_{Y(H)}$ 表示。EDTA 在不同 pH 时的 $\lg\alpha_{Y(H)}$ 值见表 7-3。

2. 金属离子的配位效应及配位效应系数　因其他配位剂 L 的存在，而使得金属离子 M 参加主反应的能力降低的现象称为配位效应。配位效应系数表示配位效应的反应程度，用符号 $\alpha_{M(L)}$ 表示，指没有参加主反应的各种金属离子的总浓度[M′]与游离 M 的浓度[M]之比。

$$\alpha_{M(L)} = \frac{[M']}{[M]} \tag{7-3}$$

$\alpha_{M(L)}$ 数值越小，表示参加配位反应 M 的有效浓度越大，其他配位剂 L 对主反应的影响越小，副反应的影响作用越小，反之亦然。

表 7-3　不同 pH 时的 $\lg\alpha_{Y(H)}$

pH	$\lg\alpha_{Y(H)}$	pH	$\lg\alpha_{Y(H)}$	pH	$\lg\alpha_{Y(H)}$
0.0	23.64	3.4	9.70	6.8	3.55
0.4	21.32	3.8	8.85	7.0	3.32
0.8	19.08	4.0	8.44	7.4	2.88
1.0	18.01	4.4	7.64	7.8	2.47
1.4	16.02	4.8	6.84	8.0	2.27
1.8	14.27	5.0	6.45	8.4	1.87
2.0	13.51	5.4	5.69	8.8	1.48
2.4	12.19	5.8	4.98	9.0	1.28
2.8	11.09	6.0	4.65	9.5	0.83
3.0	10.60	6.4	4.06	10.0	0.45

在 EDTA 滴定中，其他配位剂 L 来自滴定时加入的缓冲溶液，或是防止金属离子水解加入的辅助配位剂，或是为了消除干扰而加入的掩蔽剂。当在酸度较低的溶液中滴定 M 时，M 就可能会生成金属的氢氧化物（也称羟基配合物）$[M(OH)_n]$，此时 L 即 OH^-，称水解效应，副反应系数表示为 $\alpha_{M(OH)_n}$。

（三）条件稳定常数（不考虑 MY 发生的副反应）

当没有副反应发生时，MY 配合物的稳定常数 K_{MY} 可以用来表示金属离子 M 和配位剂 Y 的反应程度。K_{MY} 的数值越大，则该反应越完全。但在实际滴定过程中，往往伴随着副反应的发生，为了准确地反映滴定过程中主反应的进行程度，在稳定常数的表达式中，将游离 M、Y 和 MY 的浓度替换为考虑发生副反应后的实际浓度[M′]、[Y′]和[MY′]，此时配合物的稳定常数为条件稳定常数，记作 K'_{MY}，表达式为

$$K'_{MY}=\frac{[MY']}{[M'][Y']} \tag{7-4}$$

MY 的副反应忽略不计，将式（7-2）、式（7-3）代入式（7-4），则

$$K'_{MY}=\frac{[MY]}{\alpha_{M(L)}[M]\alpha_{Y(H)}[Y]}=\frac{K_{MY}}{\alpha_{M(L)}\alpha_{Y(H)}} \tag{7-5}$$

两边分别取对数值，得

$$\lg K'_{MY}=\lg K_{MY}-\lg\alpha_{M(L)}-\lg\alpha_{Y(H)} \tag{7-6}$$

若体系中无其他配位剂存在，可忽略配位效应的影响，只考虑酸效应，对 MY 配合物稳定性的影响，上式可简化为

$$\lg K'_{MY}=\lg K_{MY}-\lg\alpha_{Y(H)} \tag{7-7}$$

例题 7-1　计算 pH=2.00 和 pH=5.00 时 ZnY 的 $\lg K'_{ZnY}$（只考虑酸效应）。

解： 查表 7-2 可知 $\lg K_{ZnY}=16.50$，

（1）当 pH=2.00 时，查表 7-3 可知 $\lg\alpha_{Y(H)}=13.51$，代入式（7-6），可得

$$\lg K'_{MY}=\lg K_{MY}-\lg\alpha_{Y(H)}=16.50-13.51=2.99$$

（2）当 pH=5.00 时，查表 7-3 可知 $\lg\alpha_{Y(H)}$=6.45，代入式（7-6），可得

$$\lg K'_{MY} = \lg K_{MY} - \lg\alpha_{Y(H)} = 16.50 - 6.45 = 10.05$$

由以上例题可以看出，尽管 $\lg K_{ZnY}$=16.50，但 pH=2.00 时 $\lg K'_{ZnY}$ 仅为 2.99，ZnY 很不稳定；而在 pH=5.00 时 $\lg K'_{ZnY}$ 为 10.05，ZnY 稳定。因此，为使配位滴定顺利进行，得到准确的分析测定结果，必须控制适当的酸度条件。配位滴定中，溶液酸度等滴定条件的选择十分重要。

五、配位滴定条件的选择

配位滴定中，为了满足滴定误差≤0.1%的要求，$\lg c_M K'_{MY}$ 的取值应满足 $\lg c_M K'_{MY} \geqslant 6$。一般配位滴定中的金属离子或 EDTA 的浓度为 10^{-2} 数量级，故有 $\lg K'_{MY} \geqslant 8$。因此，一般将 $\lg c_M K'_{MY} \geqslant 6$ 或 $\lg K'_{MY} \geqslant 8$（即 $c_M K'_{MY} \geqslant 10^6$ 或 $K'_{MY} \geqslant 10^8$）作为判断金属离子是否可以准确进行配位滴定的条件。除此之外，溶液的酸度及其他金属离子（干扰离子、共存离子）的存在都会对配位滴定造成影响，下面主要从溶液的酸度和对其他金属离子的掩蔽作用两方面来探讨提高配位滴定准确度的条件和方法。

（一）酸度的控制

配位滴定中，如果不考虑其他副反应的影响，则 K'_{MY} 的取值就与溶液的酸度密切相关。当酸度较低时，酸效应影响较小，但如果酸度过低（pH 过高）则会使金属离子水解生成氢氧化物沉淀而不利于滴定；当酸度较高（pH 较低）时，则酸效应影响较大，也不利于滴定的进行。因此，酸度是配位滴定中的重要条件。

1. 最低酸度（最高 pH）　溶液酸度较低时，酸效应对滴定的影响较小，利于滴定的进行。但当酸度过低时，金属离子会发生水解生成氢氧化物沉淀，从而影响滴定。将引起金属离子水解的酸度称为最低酸度（最高 pH）。

最低酸度的计算一般使用氢氧化物溶度积来计算。例如，$M(OH)_n$ 的溶度积为 K_{sp}，为了防止滴定开始出现 $M(OH)_n$ 沉淀，必须保证溶液中的 $[OH^-] \leqslant \sqrt[n]{\dfrac{K_{sp}}{c_M}}$ 从而求出最低酸度。

2. 最高酸度（最低 pH）　当溶液酸度达到某一限度时，酸效应的影响使得 MY 的 $\lg K'_{MY} < 8$，不能满足准确滴定的要求，此时的最高允许酸度称为最高酸度（最低 pH）。

某一金属离子能够被准确滴定的最高酸度（最低 pH）可以根据式（7-6）及准确滴定条件得到：

$$\lg K'_{MY} = \lg K_{MY} - \lg\alpha_{Y(H)} \geqslant 8$$

$$\lg\alpha_{Y(H)} \leqslant \lg K_{MY} - 8 \tag{7-8}$$

例题 7-2　计算 0.01000mol/L 的 EDTA 滴定同浓度的 Fe^{3+}的最低酸度（最高 pH）和最高酸度（最低 pH）。

解：（1）已知 $Fe(OH)_3$ 的 $K_{sp} = 3.5 \times 10^{-38}$，则由 $K_{sp} = [Fe^{3+}][OH^-]^3$ 可得

$$[OH^-] = \sqrt[3]{\frac{K_{sp}}{c_{Fe^{3+}}}} = \sqrt[3]{\frac{3.5 \times 10^{-38}}{0.01000}} = 10^{-11.8}$$

$$pOH=11.8，pH=14.0-pOH=14.0-11.8=2.2$$

因此，进行滴定的最高 pH=2.2。

（2）查表 7-2 可知 $\lg K_{FeY} = 25.10$，根据式（7-7）可得

$$\lg\alpha_{Y(H)} \leqslant \lg K_{FeY} - 8 = 25.10 - 8 = 17.10$$

查表 7-3 可知 $\lg\alpha_{Y(H)} = 17.10$ 对应的 pH，即滴定的最低 pH 约为 1.1。

由以上计算结果可知，用 0.01000mol/L 的 EDTA 滴定液滴定同浓度的 Fe^{3+}，最低 pH 为 1.1，最高

pH 为 2.2。说明当溶液 pH<1.1 时，酸效应的影响导致不能准确滴定；当 pH>2.2 时，又会出现 Fe^{3+} 的水解生成 $Fe(OH)_3$ 沉淀而不能准确滴定。故若要保证能够进行准确滴定，则必须控制适宜的 pH 范围为 1.1～2.2。

在实际应用中常加入缓冲溶液来维持溶液适宜的酸度范围，一般选择 NH_3-NH_4Cl 缓冲溶液调节溶液碱性，选择 HAc-NaAc 缓冲溶液调节溶液酸性。

（二）掩蔽作用和方法

EDTA 能与多种金属离子配位，除被测金属离子外，其还能与溶液中存在的其他金属离子配位，从而影响主反应的发生。

当被测离子的配合物的稳定常数与干扰离子的配合物的稳定常数相差较大时，可以通过调节酸度，使得被测离子形成稳定的配合物，而干扰离子无法形成稳定的配合物，以此来消除干扰离子的影响。

若被测离子的配合物的稳定常数与干扰离子的配合物的稳定常数相差不大时，则调节酸度无法消除干扰离子的干扰。此时，可以加入一种与干扰离子反应的试剂，使干扰离子的浓度大大降低，从而消除其影响。这种方法称为掩蔽，加入的试剂称为掩蔽剂。

根据干扰离子和掩蔽剂不同的反应类型，可以分为配位掩蔽法、沉淀掩蔽法和氧化还原掩蔽法等三种掩蔽方法。

1. 配位掩蔽法 是利用配位反应使干扰离子的浓度降低从而消除干扰的方法，是应用最广泛的一种掩蔽方法。常见的配位掩蔽剂见表 7-4。

表 7-4 常用的配位掩蔽剂

掩蔽剂	被掩蔽的金属离子	pH 范围
三乙醇胺	Al^{3+}、Fe^{3+}、Sn^{4+}、Ti^{4+}及少量 Mn^{2+}	10
氰化物	Cu^{2+}、Co^{2+}、Ni^{2+}、Cd^{2+}、Hg^{2+}、Fe^{2+}	10
柠檬酸	Bi^{3+}、Cr^{3+}、Fe^{3+}、Sn^{4+}、Th^{4+}、Ti^{4+}、Zr^{4+}等	中性
乙酰丙酮	Al^{3+}、Fe^{3+}	5～6
邻二氮菲	Cu^{2+}、Co^{2+}、Ni^{2+}、Cd^{2+}、Hg^{2+}	5～6
氟化物	Al^{3+}、Sn^{4+}、Ti^{4+}、Zr^{4+}	>4

2. 沉淀掩蔽法 是加入一种沉淀剂，与干扰离子生成难溶性物质来减小干扰离子浓度以消除干扰的方法。例如，测定含有 Mg^{2+}和 Ca^{2+}溶液中的 Ca^{2+}，其中 Mg^{2+}是干扰离子，可加入 NaOH 使溶液 pH >12，生成 $Mg(OH)_2$ 沉淀，即可消除 Mg^{2+}的干扰作用。

3. 氧化还原掩蔽法 是利用氧化还原反应来改变干扰离子价态排除干扰离子影响的方法。例如，用 EDTA 测定含有 Fe^{3+}和 Bi^{3+}试样中的 Bi^{3+}，其中 Fe^{3+}对测定有干扰，可加入抗坏血酸使 Fe^{3+}还原成 Fe^{2+}，从而消除 Fe^{3+}的影响。

链接 解蔽作用

使用掩蔽剂对干扰离子进行掩蔽后进行滴定，滴定完成后，再加入一种试剂将被掩蔽的干扰离子释放出来，称解蔽作用，加入的试剂称为解蔽剂。合理运用掩蔽剂和解蔽剂可以对同时存在的多种离子进行测定。

任务3 金属指示剂

与其他滴定分析方法一样，配位滴定也需要有合适的方法指示终点。配位滴定常用一种能与金属离子形成有色配合物的显色剂，指示滴定过程中金属离子浓度的变化，以它的颜色变化来确定滴定终点，这种显色剂称为金属离子指示剂，简称金属指示剂。

一、金属指示剂的作用原理

金属指示剂一般为有机染料，多为有机弱酸或有机弱碱，同时也是一种配位剂，它能与被测金属离子反应，生成与指示剂本身有显著不同颜色的配合物，从而指示滴定终点。金属指示剂的结构比较复杂，通常用符号 In 表示。

滴定前，向被测溶液中加入适量指示剂 In（甲色），In 会与少量金属离子 M 反应形成配合物 MIn，其余大部分金属离子处于游离状态，此时溶液显示配合物 MIn（乙色）的颜色。

$$\mathrm{M（少量）+ In \rightleftharpoons MIn}$$

甲色　　乙色

滴定过程中，向被测溶液中加入 EDTA，EDTA 与溶液中游离的 M 反应。

$$\mathrm{M（游离）+ Y \rightleftharpoons MY}$$

当游离的 M 基本完全反应时，继续滴加 EDTA，EDTA 就会夺取 MIn 中的 M，释放（置换）出游离的指示剂 In，溶液由配合物 MIn（乙色）的颜色变为指示剂 In（甲色）的颜色，从而指示滴定终点。

$$\mathrm{Y + MIn \rightleftharpoons MY + In}$$

乙色　　　甲色

例如，在 pH=10 的溶液中，以铬黑 T（简称 EBT）作指示剂，用 EDTA 滴定 Mg^{2+}（EBT 在 pH=10 的水溶液中呈蓝色，与 Mg^{2+}形成的配合物 Mg-EBT 呈酒红色）。

滴定前，向 Mg^{2+}待测溶液中加入适量指示剂 EBT，EBT 会与少量 Mg^{2+}结合生成 Mg-EBT，此时溶液显示 Mg-EBT 的酒红色。滴定开始，向待测溶液中滴加滴定液 EDTA，EDTA 与溶液中游离的 Mg^{2+}反应，生成 Mg-EDTA（无色）。当游离的 Mg^{2+}基本完全反应时，继续滴加 EDTA，EDTA 就会夺取 Mg-EBT 中的 Mg^{2+}，释放出指示剂 EBT，溶液由 Mg-EBT 的酒红色变为指示剂 EBT 的蓝色，从而指示滴定终点。滴定过程可用反应式表示为

滴定前：$\mathrm{Mg^{2+}（少量）+ EBT \rightleftharpoons Mg\text{-}EBT}$（溶液呈酒红色）

酒红色

滴定过程：$\mathrm{Mg^{2+}（游离）+ EDTA \rightleftharpoons Mg\text{-}EDTA}$（溶液呈酒红色）

无色

滴定终点：$\mathrm{EDTA + Mg\text{-}EBT \rightleftharpoons EBT + Mg\text{-}EDTA}$（溶液由酒红色变为蓝色）

蓝色

需要指出，许多金属指示剂不仅具有配位剂的性质，而且本身常是多元弱酸或多元弱碱，会随溶液 pH 的变化显示不同的颜色。例如，铬黑 T 是一种三元弱酸，在溶液中有下列平衡：

$$H_2In^- \rightleftharpoons HIn^{2-} \rightleftharpoons In^{3-}$$

pH＜6.3　pH=6.3～11.6　pH＞11.6

红色　　　蓝色　　　橙色

EBT 能与许多金属离子，如 Ca^{2+}、Mg^{2+}、Zn^{2+}、Cd^{2+}、Pb^{2+}、Mn^{2+}等形成酒红色（也称紫红色）的配合物。显然，EBT 在 pH<6.3 时的红色或 pH>11.6 时的橙色都与 M-EBT 的红色相近，难以指示终点。只有 pH 范围控制在 6.3～11.6（实验测得最佳酸度是 8～10）进行滴定，终点时才会发生由红色到蓝色的显著颜色变化。因此，选用金属指示剂，必须注意选择合适的 pH 范围，而且 MIn 和 M-EDTA 两种配合物的形成要在大致相同的 pH 范围内。

二、金属指示剂应具备的条件

由金属指示剂的作用原理可以看出，配位滴定中的金属指示剂应具备一定的条件。

1. 在滴定的 pH 范围内，金属指示剂 In 与其金属离子配合物 MIn 颜色应有显著区别，从而使终点时颜色变化明显，便于滴定终点的判断。

2. 金属指示剂和金属离子形成的配合物 MIn 的稳定性要适当。MIn 既要稳定，又要略小于对应的 MY 配合物的稳定性，通常要求 $K'_{MIn} \geqslant 10^4$，且 $K'_{MY} / K'_{MIn} \geqslant 10^2$。

若 MIn 稳定性太低，则未到化学计量点时 MIn 就会分解，使终点提前，而且颜色变化不敏锐。若 MIn 稳定性太高，则在化学计量点附近 EDTA 不易与 MIn 中的 M 结合，In 也就难以置换出来，使终点推迟，甚至不变色，无法确定滴定终点。

3. 金属指示剂与金属离子的反应必须灵敏迅速，且变色可逆。

4. 金属指示剂应具有一定的选择性，即在一定条件下，只对某一种（或某几种）金属离子发生显色的配位反应。

5. 金属指示剂应溶于水，性质稳定，便于使用和贮存。

链接 指示剂的僵化

如果指示剂与金属离子的配合物 MIn 形成胶体或沉淀，EDTA 滴定到达化学计量点时，EDTA 置换指示剂 In 的作用缓慢，引起终点的推迟，这种现象称为指示剂的僵化现象。克服僵化现象的措施是选择更合适的指示剂或对溶液进行适当加热，提高配合物的溶解度并加快滴定终点时置换反应的速率。

三、常用金属指示剂

配位滴定中常用的金属指示剂有铬黑 T、钙指示剂、二甲酚橙等。

（一）铬黑 T

铬黑 T（简称 EBT 或 BT）是一种偶氮染料，为黑褐色固体粉末，带有金属光泽。其固体相当稳定，但在水溶液中不稳定，容易发生聚合反应，聚合后不能与金属离子配位显色。

铬黑 T 使用的最适宜酸度为 pH=8～10，可用 NH_3-NH_4Cl 缓冲溶液控制。在此条件下，以 EBT 作指示剂，用 EDTA 可直接测定 Mg^{2+}、Zn^{2+}、Pb^{2+}、Cd^{2+}、Mn^{2+}等多种金属离子，终点时颜色由酒红色变为纯蓝色。铬黑 T 是滴定 Mg^{2+}的灵敏指示剂，但单独滴定 Ca^{2+}时不够灵敏，变色不敏锐，必须有 Mg-EDTA 或 Zn-EDTA 存在时，才能准确确定滴定终点，因此 EBT 还常用作测定 Ca^{2+}、Mg^{2+}总量（如水的总硬度）时的指示剂。

但需要注意的是，Al^{3+}、Fe^{3+}、Co^{2+}、Ni^{2+}、Cu^{2+}、Ti^{4+}等离子对铬黑 T 具有封闭作用，即它们与 EBT 形成比 MY 更稳定的配合物，终点时滴入过量 EDTA，指示剂也不能被置换出来，溶液颜色不变化，这种现象称为指示剂的封闭现象，这时可加入适量三乙醇胺（掩蔽 Al^{3+}、Fe^{3+}）和 HCN（掩蔽 Ni^{2+}）等掩蔽剂，以消除干扰。

（二）钙指示剂

钙指示剂（简称 NN，又称钙红）为黑紫色粉末，很稳定，但其水溶液和乙醇溶液均不稳定。pH=12～13 时钙指示剂呈蓝色，与 Ca^{2+}形成的配合物呈酒红色，在此条件下，可用 EDTA 直接滴定 Ca^{2+}，终点时溶液由酒红色变为蓝色。当 Ca^{2+}、Mg^{2+}共存时，控制溶液 pH=12～13，此时 Mg^{2+}生成 $Mg(OH)_2$沉淀，对 Ca^{2+}的测定不产生影响。

Al^{3+}、Fe^{3+}、Co^{2+}、Ni^{2+}、Cu^{2+}、Ti^{4+}等离子对 NN 具有封闭作用，Al^{3+}、Fe^{3+}、Ti^{4+}可用三乙醇胺掩蔽，Co^{2+}、Ni^{2+}、Cu^{2+}可用 KCN 掩蔽。

（三）二甲酚橙

二甲酚橙（简称 XO）为紫色结晶，易溶于水。二甲酚橙在 pH＞6.3 时呈红色，在 pH＜6.3 时呈黄色。由于二甲酚橙与金属离子形成的配合物多呈红色，故在 pH＜6.3 的酸性溶液中，可作为 EDTA 直接滴定 Zn^{2+}、Cd^{2+}、Pb^{2+}、Hg^{2+}等离子时的指示剂，终点时溶液颜色由红色变为亮黄色。

但需要注意的是，Al^{3+}、Fe^{3+}、Ni^{2+}、Ti^{4+}等离子对 XO 有封闭作用。若以 XO 作指示剂，滴定这些金属离子，可采用先加入过量 EDTA，再用 Zn^{2+}滴定液返滴定的方式进行测定。

以上常用金属指示剂的主要使用情况见表 7-5。

表 7-5 常用的金属指示剂

指示剂	适用的 pH 范围	颜色变化		直接滴定的离子	配制方法
		In	MIn		
铬黑 T（EBT）	8～10	蓝	红	pH=10，Mg^{2+}、Zn^{2+}、Pb^{2+}、Cd^{2+}、Mn^{2+}、稀土元素离子	1：100（NaCl）固体
钙指示剂（NN）	12～13	蓝	红	pH=12～13，Ca^{2+}	1：100（NaCl）固体
二甲酚橙（XO）	＜6	亮黄	红	pH＜1：ZrO^{2+} pH 1～3：Bi^{3+}、Th^{4+} pH 5～6：Zn^{2+}、Cd^{2+}、Pb^{2+}、Hg^{2+}、Ti^{3+}、稀土元素离子	0.2g：100ml（水） （临用新制）

任务 4 配位滴定液

在配位滴定中，直接滴定最常用的滴定液是 EDTA 滴定液，返滴定有时还需要锌滴定液。

一、EDTA 滴定液的配制和标定

乙二胺四乙酸难溶于水，通常用它的二钠盐（$Na_2H_2Y·2H_2O$）配制滴定液。乙二胺四乙酸二钠盐（也简称 EDTA）易溶于水，经提纯后可作基准物质，但提纯方法较复杂。纯的乙二胺四乙酸二钠盐常含有少量的吸湿水，而且配制滴定液时，蒸馏水的质量不高也会引入杂质，因此 EDTA 滴定液一般采用间接法配制，即先配制呈近似浓度的 EDTA 溶液，再进行标定确定其准确浓度。

（一）配制浓度近似 0.05mol/L 的 EDTA 滴定液

称取 19g 分析纯 $Na_2H_2Y·2H_2O$，加适量蒸馏水溶解（必要时可加热），转移至 1L 容量瓶中，稀释至刻度，摇匀。然后转移至聚四氟乙烯塑料瓶或硬质玻璃瓶中，贴标签，待标定。

（二）EDTA 滴定液的标定

用于标定 EDTA 溶液的基准物质很多，如 Zn、Cu、ZnO、$CaCO_3$ 等。为了使测定结果具有较高的准确度，应使标定条件与测定条件尽量相同，并尽可能选择待测元素的纯金属或化合物作为基准物质进行标定。实验室标定 EDTA 常用 ZnO 或金属 Zn 为基准物质，用铬黑 T 作指示剂，标定 EDTA 溶液浓度。

精密称取于约 800℃灼烧至恒重的基准 ZnO 0.12g，置于锥形瓶中，缓缓加入稀盐酸 3ml 使其溶解，加水 25ml，加甲基红指示剂 1 滴，滴加氨试液至呈微黄色，加水 25ml，加 NH_3-NH_4Cl 缓冲溶液（pH=10）10ml，再加铬黑 T 指示剂少许，用 EDTA 滴定液滴定至溶液由紫红色变为纯蓝色即为终点，计算 EDTA 滴定液的准确浓度。

$$c_{EDTA} = \frac{m_{ZnO}}{M_{ZnO}V_{EDTA} \times 10^{-3}}$$

式中，c_{EDTA} 为 EDTA 滴定液的浓度，mol/L；m_{ZnO} 为 ZnO 的质量，g；M_{ZnO} 为 ZnO 的摩尔质量，g/mol；V_{EDTA} 为 EDTA 滴定液的体积，ml。

二、锌滴定液的配制和标定

（一）直接法配制 0.05000mol/L 锌滴定液

精密称取新制的纯锌 3.2690g，加入盐酸 20ml，置水浴加热溶解，冷却后转移至 1L 容量瓶中，加水稀释定容，充分摇匀，即得 0.05000mol/L 的锌滴定液。

$$c_{Zn^{2+}} = \frac{m_{Zn}}{M_{Zn} \times V}$$

式中，$c_{Zn^{2+}}$ 为锌滴定液的浓度，mol/L；m_{Zn} 为 Zn 的质量，g；M_{Zn} 为 Zn 的摩尔质量，g/mol；V为滴定液的体积，L。

（二）间接法配制 0.05mol/L 锌滴定液

1. 配制近似浓度的锌滴定液　称取分析纯 $ZnSO_4$ 约 15g，加稀盐酸 10ml 与适量水溶解，转移至 1L 容量瓶中，稀释至刻度，摇匀。

2. 锌滴定液的标定　精密量取待标定锌滴定液 25ml，加甲基红指示剂 1 滴，滴加氨试液至呈微黄色，加水 25ml，加 NH_3-NH_4Cl 缓冲溶液（pH=10）10ml，再加铬黑 T 指示剂少许，用 EDTA 滴定液（0.05mol/L）滴定至溶液由紫红色变为纯蓝色即为终点，计算锌滴定液的准确浓度。

$$c_{Zn^{2+}} = \frac{c_{EDTA}V_{EDTA}}{V_{Zn^{2+}}}$$

式中，$c_{Zn^{2+}}$ 为锌滴定液的浓度，mol/L；c_{EDTA} 为 EDTA 滴定液的浓度，mol/L；V_{EDTA} 为 EDTA 滴定液的体积，ml；$V_{Zn^{2+}}$ 为锌滴定液的体积，ml。

任务 5　配位滴定法的应用

配位滴定法应用十分广泛，主要用于测定各种金属离子及与金属离子生成的各类盐的含量。例如，在水质分析中可以用配位滴定法测定水的硬度；在食品分析中可以测定钙的含量；在药品分析中可以测定含 Ca^{2+}、Mg^{2+}、Al^{3+}、Bi^{3+}等金属离子的各类药物。

配位滴定中，由于各种金属离子与 EDTA 反应情况有所不同，会采用不同的滴定方式，这样不仅可以扩大滴定范围，同时也可以提高配位滴定的选择性，常用滴定方式为直接滴定法和返滴定法。有些金属离子或非金属离子，它们和 EDTA 形成的配合物不稳定或不能与 EDTA 配位，需要用配位滴定法测定时可根据实际情况采用置换滴定法、间接滴定法。

一、直接滴定法及其应用

直接滴定法是配位滴定中最基本的滴定方式，是将被测物质处理成溶液后，调节合适酸度，加入指示剂，有时还需加入辅助配位剂或掩蔽剂，直接用 EDTA 滴定液进行滴定，然后根据 EDTA 滴定液的浓度和消耗的体积，计算出待测组分的含量。

直接滴定法引入误差较小、准确度较高、操作简单方便。只要金属离子与 EDTA 的配位反应能够满足滴定法的要求，一般都尽可能选用直接滴定法。

例如，用直接滴定法测定自来水的总硬度。水中溶解了一定量的金属盐类，常把溶解于水中的 Ca^{2+}、Mg^{2+}的总量称为水的硬度。水的硬度是水质分析的一项重要指标，一般用每升水中 Ca^{2+}、Mg^{2+}总量折算为 $CaCO_3$ 的毫克数表示。根据国家《生活饮用水卫生标准》（GB 5749—2022）规定，生活用水的硬度以 $CaCO_3$ 计，不得超过 450mg/L。

例题 7-3 精密量取 50ml 水样于 250ml 锥形瓶中（若水样中含有 Fe^{3+}、Al^{3+}、Cu^{2+}、Zn^{2+}等金属离子时，需加入三乙醇胺和 Na_2S 掩蔽剂掩蔽后再进行滴定），加入 5ml NH_3-NH_4Cl 缓冲溶液，加入铬黑 T 指示剂少许，用 EDTA 滴定液（0.01020mol/L）滴定至溶液由紫红色变为纯蓝色，消耗 EDTA 滴定液 20.06ml，计算水的硬度。

$$\rho_{CaCO_3} = \frac{c_{EDTA}V_{EDTA}M_{CaCO_3}}{V_{水样}} \times 10^3$$

式中，ρ_{CaCO_3} 为水的总硬度（以 $CaCO_3$ 计），mg/L；c_{EDTA} 为 EDTA 滴定液的浓度，mol/L；V_{EDTA} 为 EDTA 滴定液的体积，ml；M_{CaCO_3} 为 $CaCO_3$ 的摩尔质量，g/mol；$V_{水样}$ 为水样的体积，ml。

解：

$$\rho_{CaCO_3} = \frac{c_{EDTA}V_{EDTA}M_{CaCO_3}}{V_{水样}} \times 10^3$$
$$= \frac{0.01020\text{mol/L} \times 20.06\text{ml} \times 100.09\text{g/mol}}{50.00\text{ml}} \times 10^3 = 409.6\text{mg/L}$$

二、返滴定法及其应用

返滴定法是在被测溶液中先加入定量且过量的 EDTA 滴定液，待被测定的金属离子反应完全后，调节溶液酸度，加入指示剂，再用另一种金属离子滴定液来滴定剩余的 EDTA，根据两种滴定液的浓度和用量，求出被测物质的含量。

当出现以下情况时，可采用返滴定法。

1. 被测金属离子在滴定时受酸度影响产生沉淀。
2. 直接滴定时缺乏合适的金属指示剂。
3. 被测金属离子与 EDTA 反应速率太慢。

例如，用返滴定法测定白矾中的 $KAl(SO_4)_2 \cdot 12H_2O$ 的含量。白矾为硫酸盐类矿物明矾石经加工提炼制成，具有抗菌、收敛等作用，可用作中药，外用解毒杀虫，燥湿止痒；内服止血止泻，祛除风痰。《中国药典》规定白矾的主成分 $KAl(SO_4)_2 \cdot 12H_2O$ 含量不得少于 99.0%，测定其含量时，虽然 Al^{3+}能与 EDTA 定量反应，但是因反应缓慢，并且 Al^{3+}对指示剂有封闭作用，故通常采用返滴定法。先加入定量且过量的 EDTA 滴定液，加热煮沸，待反应完全后，再用锌滴定液返滴定剩余的 EDTA。

例题 7-4 精密称取白矾 0.3002g，加纯水 20ml 使之溶解。加 HAc-NH_4Ac 缓冲溶液（pH=6.0）20ml，精密加 0.05012mol/L 的 EDTA 滴定液 25.00ml，煮沸 3～5min，使 Al^{3+}与 EDTA 配位完全。冷却至室温，加二甲酚指示剂 1ml，用 0.05001mol/L 的锌滴定液滴定剩余 EDTA，直至溶液由黄色变为红色即为终点，消耗锌滴定液 12.52ml，计算白矾样品中$[KAl(SO_4)_2 \cdot 12H_2O]$的含量。

$$\omega_{KAl(SO_4)_2\cdot 12H_2O}=\frac{(c_{EDTA}V_{EDTA}-c_{Zn^{2+}}V_{Zn^{2+}})\times M_{KAl(SO_4)_2\cdot 12H_2O}\times 10^{-3}}{m_{白矾}}\times 100\%$$

式中，$\omega_{KAl(SO_4)_2\cdot 12H_2O}$为$KAl(SO_4)_2 \cdot 12H_2O$的百分含量；$c_{EDTA}$为 EDTA 滴定液的浓度，mol/L；$V_{EDTA}$为 EDTA 滴定液的体积，ml；$c_{Zn^{2+}}$为锌滴定液的浓度，mol/L；$V_{Zn^{2+}}$为锌滴定液的体积，ml；$M_{Al}$为 Al 的摩尔质量，g/mol；$m_{白矾}$为白矾样品的质量，g。

解：

$$\begin{aligned}\omega_{KAl(SO_4)_2\cdot 12H_2O}&=\frac{(c_{EDTA}V_{EDTA}-c_{Zn^{2+}}V_{Zn^{2+}})\times M_{KAl(SO_4)_2\cdot 12H_2O}\times 10^{-3}}{m_{白矾}}\times 100\%\\&=\frac{(0.05012\text{mol/L}\times 25.00\text{ml}-0.05001\text{mol/L}\times 12.52\text{ml})\times 474.38\text{g/mol}\times 10^{-3}}{0.3002\text{g}}\times 100\%\\&=99.06\%\end{aligned}$$

三、置换滴定法及其应用

置换滴定是利用置换反应，从配合物中置换出等物质的量的另一种金属离子或 EDTA，然后再进行滴定。这种方法适用于多种金属离子存在的情况下测定其中一种金属离子。

例如，Ag^+含量测定：Ag^+与 EDTA 配合物不稳定，不能用 EDTA 直接滴定。测定时将Ag^+加入到$[Ni(CN)_4]^{2-}$溶液中，发生反应$2Ag^+ + [Ni(CN)_4]^{-2} \rightleftharpoons 2[Ag(CN)_2]^- + Ni^{2+}$。在 pH=10 的氨性缓冲溶液中，以紫脲酸铵作指示剂，用 EDTA 滴定液滴定置换出来的Ni^{2+}，即可求出Ag^+的含量。

四、间接滴定法及其应用

间接滴定法是在被测溶液中加入某种能与被测离子生成沉淀的沉淀剂，使被测离子沉淀完全，再用 EDTA 滴定过量的沉淀剂；或将生成的被测离子沉淀进行分离、溶解后，再用 EDTA 滴定从沉淀中溶解出的金属离子。

例如，稀土精矿中氟含量的测定：试料用高氯酸在 135～140℃水蒸气中蒸馏，使氟与其他元素分离。在 pH 2.0～2.5 时加入氯化镧滴定液使之与氟生成氟化镧沉淀，在 pH 5.5～6.0 六次甲基四胺缓冲溶液中，以二甲酚橙为指示剂，用 EDTA 滴定液滴定过量的氯化镧沉淀剂，计算出氟的质量分数。

自测题

一、单选题

1. 配位滴定法是以什么反应为基础的滴定分析方法（　　）
   A. 化合反应　B. 沉淀反应　C. 配位反应　D. 酸碱反应　E. 氧化还原反应
2. 关于 EDTA 的说法，错误的是（　　）
   A. 是一种有机弱酸，存在 4 级电离平衡
   B. 在溶液中有 7 种型体
   C. 结构中有 6 个配位原子
   D. 能与大部分金属离子发生配位反应
   E. 与金属离子形成的配合物稳定
3. EDTA 各型体中，能直接与金属离子配位的是（　　）
   A. H_6Y^{2+}　B. H_5Y^+　C. H_4Y　D. H_3Y^-　E. Y^{4-}
4. 一般情况下，EDTA 与金属离子的配位比为（　　）
   A. 1∶1　B. 1∶2　C. 1∶3　D. 1∶4　E. 1∶6
5. 配位滴定中为维持溶液的 pH 在适宜范围内需加入（　　）
   A. 酸　B. 碱

C. 盐　　D. 缓冲溶液

E. 指示剂

6. 在直接配位滴定法中，终点时，一般情况下溶液显示的颜色是（　　）

A. 被测金属离子与 EDTA 形成的配合物 M-EDTA

B. 被测金属离子与指示剂形成的配合物 MIn

C. 游离金属指示剂 In 的颜色

D. 配合物 M-EDTA 和配合物 MIn 的混合色

E. 不确定

7. 测定自来水的总硬度时，以 EBT 作指示剂，终点颜色应为（　　）

A. 黄色　　B. 纯蓝色

C. 紫红色　　D. 无色

E. 橙色

8. EDTA 法测定水的总硬度，是在 pH=（　　）的缓冲溶液中进行的

A. 6　　B. 7

C. 8　　D. 10

E. 12

9. 标定 EDTA 滴定液常用的基准物质是（　　）

A. MgO　　B. ZnO

C. Al_2O_3　　D. CuO

E. Fe_2O_3

10. 在 EDTA 配位滴定中，下列有关酸效应系数的叙述，正确的是（　　）

A. 酸效应系数越大，酸度的影响越小，越有利于主反应的进行

B. 酸效应系数越大，酸度的影响越大，越有利于主反应的进行

C. pH 越大，酸效应系数越大

D. 酸效应系数越大，配合物越稳定

E. 酸效应系数越小，配合物越稳定

11. 用 EDTA 滴定液滴定金属离子 M，若要求相对误差小于 0.1%，则要求（　　）

A. $c_M K'_{MY} \geqslant 10^6$　　B. $c_M K'_{MY} \leqslant 10^6$

C. $K'_{MY} \geqslant 10^6$　　D. $K'_{MY} \leqslant 10^8$

E. $K'_{MY} \alpha_{Y(H)} \geqslant 10^6$

12. 铝盐药物的测定常用配位滴定法。先加入过量 EDTA，加热煮沸几分钟后，再用锌滴定液滴定。该滴定方式是（　　）

A. EDTA 滴定法　　B. 直接滴定法

C. 返滴定法　　D. 间接滴定法

E. 置换滴定法

二、简答题

1. 配位滴定中，为什么使用乙二胺四乙酸二钠盐（$Na_2H_2Y \cdot 2H_2O$）配制 EDTA 滴定液，而不直接用乙二胺四乙酸（H_4Y）？

2. EDTA 与金属离子的配位反应有什么特点？

3. 简述实验室水的总硬度测定的操作方法。

三、计算题

1. 精密称取基准物质氧化锌 0.1206g，用盐酸溶解后，标定 EDTA 滴定液的浓度，终点时，用去 EDTA 溶液 29.58ml，计算 EDTA 滴定液的浓度。（M_{ZnO}=81.39g/mol）

2. 精密量取水样 50.00ml，以铬黑 T 为指示剂，用 EDTA 滴定液（0.01005mol/L）滴定，当溶液由紫红色变为纯蓝色时消耗 EDTA 20.02ml，计算水的总硬度，以 $CaCO_3$ mg/L 表示。（M_{CaCO_3}=100.09g/mol）

（冀向利）

项目8 氧化还原滴定法

学习目标

1. 知识目标：掌握碘量法、高锰酸钾法、亚硝酸钠法的基本原理、滴定条件及应用；熟悉氧化还原滴定法中常用的指示剂及加入时间。

2. 能力目标：会配制与标定碘滴定液、高锰酸钾滴定液、硫代硫酸钠滴定液、亚硝酸钠滴定液等，并用上述滴定液进行滴定操作；会正确记录数据、求算含量、判断结果。

3. 素质目标：培养学生科学严谨、精益求精的工匠精神，具有环保意识、安全意识和质量意识。

链接 维生素C与坏血病

在大航海时代，船员们由于长期在海上航行，无法经常获取新鲜的水果和蔬菜，导致体内维生素C缺乏，进而引发了维生素C缺乏症（坏血病）。坏血病患者会出现牙龈出血、牙齿松动、关节疼痛、皮肤瘀斑等症状，严重时甚至会危及生命。后来经过研究发现，补充维生素C可以有效预防和治疗坏血病。维生素C参与胶原蛋白的合成，而胶原蛋白是维持血管、骨骼、皮肤等组织健康的重要成分。当体内维生素C不足时，胶原蛋白合成受阻，导致血管壁脆弱，容易出血，从而引发坏血病的各种症状。通过摄入富含维生素C的食物，能够满足身体对维生素C的需求，预防坏血病的发生。

案例 8-1

维生素C，亦称L-抗坏血酸，是一种水溶性维生素，深度参与到机体纷繁复杂的代谢进程之中，能够有力地促进机体的生长发育，并且显著增强机体对各类疾病的抵御能力。《中国药典》规定维生素C的含量测定方法：取本品约0.2g，精密称定，加新煮沸过的冷水100ml与稀乙酸10ml使之溶解，加淀粉指示液1ml，立即用碘滴定液（0.05mol/L）滴定至溶液显蓝色并在30s内不褪色。

问题：1. 滴定过程中发生了何种化学反应？

2. 如何配制碘滴定液（0.05mol/L）？

氧化还原滴定法是以氧化还原反应为基础的一类滴定分析方法，该方法在药品、食品检验中应用比较广泛。例如，铁剂药物硫酸亚铁片和右旋糖酐铁片、维生素C片、消毒剂过氧化氢溶液等的含量测定，都采用氧化还原滴定法。常用的氧化还原滴定法有碘量法、高锰酸钾法、亚硝酸钠法等。

任务1 概　　述

一、氧化还原滴定法应具备的条件

氧化还原滴定反应对条件控制（如溶液的酸碱度、温度、催化剂等）的要求较为严格，且部分反应速率较为缓慢，干扰因素也较多，所以并非所有的氧化还原反应都能够采用滴定分析法。用于氧化还原滴定的反应必须满足以下条件。

1. 反应必须定量进行 即反应按一定的化学计量关系进行，且反应完全程度要高，通常要求达到99.9%以上。

2. 反应速率要快 如果反应速率较慢，需要采取适当措施加快反应，如加热、增加反应物浓度、使用催化剂等。

3. 必须有适当的方法确定滴定终点 一般通过指示剂的颜色变化或仪器检测（如电位滴定）来判断反应的终点。

4. 无副反应发生 参与反应的物质不能有干扰主反应的副反应发生，以保证测定结果的准确性。

这些条件是保证氧化还原滴定法能够准确、可靠地进行定量分析的重要前提。

二、氧化还原滴定法的分类

在氧化还原滴定法中，通常以滴定液的名称命名，如表 8-1 所示。

表 8-1 常见的氧化还原滴定法

名称	滴定液	指示剂	待测物质举例
高锰酸钾法	$KMnO_4$	$KMnO_4$	过氧化氢溶液
直接碘量法	I_2	淀粉指示液	维生素 C 片
间接碘量法	$Na_2S_2O_3$	淀粉指示液	木糖醇
亚硝酸钠法	$NaNO_2$	—（永停滴定法）	磺胺嘧啶
		—（电位滴定法）	盐酸丁卡因
铈量法	$Ce(SO_4)_2$	邻二氮菲指示液	硫酸亚铁片
重铬酸钾法	$K_2Cr_2O_7$	邻菲罗啉指示剂	有机质
碘酸钾法	KIO_3	淀粉指示液	卡托普利

三、氧化还原滴定法的指示剂

在氧化还原滴定法中，根据指示剂变色原理的不同，指示剂主要有以下几种类型。

1. 自身指示剂 某些滴定液或待测溶液，其反应前后在颜色上有着明显的不同。利用滴定液或待测组分颜色的改变，能够对反应体系中的进展情况加以判定，这类指示剂称为自身指示剂。例如，在高锰酸钾滴定法中，$KMnO_4$滴定液本身呈现紫红色，其酸性溶液中的还原产物 Mn^{2+}几乎无色。在滴定浅色或无色的还原剂溶液时，达到反应计量点，稍过量的高锰酸钾滴定液会使溶液呈粉红色，表明达到滴定终点。

2. 专属指示剂 有些物质能与滴定液或者待测组分结合生成具有特殊颜色的物质，从而指示滴定终点，这类指示剂称为专属指示剂。例如，在碘量法中，常用淀粉做指示剂，依据颜色的变化情况，判断溶液中是否有碘存在。

3. 氧化还原指示剂 氧化还原指示剂本身具有弱氧化性或弱还原性，并且在被还原或被氧化前后，颜色存在明显差异。在滴定终点时，稍过量的滴定液对指示剂进行氧化或还原，使得溶液颜色出现明显变化，以此来指示滴定的终点。例如，用 $K_2Cr_2O_7$滴定液滴定 Fe^{2+}时，常用二苯胺磺酸钠作指示剂。二苯胺磺酸钠的氧化态呈紫红色，还原态呈无色。达到化学计量点时，稍过量的 $K_2Cr_2O_7$把指示剂二苯胺磺酸钠由无色的还原态氧化为紫红色的氧化态，从而指示滴定的终点。

任务 2 碘 量 法

一、基 本 原 理

碘量法是利用 I_2 的氧化性或者 I^-的还原性进行测定的氧化还原滴定法。碘量法应用比较广泛，可以测定氧化性物质、还原性物质，也可以测定一些非氧化还原性物质。

碘为灰黑色、有金属光泽的片状结晶或块状物，在常温中能挥发，在水中几乎不溶；在 KI 或 NaI 的水溶液中溶解，故常将 I_2 溶解在 KI 溶液中，此时 I_2 以 I_3^- 配离子形式存在于溶液中，用 I_3^- 滴定时的半反应为

$$I_3^- + 2e^- \rightleftharpoons 3I^- \qquad E^{\ominus}_{I_3^-/I^-}=0.5435V$$

为方便起见，I_3^- 简写为 I_2。从标准电极电势值可以看出，I_2 是较弱的氧化剂，只能与较强的还原剂（如维生素 C、$S_2O_3^{2-}$、SO_3^{2-} 等）发生反应；而 I^- 是中等强度的还原剂，能与较多的氧化剂（如 MnO_4^-、$Cr_2O_7^{2-}$、H_2O_2、Cu^{2+}等）发生反应。

根据所用滴定液的不同，碘量法可分为直接碘量法和间接碘量法。

（一）直接碘量法

直接碘量法（又称碘滴定法）是利用 I_2 的氧化性直接测定较强的还原性物质含量的方法。例如，用碘滴定液滴定维生素 C、硫化物、亚硫酸盐、亚砷酸盐等物质。

直接碘量法一般在酸性、中性或弱碱性溶液中进行，如果溶液 pH＞9，I_2 会发生如下反应：

$$3I_2 + 6OH^- \rightleftharpoons IO_3^- + 5I^- + 3H_2O$$

即使在酸性条件下，也只有少数还原能力强且不受 H^+浓度影响的物质与 I_2 发生反应，故直接碘量法具有一定的局限性。

（二）间接碘量法

对于某些氧化性物质，可在一定条件下用 I^-还原，然后用 $Na_2S_2O_3$ 滴定液滴定置换出 I_2，这种滴定方式称为置换滴定法。例如，用 $Na_2S_2O_3$ 滴定液滴定重铬酸钾、甘露醇、木糖醇、溴酸盐等物质。

$$2I^- + 2e^- \rightleftharpoons I_2$$

$$I_2 + 2S_2O_3^{2-} \rightleftharpoons 2I^- + S_4O_6^{2-}$$

有些还原性物质如焦亚硫酸钠，本身与 I_2 反应较慢，为了与 I_2 反应更完全，可先与定量的、过量的 I_2 滴定液反应，待反应完全后再用 $Na_2S_2O_3$ 滴定液滴定剩余的 I_2 滴定液，这种滴定方式称为返滴定法或剩余滴定法。

置换滴定法和返滴定法统称为间接碘量法（又称滴定碘法）。间接碘量法在中性或弱酸性溶液中进行，因为在强酸性溶液中 $Na_2S_2O_3$ 易发生分解，I_2 易被空气中的 O_2 氧化。

$$S_2O_3^{2-} + 2H^+ \rightleftharpoons SO_2 + S + H_2O$$

$$4I^- + 4H^+ + O_2 \rightleftharpoons 2I_2 + 2H_2O$$

在碱性溶液中 $Na_2S_2O_3$ 和 I_2 发生如下反应：

$$S_2O_3^{2-} + 4I_2 + 10OH^- \rightleftharpoons 2SO_4^{2-} + 8I^- + 5H_2O$$

$$3I_2 + 6OH^- \rightleftharpoons IO_3^- + 5I^- + 3H_2O$$

碘遇淀粉显蓝色，故在碘量法中用淀粉作为指示剂，依据蓝色的出现或消失判断终点。

（三）直接碘量法和间接碘量法比较

直接碘量法和间接碘量法比较见表 8-2。

表 8-2 直接碘量法和间接碘量法的比较

项目	直接碘量法	间接碘量法
定义	用碘滴定液直接滴定还原性物质的方法	在待测溶液中加入碘化钾，待测组分将碘化钾氧化析出定量的碘，用硫代硫酸钠滴定液滴定析出的碘，从而求出待测组分含量的方法
滴定条件	酸性、中性或弱碱性	中性或弱酸性
滴定液	碘滴定液	硫代硫酸钠滴定液
指示剂及加入时间	淀粉指示液，滴定前加入	淀粉指示液，滴定近终点时加入
终点颜色变化	无色变蓝色	蓝色消失

链接 间接碘量法误差的来源及减少误差措施

1. 控制溶液的酸度 I_2 和 $S_2O_3^{2-}$ 的反应比较迅速、完全，但必须在中性或弱酸性溶液中进行。副反应见间接碘量法。

2. 防止 I_2 的挥发和空气中的 O_2 氧化 I^-

（1）防止 I_2 挥发的方法 试验在室温下进行；加入过量的 KI 以增加 I_2 的溶解度；滴定前要密塞、水封，避光放置；滴定时不能剧烈摇动溶液。

（2）防止空气中的 O_2 氧化 I^- 的方法 溶液的酸度不易过高，酸度大会增大 O_2 氧化 I^- 的速率；I_2 完全析出后立即滴定，快滴慢摇。

二、滴定液的配制与标定

（一）0.05mol/L 碘滴定液的配制与标定

由于碘单质的挥发性和不溶于水的性质，通常采用间接法配制碘滴定液。

1. 配制 取碘 13.0g，加碘化钾 36g 与水 50ml 溶解后，加盐酸 3 滴与水适量使成 1000ml，摇匀，用垂熔玻璃滤器过滤。

2. 标定 精密量取上述溶液 25ml 置于碘瓶中，加水 100ml 与盐酸溶液（9→100）1ml，轻摇混匀，用硫代硫酸钠滴定液（0.1mol/L）滴定至近终点时，加淀粉指示液 2ml，继续滴定至蓝色消失。根据用硫代硫酸钠滴定液（0.1mol/L）的消耗量，算出碘滴定液的浓度。

二者的反应方程式：$I_2 + 2S_2O_3^{2-} \rightleftharpoons 2I^- + S_4O_6^{2-}$

碘滴定液浓度的计算公式：$c_{I_2} = \dfrac{c_{Na_2S_2O_3} \times V_{Na_2S_2O_3}}{2V_{I_2}}$

式中，c_{I_2} 为碘滴定液的浓度，mol/L；V_{I_2} 为消耗碘滴定液的体积，ml；$c_{Na_2S_2O_3}$ 为硫代硫酸钠滴定液的浓度，mol/L；$V_{Na_2S_2O_3}$ 为消耗硫代硫酸钠滴定液的体积，ml。

配制好的碘滴定液置于具玻璃塞的棕色玻璃瓶中，密闭，在阴凉处保存。

（二）硫代硫酸钠滴定液（0.1mol/L）的配制与标定

硫代硫酸钠（$Na_2S_2O_3$）在干燥空气中有风化性，在湿空气中有潮解性，所以通常采用间接法配制硫代硫酸钠滴定液。

1. 配制 取硫代硫酸钠 26g 与无水碳酸钠 0.20g，加新煮沸过的冷水适量使溶解并稀释至 1000ml，摇匀，放置 1 个月后滤过。

2. 标定 取在 120℃干燥至恒重的基准重铬酸钾 0.15g，精密称定，置于碘瓶中，加水 50ml 使溶解，加碘化钾 2.0g，轻轻振摇使溶解，加稀硫酸 40ml，摇匀，密塞；在暗处放置 10min 后，加水 250ml

稀释，用本液滴定至近终点时，加淀粉指示液 3ml，继续滴定至蓝色消失而显亮绿色，并将滴定的结果用空白试验校正。根据硫代硫酸钠滴定液的消耗量与重铬酸钾的取用量，可求算出硫代硫酸钠滴定液的浓度。

室温在 25℃以上时，应将反应液及稀释用水降温至约 20℃。

二者的反应方程式：

$$Cr_2O_7^{2-}+6I^-+14H^- \rightleftharpoons 2Cr^{3+}+3I_2+7H_2O$$

$$I_2+2S_2O_3^{2-} \rightleftharpoons 2I^-+S_4O_6^{2-}$$

硫代硫酸钠滴定液浓度的计算公式：

$$c_{Na_2S_2O_3}=\frac{6m_{K_2Cr_2O_7}}{M_{K_2Cr_2O_7}\times(V_{Na_2S_2O_3}-V_0)\times10^{-3}}$$

式中，$c_{Na_2S_2O_3}$ 为硫代硫酸钠滴定液的浓度，mol/L；$m_{K_2Cr_2O_7}$ 为基准重铬酸钾的取用量，g；$V_{Na_2S_2O_3}$ 为消耗硫代硫酸钠滴定液的体积，ml；V_0 为空白实验消耗硫代硫酸钠滴定液的体积，ml；$M_{K_2Cr_2O_7}$ 为重铬酸钾的摩尔质量，g/mol。

三、应用示例

（一）维生素 C 含量的直接碘量法测定

维生素 C（又称 L-抗坏血酸），具有较强的还原性，可与 I_2 发生如下反应：

$$C_6H_8O_6+I_2 \rightleftharpoons C_6H_6O_6+2HI$$

从反应式可知，碱性条件更有利于平衡向右移动，但因维生素 C 在碱性溶液中更易被空气中的 O_2 氧化，所以滴定时应用新煮沸过的冷水与稀乙酸溶解样品，溶解后立即滴定，减少维生素 C 被空气中的 O_2 氧化。维生素 C 含量的计算公式：

$$\omega_{V_C}=\frac{c_{I_2}\times V_{I_2}\times10^{-3}\times M_{V_C}}{m_s}\times100\%$$

式中，c_{I_2} 为碘滴定液的物质的量浓度，mol/L；V_{I_2} 为消耗碘滴定液的体积，ml；M_{V_C} 为维生素 C 的摩尔质量，g/mol；m_s 为称取维生素 C 的质量，g。

例题 8-1 精密称定维生素 C 0.2015g 置于锥形瓶中，加新煮沸过的冷水 100ml 与稀乙酸 10ml 使溶解，加淀粉指示液 1ml，立即用碘滴定液（0.05023mol/L）滴定至溶液显蓝色，消耗碘滴定液 22.72ml，求计算维生素 C 的含量。已知维生素 C 的摩尔质量为 176.13g/mol。

解：含量计算公式：

$$\omega_{V_C}=\frac{m_{V_C}}{m_s}\times100\%=\frac{c_{I_2}\times V_{I_2}\times10^{-3}\times M_{V_C}}{m_s}\times100\%$$

代入数据，计算得

$$\omega_{V_C}=\frac{0.05023\times22.72\times10^{-3}\times176.13}{0.2015}\times100\%=99.8\%$$

（二）甘露醇含量的间接碘量法测定

在酸性条件下，甘露醇与过量的高碘酸钠发生氧化还原反应。反应完成后，剩余的高碘酸钠及其还原产物碘酸钠与过量的碘化钾作用，然后用硫代硫酸钠滴定液滴定析出的碘，并通过空白试验校正滴定结果。

《中国药典》规定甘露醇的含量测定方法：取本品约 0.2g，精密称定，置于 250ml 容量瓶中，加水使溶解并稀释至刻度，摇匀；精密量取 10ml，置于碘瓶中，精密加高碘酸钠溶液[取硫酸溶液（1→20）90ml 与高碘酸钠溶液（2.3→1000）110ml 混合制成]50ml，置水浴上加热 15min，放冷，加碘化钾试液 10ml，密塞，放置 5min，用硫代硫酸钠滴定液（0.05mol/L）滴定，至近终点时，加淀粉指示液 1ml，继续滴定至蓝色消失，并将滴定的结果用空白试验校正。

任务 3 高锰酸钾法

一、基本原理

高锰酸钾法是以 $KMnO_4$ 作为滴定液进行滴定的氧化还原滴定法。$KMnO_4$ 是最强的氧化剂之一，其氧化能力与溶液的酸度有关。

在强酸性溶液中，$KMnO_4$ 具有强氧化性，MnO_4^- 被还原为 Mn^{2+}。

$$MnO_4^- + 8H^+ + 5e^- \rightleftharpoons Mn^{2+} + 4H_2O \qquad E^{\ominus}_{MnO_4^-/Mn^{2+}} = 1.51V$$

在弱酸、弱碱或中性溶液中，$KMnO_4$ 具有弱氧化性，MnO_4^- 被还原为 MnO_2。

$$MnO_4^- + 2H_2O + 3e^- \rightleftharpoons MnO_2 \downarrow + 4OH^- \qquad E^{\ominus}_{MnO_4^-/MnO_2} = 0.59V$$

在强碱性溶液中，$KMnO_4$ 具有弱氧化性，MnO_4^- 被还原为 MnO_4^{2-}。

$$MnO_4^- + e^- \rightleftharpoons MnO_4^{2-} \qquad E^{\ominus}_{MnO_4^-/MnO_4^{2-}} = 0.56V$$

高锰酸钾在强酸性溶液中氧化能力最强，且产物为无色的 Mn^{2+}，便于滴定终点的观察，因此高锰酸钾法通常在强酸性溶液中进行，一般用硫酸调节其溶液的酸度在 0.5～1mol/L。

有些物质与高锰酸钾在常温下反应速率较慢，为加快反应速率，可在滴定前将待测溶液加热，趁热滴定，或加入 Mn^{2+} 作催化剂来加快反应速率。在空气中易氧化或加热易分解的物质（如 Fe^{2+}、H_2O_2 等），则不能加热。

用高锰酸钾法滴定无色或浅色溶液时，一般不需要另加指示剂，可利用高锰酸钾作自身指示剂来指示滴定终点。同时高锰酸钾的氧化能力强，可直接或间接地测定许多物质，应用广泛。

二、0.02mol/L 的高锰酸钾滴定液

市售高锰酸钾中含有少量二氧化锰等杂质，纯化水中也常含有微量还原性杂质，这些杂质会导致高锰酸钾滴定液在配制初期浓度不稳定，因此采用间接法配制高锰酸钾滴定液。

1. 配制 取高锰酸钾 3.2g，加水 1000ml，煮沸 15min，密塞，静置 2 日以上，用垂熔玻璃滤器过滤，摇匀，置于具玻璃塞的棕色玻璃瓶中，密闭保存。

2. 标定 取在 105℃干燥至恒重的基准草酸钠 0.2g，精密称定，加新煮沸过的冷水 250ml 与硫酸 10ml，搅拌使溶解，自滴定管中迅速加入高锰酸钾滴定液约 25ml（边加边振摇，以避免产生沉淀），待褪色后，加热至 65℃，继续滴定至溶液显微红色并保持 30s 不褪色；当滴定终了时，溶液温度应不低于 55℃。根据高锰酸钾滴定液的消耗量与草酸钠的取用量，算出高锰酸钾滴定液的浓度。

在酸性溶液中，高锰酸钾滴定液与草酸钠的反应方程式如下：

$$2MnO_4^- + 5C_2O_4^{2-} + 16H^+ \rightleftharpoons 2Mn^{2+} + 10CO_2 \uparrow + 8H_2O$$

高锰酸钾滴定液浓度的计算公式：

$$c_{KMnO_4} = \frac{2m_{Na_2C_2O_4}}{5M_{Na_2C_2O_4} \times V_{KMnO_4} \times 10^{-3}}$$

式中，c_{KMnO_4} 为高锰酸钾滴定液的浓度，mol/L；$m_{Na_2C_2O_4}$ 为基准草酸钠的取用量，g；V_{KMnO_4} 为消耗高锰酸钾滴定液的体积，ml；$M_{Na_2C_2O_4}$ 为草酸钠的摩尔质量，g/mol。

实操过程中应掌握好以下滴定条件。

（1）温度　为了加快反应速率，滴定前可将草酸钠溶液加热到75～85℃，趁热滴定，并且在滴定过程中保持溶液的温度不低于60℃。低于55℃反应速率太慢；温度超过90℃，草酸会部分分解。

$$H_2C_2O_4 \rightleftharpoons CO_2\uparrow + CO\uparrow + H_2O$$

（2）酸度　反应体系必须保持一定的酸度。酸度太低，部分高锰酸钾能被还原为二氧化锰；酸度太高，草酸易分解。因此，开始滴定时溶液的酸度一般保持在0.5～1.0mol/L，到滴定终点酸度即变为0.2～0.5mol/L。

（3）滴定速度　高锰酸钾与草酸钠的反应速率较慢，故滴定开始时应慢滴，随着反应生成的 Mn^{2+} 增多，Mn^{2+} 的催化作用显著，二者的反应速率加快，故滴定速率可随之加快。这种生成物本身起催化作用的反应称自动催化反应，Mn^{2+} 是该反应的自身催化剂。

（4）终点判断　高锰酸钾可作为自身指示剂，滴定至化学计量点时，微过量就可使溶液呈微红色，30s不褪色即为滴定终点。

注意：标定过的高锰酸钾滴定液应在阴凉、干燥处密封保存；久置的高锰酸钾滴定液，应滤过、重新标定后再使用。

三、应用示例

（一）过氧化氢溶液的含量测定（直接滴定法）

在酸性溶液中，H_2O_2 能定量地被 $KMnO_4$ 氧化，其反应为

$$2MnO_4^- + 5H_2O_2 + 6H^+ \rightleftharpoons 2Mn^{2+} + 5O_2\uparrow + 8H_2O$$

《中国药典》规定过氧化氢溶液中过氧化氢的含量应在2.5%～3.5%（g/ml），含量测定方法采用高锰酸钾法直接滴定。

过氧化氢含量的计算公式：

$$\omega_{H_2O_2} = \frac{5c_{KMnO_4} \times V_{KMnO_4} \times 10^{-3} \times M_{H_2O_2}}{2V_{H_2O_2}} \times 100\%$$

式中，$\omega_{H_2O_2}$ 为过氧化氢的含量，g/ml；c_{KMnO_4} 为高锰酸钾滴定液的浓度，mol/L；V_{KMnO_4} 为消耗高锰酸钾滴定液的体积，ml；$M_{H_2O_2}$ 为过氧化氢的摩尔质量，g/mol；$V_{H_2O_2}$ 为过氧化氢的取用量，ml。

例题8-2　精密量取过氧化氢溶液5ml置于50ml容量瓶中，加水稀释至刻度，摇匀，精密量取10ml置锥形瓶中，加稀硫酸20ml，用高锰酸钾滴定液（0.02002mol/L）滴定，达滴定终点时消耗高锰酸钾滴定液19.98ml，求算过氧化氢的含量。已知过氧化氢的摩尔质量为34.02g/mol。

解：含量计算公式：

$$\omega_{H_2O_2} = \frac{5c_{KMnO_4} \times V_{KMnO_4} \times 10^{-3} \times M_{H_2O_2}}{2V_{H_2O_2} \times 10^{-3} \times 1000} \times 100\%$$

代入数据，计算得

$$\omega_{H_2O_2} = \frac{5 \times 0.02002 \times 19.98 \times 10^{-3} \times 34.02}{2 \times \frac{10}{50} \times 5.00 \times 10^{-3} \times 1000} \times 100\% = 3.4\%$$

（二）亚硝酸钠含量的返滴定法测定

亚硝酸钠在酸性溶液中能被高锰酸钾滴定液氧化，氧化后的产物为硝酸钠，过量的高锰酸钾滴定液可用硫代硫酸钠滴定液滴定，滴定结果须用空白试验校正。

《中国药典》规定亚硝酸钠的含量测定方法：取本品约 1g，精密称定，置于 100ml 容量瓶中，加水适量使溶解并稀释至刻度，摇匀；精密量取 10ml，随摇动随缓缓加至酸性的高锰酸钾溶液[精密量取高锰酸钾滴定液（0.02mol/L）50ml，置于具塞锥形瓶中，加水 100ml 与硫酸 5ml 混合制成]中，加入时，吸管的尖端须插入液面下，加完后密塞，放置 10min，加碘化钾 3g，密塞，轻轻振摇使溶解，放置 10min，用硫代硫酸钠滴定液（0.1mol/L）滴定，至近终点时，加淀粉指示液 2ml，继续滴定至蓝色消失，并将滴定的结果用空白试验校正。

任务 4　亚硝酸钠法

一、基 本 原 理

亚硝酸钠法是以亚硝酸钠为滴定液的氧化还原滴定法。亚硝酸钠法在盐酸溶液中进行，主要用来测定芳香族伯胺和芳香族仲胺的含量。

芳香族伯胺和亚硝酸钠作用发生重氮化反应，通常把用亚硝酸钠滴定芳香族伯胺类化合物的方法称为重氮化滴定法，重氮化滴定法比较常用。

$$Ar-NH_2+NaNO_2+2HCl \rightleftharpoons [Ar-N\equiv N]^+Cl^-+NaCl+2H_2O$$

芳香族仲胺和亚硝酸钠作用发生亚硝基化反应，用亚硝酸钠滴定芳香族仲胺类化合物的方法称为亚硝基化滴定法，亚硝基化滴定法可用于测定芳香族仲胺类化合物。

$$Ar-NHR+NaNO_2+HCl \rightleftharpoons Ar-N(R)-NO+NaCl+H_2O$$

（一）重氮化反应的滴定条件

1. 酸的种类和浓度　重氮化滴定法的反应速率与酸的种类有关，在氢溴酸中最快，在盐酸中次之，在硫酸或硝酸中最慢。因氢溴酸价格昂贵，且芳香族伯胺盐酸盐较硫酸盐的溶解度大，故常用盐酸做酸性介质。

适宜的酸度既可以加快化学反应速率，还可以提高重氮盐的稳定性，一般控制酸度在 1～2mol/L 为宜。酸度过高，会阻碍芳香族伯胺的游离，影响重氮化反应的速率；酸度过低，生成的重氮盐易分解，且易与尚未被重氮化的芳香族伯胺偶合生成重氮氨基化合物，使测定结果偏低。

2. 滴定温度与速率　重氮化反应的速率随温度的升高而加快，但温度高时重氮盐和亚硝酸易分解。实验证明，温度在 5℃以下测定结果较为准确。

重氮化反应的速率较慢，刚开始滴定时，将滴定管尖端插入液面下约 2/3 处，迅速加入大部分亚硝酸钠滴定液，边滴边搅拌。开始生成的亚硝酸在剧烈搅拌下向四周扩散并立即与芳香族伯胺反应，来不及分解和逸散即可反应完全。接近终点时，将滴定管尖端提出液面，再缓缓滴定至终点。这种“快速滴定法”可有效缩短滴定时间，在 30℃以下可保证分析结果准确。

3. 取代基团的影响　苯胺环上，若在氨基的对位上有吸电子基团（如硝基、羧基等），会加快重氮化反应；若在氨基的对位上有供电子基团（如羟基、烷氧基等），会减慢重氮化反应。例如，磺胺类药物的重氮化反应快，而非那西丁类药物的水解产物重氮化反应较慢。对于反应较慢的重氮化反应，通常加入适量溴化钾作催化剂，以提高反应速率。

（二）指示终点的方法

亚硝酸钠法指示终点的方法主要有以下几种。

1. 永停滴定法　是亚硝酸钠法中最常用的指示终点的方法，它通过观察两个铂电极之间电流的变化来确定终点。在滴定过程中，当达到化学计量点时，电流会突然发生变化，从而指示终点。

2. 电位滴定法　是通过电位的变化来确定滴定终点的方法。在亚硝酸钠法中，采用电位滴定计和甘汞-铂电极系统，当到达终点时，溶液中多余的亚硝酸钠会使电位产生突跃。

3. 外指示剂法　常用碘化钾-淀粉糊剂或试纸作为外指示剂。在接近终点时，将其蘸取于玻璃棒上，观察其颜色变化来指示终点。因需多次蘸取溶液确定终点，操作麻烦，且造成样品溶液损耗，使结果准确性较差。

4. 内指示剂法　亚硝酸钠法也可选用内指示剂如橙黄Ⅳ、中性红等来指示终点。内指示剂虽然操作简单，但变色不够敏锐，所以应用相对较少。

《中国药典》采用永停滴定法和电位滴定法作为指示终点的方法，永停滴定法因其准确性和灵敏性较高，而得到了更为广泛的应用。

二、0.1mol/L 的亚硝酸钠滴定液

1. 配制　取亚硝酸钠 7.2g，加无水碳酸钠 0.10g，加水适量使溶解成 1000ml，摇匀即得。亚硝酸钠有引湿性，配制好的溶液在放置过程中浓度会逐渐变小，故配制时应加入少量稳定剂无水碳酸钠。亚硝酸钠溶液遇光易分解，应贮存于具玻璃塞的棕色玻璃瓶中，密闭保存。

2. 标定　取在 120℃干燥至恒重的基准对氨基苯磺酸约 0.5g，精密称定，加水 30ml 与浓氨试液 3ml，溶解后，加盐酸（1→2）20ml，搅拌，在 30℃以下用配好的亚硝酸钠滴定液迅速滴定，滴定时将滴定管尖端插入液面下约 2/3 处，随滴随搅拌；至近终点时，将滴定管尖端提出液面，用少量水洗涤尖端，洗液并入溶液中，继续缓缓滴定，用永停滴定法指示终点。根据亚硝酸钠滴定液的消耗量和对氨基苯磺酸的用量，即可求出其准确浓度。

亚硝酸钠滴定浓度的计算公式：

$$c_{NaNO_2}=\frac{m_{C_6H_7NO_3S}}{M_{C_6H_7NO_3S}\times V_{NaNO_2}\times 10^{-3}}$$

式中，c_{NaNO_2} 为亚硝酸钠滴定液的浓度，mol/L；$m_{C_6H_7NO_3S}$ 为对氨基苯磺酸的取用量，g；V_{NaNO_2} 为消耗亚硝酸钠滴定液的体积，ml；$M_{C_6H_7NO_3S}$ 为对氨基苯磺酸的摩尔质量，g/mol。

三、应 用 示 例

重氮化滴定法主要用于测定芳香族伯胺类药物，如盐酸普鲁卡因、苯佐卡因、氨苯砜、对氨基水杨酸钠、磺胺类药物等；亚硝基化滴定法主要用于测定芳香族仲胺类药物，如盐酸丁卡因。

例题 8-3　《中国药典》规定盐酸普鲁卡因的含量及测定方法：按干燥品计算，含 $C_{13}H_{20}N_2O_2\cdot HCl$ 不得少于 99.0%。

精密称取盐酸普鲁卡因 0.6008g 于 250ml 锥形瓶中，加水溶解，依照永停滴定法，在 15～25℃，用 0.1002mol/L 的亚硝酸钠滴定液滴定，达滴定终点时消耗亚硝酸钠滴定液 21.78ml，求盐酸普鲁卡因的含量。已知盐酸普鲁卡因的摩尔质量为 272.77g/mol，干燥失重为 0.3%。

解：含量计算公式：

$$m_{C_{13}H_{20}N_2O_2\cdot HCl}=c_{NaNO_2}V_{NaNO_2}\times 10^{-3}M_{C_{13}H_{20}N_2O_2\cdot HCl}$$

$$\omega_{C_{13}H_{20}N_2O_2\cdot HCl}=\frac{m_{测}}{m_{称}\times(1-干燥失重)}\times 100\%$$

$$=\frac{c_{NaNO_2}V_{NaNO_2}\times 10^{-3}\times M_{C_{13}H_{20}N_2O_2\cdot HCl}}{m_{称}\times(1-干燥失重)}\times 100\%$$

代入数据，计算得

$$\omega_{C_{13}H_{20}N_2O_2\cdot HCl} = \frac{0.1002 \times 21.78 \times 10^{-3} \times 272.77}{0.6008 \times (1-0.3\%)} \times 100\% = 99.4\%$$

自测题

一、单选题

1. 可以用直接法配制滴定液的是（　　）
   A. 重铬酸钾　B. 高锰酸钾
   C. 碘　D. 硫代硫酸钠
   E. 亚硝酸钠
2. 不属于氧化还原滴定法的是（　　）
   A. 银量法　B. 亚硝酸钠法
   C. 碘量法　D. 高锰酸钾法
   E. 重铬酸钾法
3. 用草酸钠标定高锰酸钾溶液，可选用的指示剂是（　　）
   A. 铬黑 T　B. 淀粉
   C. 自身指示剂　D. 二苯胺磺酸钠
   E. 酚酞
4. 在酸性介质中，用高锰酸钾溶液滴定草酸钠时，滴定速度（　　）
   A. 像酸碱滴定那样快速
   B. 始终缓慢
   C. 先快后慢
   D. 开始慢中间逐渐加快最后慢
   E. 开始快中间逐渐慢最后快
5. 高锰酸钾法测定过氧化氢含量时，调节酸度时应选用（　　）
   A. 盐酸　B. 乙酸
   C. 硫酸　D. 硝酸
   E. 氢氧化钠
6. 标定硫代硫酸钠溶液浓度时，不直接用重铬酸钾滴定硫代硫酸钠的原因是（　　）
   A. 反应没有确定的计量关系
   B. 反应速率太快
   C. 硫代硫酸钠易分解
   D. 重铬酸钾氧化能力较弱
   E. 二者不反应
7. 使用基准物质草酸钠标定高锰酸钾溶液时，加热溶液的目的是（　　）
   A. 使草酸钠较快分解
   B. 防止指示剂的封闭
   C. 使指示剂变色敏锐
   D. 加快滴定反应的速率
   E. 加热温度越高越准确
8. 下列滴定法中，不用另外加指示剂的是（　　）
   A. 重铬酸钾法　B. 亚硝酸钠法
   C. 直接碘量法　D. 高锰酸钾法
   E. 间接碘量法
9. 标定硫代硫酸钠滴定液时，可选用的基准物质是（　　）
   A. 高锰酸钾　B. 碘
   C. 重铬酸钾　D. 维生素 C
   E. 氯化钠
10. 间接碘量法中加入淀粉指示剂的适宜时间是（　　）
    A. 滴定开始前加入
    B. 滴定一半时加入
    C. 滴定近终点时加入
    D. 滴定终点时加入
    E. 无须加指示剂
11. 对于高锰酸钾滴定液的标定，下列叙述不正确的是（　　）
    A. 以草酸钠为基准物
    B. 滴定开始时，酸的浓度一般为 0.5～1.0mol/L
    C. 无须加指示剂
    D. 在硫酸溶液中进行
    E. 在盐酸溶液中进行
12. 配制碘滴定液时要加入一定量的碘化钾，其作用是（　　）
    A. 增加碘的氧化性
    B. 增加碘的还原性
    C. 增加碘在水中的溶解度
    D. 消除碘中氧化性杂质
    E. 防止碘被氧化
13. 间接法配制的滴定液是（　　）
    A. 重铬酸钾　B. 草酸钠
    C. 对氨基苯磺酸　D. 硫代硫酸钠
    E. 无水碳酸钠
14. 间接碘量法误差的主要来源（　　）
    A. 碘易挥发和 I^- 易被氧化
    B. 弱酸性
    C. 避光
    D. 使用碘瓶
    E. 弱碱性
15. 亚硝酸钠法主要用来测定什么的含量（　　）

A. 芳香族伯胺和芳香族仲胺
B. 脂肪族仲胺
C. 芳香醇
D. 铵盐
E. 脂肪族伯胺

二、简答题

1. 应用于氧化还原滴定法的反应需具备什么条件？
2. 高锰酸钾滴定液（0.02mol/L）如何配制？
3. 高锰酸钾法能否用硝酸或盐酸控制溶液的酸度？为什么？

三、计算题

1. 精密称取胆矾 0.5048g，溶解后，加入过量 KI 溶液，摇匀，立即用 $Na_2S_2O_3$ 滴定液（0.1002mol/L）滴定，消耗 $Na_2S_2O_3$ 滴定液 20.08ml，求算胆矾中 $CuSO_4 \cdot 5H_2O$ 的百分含量。（已知 $CuSO_4 \cdot 5H_2O$ 的摩尔质量为 249.68g/mol）。
2. 精密量取待标定碘滴定液 20ml，置碘瓶中，加水 80ml 与盐酸溶液（9→100）1ml，轻摇混匀，用硫代硫酸钠滴定液（0.1002mol/L）滴定至近终点时，加淀粉指示液 1.5ml，继续滴定至蓝色消失，消耗硫代硫酸钠滴定液 20.02ml。求算碘滴定液的浓度。

（潘立新）

项目9
重量分析法

学习目标

1. 知识目标： 掌握重量分析法的概念、分类和特点；熟悉沉淀重量法的概念、测定原理和方法要求；了解化学因数的概念、意义和计算方法。

2. 能力目标： 能够按照标准操作规程进行干燥失重测定，并会计算干燥失重测定的结果；会按照沉淀重量法操作规程测定相关药品的含量。

3. 素质目标： 培养学生科学的思维方式，提升学生的科学素养；强化规范操作的意识，促进团队协作精神的培养。

链接 水分重量控制在生活与工业生产应用中的重要性

在日常生活中及工业生产中，水分测定扮演着至关重要的角色。以茶叶储藏监测为例，控制茶叶中的水分含量能有效防止其霉变，保持其香气与口感，是茶农与茶商不可忽视的环节。蜂蜜质量检查中，水分含量是衡量蜂蜜纯度与保质期的重要指标，低水分蜂蜜更为纯正且不易发酵。在食品采购评估时，了解食材的水分状况能帮助消费者做出更健康的选择。此外，制药原料检测中，精确的水分测定以确保药品质量稳定，符合安全标准。可见水分重量控制在生活与工业生产应用中的重要性。

任务1 概 述

一、重量分析法的原理和测定

（一）重量分析法的原理

重量分析法属于化学定量分析法，是通过物理或化学反应将试样中的被测组分与其他组分分离后，转化为一定的称量形式，然后用称量的方法称得被测组分或它的难溶化合物的质量，计算出被测组分在试样中的百分含量。

（二）重量分析法的要求

1. 被测组分和其他组分能够用适当的方法完全分离。
2. 分离后，称量形式能够进行精密称定。
3. 称量形式与被测组分具有确定的计量关系。

（三）重量分析法的特点

1. 结果准确 重量分析法直接用分析天平称量测定，不需要用标准样品或基准物质进行比较，避免了因所用的容量仪器不准等引入的误差，所以准确度高。相对误差一般不超过±0.2%。有时，为核对其他分析方法的准确度，也常采用重量分析法的测定结果作为标准。

2. 操作烦琐 由于要经过分离、干燥、灼烧等步骤，该方法操作手续烦琐，耗时多，目前已逐渐被其他分析方法所代替。但对某些常量元素（如硅、硫、磷、钨、镍等）及水分、挥发物仍用重量分析法。

3. 适用于常量组分分析，微量组分分析误差较大。

（四）重量分析法的一般测定过程

重量分析法的一般测定过程主要包括称取供试品、分离、称量、记录计算、数据处理和结果判定等6个步骤。

1. 称取供试品 取规定量的供试品于容器中，精密称定。

2. 分离 根据物质的性质，采用适当的方法使被测组分和其他组分分离。

3. 称量 精密称定分离后的被测组分或衍生物的质量。

4. 记录计算 记录供试品和检验有关信息，通过分离前后的质量差异，求得被测组分的质量。

5. 数据处理 对结果的准确度进行评价。

6. 结果判定 将检验结果与质量标准进行对比，得出检验结论。

二、重量分析法的分类

根据待测组分与其他组分分离方法的不同，重量分析法可分为沉淀重量法、挥发重量法和萃取重量法。

（一）沉淀重量法

沉淀重量法是利用沉淀反应使待测组分生成溶解度很小的沉淀，将沉淀滤过、洗涤后，烘干或灼烧，然后称量其质量，计算被测组分的百分含量的方法。

沉淀重量法在药品检验中主要用于药物的含量测定及药物的纯度检查，如西瓜霜润喉片中 Na_2SO_4 的含量测定。

（二）挥发重量法

挥发重量法是利用物质的挥发性，通过加热或其他方法，使供试品中的被测组分与其他组分（或其衍生物）挥发而达到分离，然后通过称量来计算被测组分的百分含量的方法。

在药品检验中，应用挥发重量法进行分析的项目主要是检查项中的药品干燥失重测定、炽灼残渣检查、中药灰分测定、水分测定、含量测定等。

（三）萃取重量法

萃取重量法是利用待测组分与其他组分在互不相溶的两种溶剂中的溶解度不同，把被测组分从试样中定量转移至萃取剂中而与其他组分分离，然后蒸干萃取剂，称量干燥物，计算出被测组分在试样中的百分含量的方法。

萃取重量法除了可以进行组分的含量测定外，还可以用于制剂分析和中药分析中供试品的预处理。

重量分析法的分类见表9-1。

表9-1 重量分析法的分类

方法名称	分离方法	物质的性质	称量形式	在药品检验中的应用
沉淀重量法	沉淀	与沉淀剂生成难溶化合物	沉淀或其衍生物	药物的含量测定及药物的纯度检查
挥发重量法	加热或其他方法	挥发性	挥发物或衍生物或残留物	药品的干燥失重测定、炽灼残渣检查、中药灰分测定、水分测定、含量测定
萃取重量法	萃取	在互不相溶的两相中溶解度不同	萃取物	制剂分析和中药分析中供试品的预处理、含量测定

任务2 干燥失重测定法

案例 9-1

阿司匹林的干燥失重测定

取本品，置于五氧化二磷为干燥剂的干燥器中，在60℃减压干燥至恒重，减失质量不得超过0.5%。

问题： 1. 什么是干燥失重？干燥失重测定法属于哪一类重量分析法？为什么？

2. 什么是恒重？有何意义？

一、干燥失重测定法概述

（一）干燥失重的定义

干燥失重是指药品在规定的条件下干燥后减失的质量，测定结果用干燥失重率，即干燥失重在供试品中所占的百分率来表示。干燥失重是药品的检查项目之一，属于挥发重量法。

（二）干燥失重测定法的分类

根据干燥的方法不同，干燥失重测定法常分为以下几类。

1. 常压恒温干燥法 在干燥箱中，将供试品在规定温度下加热干燥的方法。它适用于受热较稳定的药品。除另有规定外，干燥温度为105℃。

2. 减压恒温干燥法 测定温度应按各品种项下的规定设置；除另有规定外，测定压力应在2.67kPa（20mmHg）以下。

3. 干燥剂干燥法

（1）常压干燥剂法 在室温或规定的温度下，在装有适当干燥剂的干燥器中将供试品干燥的方法。它适用于遇热不稳定的药品。常用的干燥剂有五氧化二磷、无水氯化钙和硅胶。

（2）减压干燥剂法 在室温或规定的温度下，在装有适当干燥剂的干燥器中，在真空状态下将供试品干燥的方法。它适用于遇热不稳定且水分较难除尽的药品。除另有规定外，压力应在2.67kPa（20mmHg）以下。常用的干燥剂是五氧化二磷。

（三）干燥失重测定法的原理

干燥失重测定法是利用挥发重量法测定药物在规定条件下，经干燥至恒重后所减失的质量，通常以百分率表示，主要用于控制药物中的水分或挥发性物质（如乙醇等）。

1. 被测组分 本法适用于水分、乙醇等挥发性物质。

2. 称量 供试品干燥前及干燥后的质量。

3. 结果计算

$$\text{干燥失重}(\%)=\frac{\text{供试品干燥前的质量}-\text{供试品干燥后的质量}}{\text{供试品干燥前的质量}}\times 100\% \qquad (9\text{-}1)$$

（四）干燥失重测定法的要求

1. 供试品不具有挥发性，在规定的干燥条件下性质稳定。

2. 挥发要完全，挥发是否完全通过是否干燥至恒重来衡量。

恒重，除另有规定外，系指供试品在规定的条件下连续两次干燥或炽灼后的质量差异在0.3mg以下的质量。

二、干燥失重测定法操作规程

（一）测定前的准备

1. 干燥失重测定法的主要仪器

（1）烘箱　最高使用温度为300℃，控温精度为±1℃。

（2）减压恒温干燥箱。

（3）分析天平　感量为0.1mg的电子天平。

（4）扁形称量瓶　适宜的规格。

（5）干燥器　常压干燥器或减压干燥器。

2. 干燥失重测定前准备

（1）烘箱　接通电源，打开加热开关，设定加热温度，控制温度在规定值。

（2）减压恒温干燥箱　接通电源，设定加热温度，调节真空度，控制温度、真空度在规定值。

（3）电子天平　检查调节水平，接通电源，预热，调节零点。

（4）空称量瓶的恒重　将适宜规格、洁净的扁形空称量瓶在与供试品相同的条件下干燥至恒重，精密称定，记为m_0，置于干燥器中备用。

（5）干燥器　检查干燥剂，清洁隔板，检查磨口盖的密封程度。

（6）供试品　供试品应混合均匀。若颗粒较大，研细至颗粒直径在2mm以下，混合均匀。

（二）称取供试品

取约1g或规定量的供试品，置于恒重的空称量瓶内，精密称定，记为$m_{供试品}$。干燥失重＞1%者，平行称取2份。

（三）干燥

1. 供试品的厚度　将供试品置于适宜规格的扁形称量瓶中，厚度不得超过5mm，若供试品为疏松物质，则厚度不得超过10mm。

2. 称量瓶盖的放置　将称量瓶置于烘箱内，瓶盖半开或瓶盖置于瓶身旁边。取出时，须将称量瓶盖好。

3. 干燥温度　烘箱干燥法，除另有规定外，干燥温度为105℃。减压恒温干燥法，除另有规定外，压力在2.67kPa（20mmHg）以下。

4. 干燥时间　干燥时间应大于1h或按规定时间干燥。

（四）称量

常压（减压）恒温干燥法：自烘箱取出后，先置于干燥器中冷却至室温后，盖好瓶盖，再精密称定。

干燥剂干燥法：盖好瓶盖，从干燥器中取出即可称量。

（五）恒重

重复干燥、称量操作，直至恒重，记为$m_{(供试品+称量瓶)}$。第二次及以后的各次称量均应在继续干燥1h后进行。

（六）记录与数据处理

1. 记录

干燥失重测定记录见表9-2。

表 9-2　干燥失重测定记录

供试品名称				测定日期	
生产厂家				批号	
干燥温度/℃		压力		干燥剂	
供试品的质量		$m_{供试品1}$=________g		$m_{供试品2}$=________g	
空称量瓶（m_0）=________g		$m_{(供试品+称量瓶)1}$=________g		$m_{(供试品+称量瓶)2}$=________g	
干燥时间/min	冷却时间/min	干燥时间/min	冷却时间/min	干燥时间/min	冷却时间/min

2. 数据处理　干燥失重的计算公式为

$$干燥失重(\%)=\frac{m_{供试品}+m_0-m_{(供试品+称量瓶)}}{m_{供试品}}\times 100\% \quad (9\text{-}2)$$

计算结果按有效数字和数值的修约及其运算法则进行修约，使其与标准中规定限度的有效位数相一致。

3. 结论　计算结果小于或等于限度值时，判为符合规定；计算结果大于限度值时，判为不符合规定。

三、干燥失重测定在药品检验中的应用

（一）应用实例

例题 9-1　利巴韦林的干燥失重测定：取本品约 1g，置于干燥至恒重的扁形称量瓶中，精密称定，平铺在扁形称量瓶中，厚度不可超过 5mm。放入烘箱时，将瓶盖取下，置称量瓶旁，或将瓶盖半开进行干燥；取出时，须将称量瓶盖好。置烘箱内干燥的供试品，应在干燥后取出置干燥器中放冷，然后称定重量。

讨论互动：

1. 上述实例中，药品干燥时的厚度为什么不可超过 5mm？
2. 干燥后的供试品可以直接称量吗？如果在空气中冷却，对分析结果会产生什么影响？
3. 恒重操作时，第二次干燥的时间是多少？若干燥时间不足，会产生什么影响？
4. 计算利巴韦林的水分百分含量。

（二）实例测定记录

干燥失重测定记录见表 9-3。

表 9-3　干燥失重测定记录表

供试品干燥前的质量/g	$m_{(干燥前)1}$=1.0012	$m_{(干燥前)2}$=1.0035	$m_{(干燥前)3}$=1.0030
供试品干燥后的质量/g	$m_{(干燥后)1}$=1.0001	$m_{(干燥后)2}$=1.0014	$m_{(干燥后)3}$=1.0011
干燥失重/%	0.23	0.21	0.19
相对平均偏差 RSD/%	6.67		
结论	干燥失重小于 0.5%，符合《中国药典》（2025 年版）规定		

链接　炽灼残渣检查法与灰分测定法

1. 炽灼残渣检查法　炽灼残渣是指将药品（有机化合物）经加热灼烧至完全灰化，再加硫酸 0.5～1.0ml 并炽灼至恒重后遗留的金属氧化物或其硫酸盐。具体操作和要求详见《中国药典》（2025 年版）通则 0841。

2. 灰分测定法　灰分是指药物经高温炽灼后残留的金属氧化物和无机盐。灰分的含量反映了药物含无

机杂质的多少，是药物杂质的一个检查项目。灰分的测定包括总灰分测定和酸不溶性灰分测定两种方法。具体操作和要求详见《中国药典》(2025年版）通则2302。

任务3　沉淀重量法

一、沉淀重量法的分析原理

在沉淀重量法中，向试液中加入适当的沉淀剂，使被测组分沉淀出来，这样获得的沉淀称为沉淀形式。沉淀形式经过滤、洗涤、烘干或灼烧后，供最后称量的物质，称为称量形式。沉淀形式和称量形式的化学组成可以相同，也可以不同。例如，用 $BaSO_4$ 沉淀重量法测定 SO_4^{2-} 的含量，沉淀形式和称量形式都是 $BaSO_4$，两者相同；但用 CaC_2O_4 沉淀重量法测定 Ca^{2+} 的含量时，沉淀形式是 $CaC_2O_4 \cdot H_2O$，经灼烧后称量形式为 CaO，沉淀形式和称量形式不同。

（一）化学因数

1. 化学因数的定义　化学因数也称换算因数，指被测组分的摩尔质量与称量形式的摩尔质量之比，是一常数，用符号 F 表示。

$$F = \frac{a \times \text{被测组分的摩尔质量}}{b \times \text{称量形式的摩尔质量}} \tag{9-3}$$

式中，a、b 为被测组分和称量形式的系数，乘以系数后使得分子与分母中含被测元素的原子数相等。

2. 化学因数值的意义　化学因数值定量反映了被测组分和称量形式之间的质量关系，是沉淀重量法测定结果的计算依据。

计算过程见表9-4。

表9-4　化学因数的计算

被测组分	沉淀形式	称量形式	F表达式	F值
2Fe	$2Fe(OH)_3 \cdot xH_2O$	Fe_2O_3	$\frac{2 \times M_{Fe}}{1 \times M_{Fe_2O_3}}$	0.6994
Na_2SO_4	$BaSO_4$	$BaSO_4$	$\frac{1 \times M_{Na_2SO_4}}{1 \times M_{BaSO_4}}$	0.6086
2MgO	$2MgNH_4PO_4 \cdot 6H_2O$	$Mg_2P_2O_7$	$\frac{2 \times M_{MgO}}{1 \times M_{Mg_2P_2O_7}}$	0.3622

（二）结果计算

计算公式为

$$\text{被测组分的含量(\%)} = \frac{F \times m_{\text{称量形式}}}{m_{\text{供试品}}} \times 100\% \tag{9-4}$$

二、沉淀重量法的测定条件

（一）沉淀形式

1. 沉淀的分类　沉淀分为晶形沉淀和非晶形沉淀。晶形沉淀由较大的颗粒（颗粒直径为0.1～1μm）组成，内部排列较规则，结构紧密，体积较小，易过滤和洗涤。非晶形沉淀由许多疏松、微小的沉淀颗粒（颗粒直径一般小于0.02μm）聚集而成，沉淀颗粒排列杂乱无章，包含大量数目不定的水分子，絮状疏松，体积大，易吸附杂质，难于过滤和洗涤。

2. 沉淀重量法对沉淀形式的要求 沉淀重量法中，沉淀的目的是将被测组分转变为难溶化合物，以实现被测组分和其他组分的分离。因此，制备沉淀时要求如下。

（1）被测组分要全部转变为沉淀，否则将会导致测定结果偏低，产生较大的负误差。被测组分转变为沉淀的完全程度用沉淀的溶解度来表示。沉淀的溶解度越小，说明被测组分反应越完全，转变为沉淀的程度越高。为使被测组分沉淀完全，应注意以下问题。

1）选择合适的沉淀剂，使被测组分和沉淀剂生成溶解度很小的沉淀。沉淀的溶解量应小于0.2mg。

2）加入过量的沉淀剂。根据溶度积规则，当沉淀反应达到平衡时，溶液中离子的浓度积为一常数。因此，加入适当过量的沉淀剂，可以使被测组分离子几乎全部转变为沉淀，相当于使沉淀的溶解度降低，这种现象称为同离子效应。一般情况下，沉淀剂应过量50%～100%。若沉淀剂不易挥发，在干燥或灼烧时不易除去，应以过量20%～30%为宜。

3）盐效应、酸效应、配位效应等副反应，可使沉淀的溶解度增大。一般情况下，温度升高，沉淀的溶解度增大。

（2）沉淀要纯净，否则将会使测定结果偏高，产生较大的正误差。影响沉淀纯净的因素主要是共沉淀。共沉淀是当被测组分与沉淀剂生成的沉淀从溶液中析出时，溶液中共存的其他可溶性组分也夹杂在该沉淀中一起析出的现象。产生共沉淀的原因包括表面吸附、包埋或吸留、形成混晶。

（3）沉淀要易于过滤和洗涤，否则将给操作带来极大的困难。

3. 理想的沉淀的制备 为了获得纯净、易于过滤和洗涤的沉淀，对于不同类型的沉淀，应采取不同的沉淀条件。

（1）理想的晶形沉淀的制备条件 理想的晶形沉淀的制备条件可以用5个字概括：稀、热、慢、搅、陈。①稀：沉淀的制备在适当的稀溶液中进行。②热：沉淀的制备在适当的热溶液中进行。③慢、搅：在不断搅拌下，慢慢加入沉淀剂。④陈：陈化，指沉淀完成后，将沉淀和母液共同放置的过程。

陈化可使小沉淀颗粒溶解，大颗粒进一步长大，以减少吸附和内部吸留，并易于过滤和洗涤。陈化一般需要十几个小时，若在水浴上加热并不断搅拌，仅需1～2h。

（2）理想的非晶形沉淀的制备条件 ①在浓度较高的热溶液中进行沉淀。②不断搅拌，适当加快加入沉淀剂的速度。③加入大量电解质，防止胶体形成，降低水化程度。④趁热滤过，不需陈化。

（二）称量形式

被测组分和沉淀剂反应生成沉淀，沉淀经处理后转变为称量形式。称取称量形式的质量，依据化学因数，即可求出供试品中被测组分的质量。为保证分析结果的准确度，称量形式应符合以下要求。

1. 组成确定且与化学式完全相符，否则无法计算分析结果。
2. 称量形式和被测组分之间具有确定的化学计量关系。
3. 稳定性要高，不易吸收空气中的水分和二氧化碳，不易被空气中的氧所氧化，能够准确称量。
4. 摩尔质量要大，这样可增大称量形式的质量，减小称量的相对误差，提高分析结果的准确度。

自测题

一、单选题

1. 恒量是指供试品连续两次干燥后称重的差异不大于（　　）

A. 0.1mg　B. 0.3mg

C. 0.5mg　D. 1mg

E. 1.2mg

2. 重量分析法的测定过程不包括（　　）

A. 称取供试品　B. 转化为晶形沉淀

C. 记录计算　D. 数据处理

E. 结果判定

3. 下列哪个条件有利于晶形沉淀的制备（　　）
A. 浓溶液　B. 陈化
C. 快速加入沉淀剂　D. 加电解质溶液
E. 冷却溶液

4. 下列哪个条件有利于非晶形沉淀的制备（　　）
A. 稀溶液　B. 陈化
C. 缓慢加入沉淀剂　D. 加入大量电解质溶液
E. 在热溶液中制备

5. 被测组分和沉淀剂反应生成沉淀，沉淀经处理后转变为称量形式，称量形式应符合哪些要求（　　）
A. 称量形式和被测组分之间具有确定的化学计量关系
B. 在空气中性质稳定，能够准确称量
C. 化学式量较大
D. 组成确定且与化学式完全相符
E. 以上均是

6. 常压恒温干燥法中，除另有规定外，干燥温度为（　　）
A. 102℃　B. 103℃
C. 104℃　D. 105℃
E. 106℃

7. 减压干燥剂法常用的干燥剂是（　　）
A. 无水氯化钙　B. 硅胶
C. 硫酸铝　D. 五氧化二磷
E. 碳酸钙

8. 减压恒温干燥法压力应在（　　）以下
A. 2.76kPa　B. 2.67kPa
C. 2.77kPa　D. 2.87kPa
E. 26.7kPa

9. 将供试品置于适宜规格的扁形称量瓶中干燥，厚度不得超过（　　）
A. 2mm　B. 3mm
C. 4mm　D. 5mm
E. 6mm

10. 被测组分转变为沉淀的完全程度用沉淀的溶解度来表示，沉淀的溶解量应小于（　　）
A. 0.2mg　B. 0.3mg
C. 0.4mg　D. 0.5mg
E. 0.6mg

二、简答题

1. 简述沉淀形式与称量形式的区别和联系。
2. 简述沉淀重量法中对沉淀形式的要求。

三、计算题

准确称取含铁样品 0.2012g，经重量分析得到 0.1103g Fe_2O_3，试计算样品中 FeO 的含量。（已知 M_{FeO} =71.85g/ mol，$M_{Fe_2O_3}$ =159.7g/mol）

（杨　栩）

项目10
电化学分析法

学习目标

1. 知识目标： 掌握指示电极和参比电极的概念及分类，pH 计的使用，电位滴定法的原理及测定方法，永停滴定法的原理及测定方法；熟悉直接电位测定 pH 原理；了解电化学分析法的概念和分类。

2. 能力目标： 会应用酸度计测定溶液的 pH，会使用永停滴定仪进行永停滴定操作和判断滴定终点。

3. 素质目标： 通过理论联系实际激发学生的学习兴趣，从单一知识、技能转向综合素质，从感性认识上升到理性认识，从而培养学生创新、团结协作的精神，以及实事求是、严谨认真的科学素养。

案例 10-1

头孢克洛原料酸度的测定

头孢克洛是β-内酰胺类抗生素，是第二代头孢菌素类药物的代表，主要适用于敏感菌所致的急性咽炎、急性扁桃体炎、中耳炎、支气管炎、肺炎等呼吸道感染、皮肤软组织感染和尿路感染等。

取本品，加水制成每 1ml 中含 25mg 的混悬液，依法测定，pH 应为 3.0～4.5。

问题： 1.《中国药典》（2025 年版）中头孢克洛原料酸度的测定选用了什么仪器？

2. 在 pH 值测定法中使用了哪些试剂？具体是如何操作的？

电化学分析法具有良好的选择性和灵敏度，所需的仪器设备简单，操作简便，并具有连续、快速和自动测量等优点，因此应用广泛。

任务1　概　　述

电化学分析法是根据电化学原理和物质的电化学性质进行分析的方法，即以试样溶液和适当的电极构成化学电池，根据电池电化学参数的强度或变化情况对被测组分进行分析的方法。

一、化 学 电 池

电化学分析法的基本装置是化学电池，它是一种电化学反应器。该装置由两个电极插入适当的电解质溶液中组成，电极上会发生电化学反应。根据电极反应是否自发进行，化学电池可分为原电池和电解池两类。

（一）原电池

原电池是将化学能转变成电能的装置，其电极反应是自发进行的。现以铜-锌原电池为例说明原电池的原理，如图 10-1A 所示。

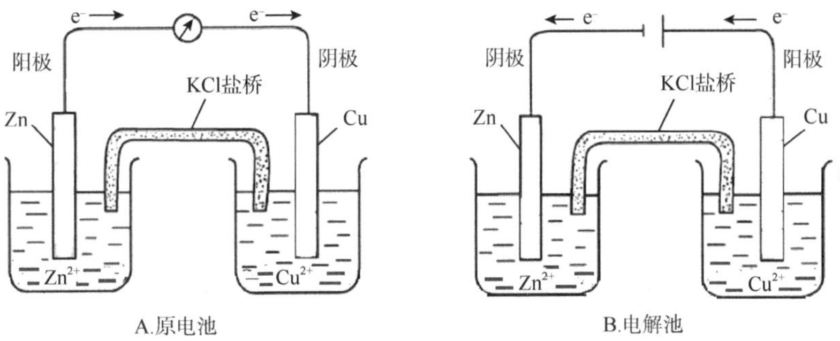

图 10-1 Cu-Zn 化学电池

在原电池中，两电极的电极反应（半电池反应）如下：

锌电极（负极）反应为 $Zn - 2e^- \rightleftharpoons Zn^{2+}$ 发生氧化反应

铜电极（正极）反应为 $Cu^{2+} + 2e^- \rightleftharpoons Cu$ 发生还原反应

电池反应为 $Zn + Cu^{2+} \rightleftharpoons Zn^{2+} + Cu$

上述原电池可用简式表示为 $(-)\,Zn\,|\,Zn^{2+}(a_{Zn^{2+}})\,||\,Cu^{2+}(a_{Cu^{2+}})\,|\,Cu(+)$

根据规定，用“–”表示负极，写在左边，负极上发生氧化反应；用“+”表示正极，写在右边，正极上发生还原反应；电极的两相界面和不相混溶的两溶液之间的界面，用“|”或“,”表示；连接两溶液、消除液接电位的盐桥连接用“||”表示；电池中的溶液应注明活度（*a*），如有气体应注明温度和压力，如不注明，系指 25℃及 101.33kPa；固体、单质或纯液体的活度规定为 1；气体或均相的电极反应，不能单独组成电极，须同时使用惰性导体（如铂、金或碳等）以传导电流。

原电池的每个半电池中，都包含有同一元素的不同氧化数的两种物质，其中氧化数高的物质称为氧化型（或氧化态），用符号 OX 表示，氧化数低的物质称为还原型（或还原态），用符号 Red 表示。半电池中的氧化型物质和还原型物质构成一个氧化还原电对（简称电对），用符号 OX/Red 表示。如 Cu-Zn 原电池的两电对分别为 Zn^{2+}/Zn 和 Cu^{2+}/Cu。氧化还原电对组成的电极的电位称为电极电位，用 $E_{OX/Red}$ 符号表示。在任意状态下，某个氧化还原电对的电极电位值可根据能斯特方程式求得。

1. 能斯特方程的一般表达式 一个可逆氧化还原反应的半反应均用还原反应表示，反应通式为

$$OX + ne^- \rightleftharpoons Red$$

电极电位用能斯特（Nernst）方程表示为

$$E_{OX/Red} = E^{\ominus}_{OX/Red} + \frac{RT}{nF}\lg\frac{a_{OX}}{a_{Red}}$$

式中，a_{OX}、a_{Red} 分别为氧化型和还原型的活度；*R* 为气体常数，8.3143J/（K·mol）；*T* 为绝对温度，（273.15+*t*）K；*n* 为电极反应得失电子数；*F* 为法拉第常数，96 487C/mol；$E^{\ominus}_{OX/Red}$ 为标准电极电位。

2. 能斯特方程的常用表达式 当温度为 298.15K 时，将上述常数代入一般表达式，并将自然对数换算为常用对数，得到的能斯特方程的常用表达式为

$$E_{OX/Red} = E^{\ominus}_{OX/Red} + \frac{0.059}{n}\lg\frac{a_{OX}}{a_{Red}}$$

3. 能斯特方程的书写规则

（1）$\frac{a_{OX}}{a_{Red}}$ 为电极还原反应式左边的物质的活度（包括反应式中的 H^+ 或 OH^-）的乘积与电极反应式右边的物质的活度（包括反应式中的 H^+ 或 OH^-）的乘积之比。

（2）活度的方次等于电极反应中的系数。

（3）活度单位为 mol/L。

（4）凡固体物质及单质、纯液体，活度规定为 1。

（二）电解池

电解池是将电能转变成化学能的装置，电解池的电极反应不能自发进行，只有在两个电极上外加一定电压后才能发生。在图 10-1B 电池的外电路中加一电源，使电源的正极接在铜电极上，负极接在锌电极上。与电池正极相连的电极称为阳极，与电池负极相连接的电极称为阴极。电流由阳极通过溶液流向阴极，电子则由阴极通过导线流向阳极。两电极上的反应为

铜电极（阳极）反应为 $Cu - 2e^- \rightleftharpoons Cu^{2+}$ 发生氧化反应

锌电极（阴极）反应为 $Zn^{2+} + 2e^- \rightleftharpoons Zn$ 发生还原反应

二、指示电极和参比电极

根据电极的作用不同，电位分析法中使用的电极可分为指示电极和参比电极。

（一）指示电极

电极电位随被测离子浓（活）度的变化而改变的电极称为指示电极。常用的指示电极主要有金属基电极和离子选择性电极两大类。

1. 金属基电极 是以金属为基体的电极，电极电位建立是基于电子转移反应，是电位法中最早使用的电极。主要有金属-金属离子电极、金属-金属难溶盐电极、惰性金属电极三类。

（1）金属-金属离子电极 又称为第一类电极，是将金属浸入含有该金属离子的溶液中构成，用 $M|M^{n+}$表示。以 $Ag|Ag^+$电极为例，将银丝插入 Ag^+溶液中，电极反应为

$$Ag^+ + e^- \rightleftharpoons Ag$$

电极电位为

$$E_{Ag^+/Ag} = E^{\ominus}_{Ag^+/Ag} + 0.059\lg a_{Ag^+} \quad (25℃)$$

（2）金属-金属难溶盐电极 又称为第二类电极，是由金属表面带有该金属难溶盐的涂层，浸入与其难溶盐有相同阴离子的溶液中组成，用 $M|M_mX_n|X^{m-}$表示这类电极。以 $Ag|AgCl|Cl^-$为例，将表面沉积有一层氯化银的银丝浸入 NaCl 溶液中，电极反应为

$$AgCl + e^- \rightleftharpoons Ag + Cl^-$$

电极电位为

$$E_{AgCl/Ag} = E^{\ominus}_{AgCl} + 0.059\lg a_{Cl^-} \quad (25℃)$$

（3）惰性金属电极 又称为零类电极，是指将惰性金属如 Pt 插入含有可溶性氧化态或还原态的溶液中组成，且金属 Pt 不参加电极反应，仅传导电子。以 $Pt|I_2$，I^-为例，将 Pt 电极插入含 I_2 和 I^-的溶液中，电极反应为

$$I_2 + 2e^- \rightleftharpoons 2I^-$$

电极电位为

$$E_{I_2/I^-} = E^{\ominus}_{I_2/I^-} + 0.0296\lg\frac{a_{I_2}}{a_{I^-}^2} \quad (25℃)$$

2. 离子选择性电极 也称为膜电极，通常作为指示电极。对膜内、外溶液中的离子有选择性响应，

通过离子交换或扩散作用在膜两侧产生电位差，达到交换平衡后形成稳定的膜电位。玻璃电极是最早出现的膜电极，它的核心部分是玻璃膜。玻璃电极是电位法测定溶液 pH 最常用的指示电极。

（1）玻璃电极的构造　由特殊组成的玻璃材料制成，把这种玻璃连接在厚壁硬质玻璃管的一端，吹制成厚度为 0.05～0.1mm 的球形膜，膜内装有缓冲溶液，在溶液中插入一支银-氯化银电极作为内参比电极，如图 10-2 所示。电极表示为

$$Ag\,|\,AgCl,\ Cl^-\ (c_{内部}),\ H^+\ (c_{内部})\,|玻璃膜|\,H^+\ (c_{外部})$$

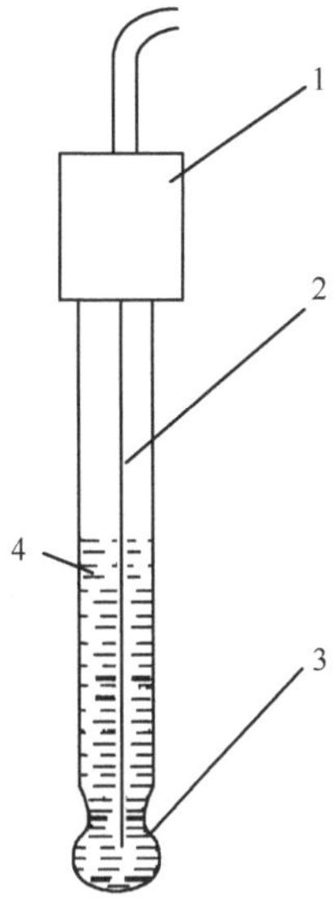

图 10-2　玻璃电极

1. 绝缘套；2. Ag-AgCl 电极；3. 玻璃膜；4. 内部缓冲溶液

（2）玻璃电极的电极电位　其膜电位的产生是由于溶液中的 H^+与玻璃膜中的 Na^+发生离子扩散和交换的结果。

玻璃膜进入水溶液中后，溶液中的 H^+可进入玻璃膜与晶格内的 Na^+进行交换，但其他高价阳离子和阴离子都不能进出晶格。由于溶液中和水化凝胶层中的 H^+浓度不同，H^+将由浓度高的一方向浓度低的一方扩散，剩下过剩的阴离子在溶液中，最后达到动态平衡，在两相界面上形成双电层，产生电位差即相界电位。

球形膜有内、外界面，内部参比溶液和内膜水化层界面上产生的相界电位称为内膜电位，用 $E_{内膜}$ 表示。外部溶液和外膜水化层界面上的相界电位称为外膜电位，用 $E_{外膜}$ 表示。玻璃电极的膜电位为内、外膜电位之差。

$$玻璃电极的电极电位为\ E_{玻} = E_{膜} + E_{内参} = E^{\ominus}_{玻} - 0.059\text{pH}\ (25℃)$$

玻璃电极的电位与外部溶液 pH 为线性关系，符合能斯特方程式，可作为溶液中 H^+浓度的指示电极，用于测定溶液 pH。

（3）酸差和碱差　玻璃电极的电位与溶液 pH 的关系只在一定范围内符合能斯特方程式，可按直线关系准确进行测定，在强酸或强碱溶液中，则偏离直线关系，产生误差。当 pH＞9 时，由于 Na^+相当于 H^+也向凝胶层扩散，使测得的 pH 低于真值，产生负误差，称为碱差或钠差。当 pH＜1 时，水分子与 H^+结合，使测得的 pH 高于真值，产生正误差，称为酸差。

（4）不对称电位　从理论上讲，当玻璃膜内外溶液的 pH 相同时，膜电位应该为零，但实际上往往有 1～30mV 的电位差，称为不对称电位。其原因可能是由于制造时玻璃膜两侧的表面张力不均，或是玻璃受机械或化学侵蚀，以及表面被吸附物质沾污等。玻璃电极在刚浸入溶液中时，不对称电位往往较大，但会随着浸泡时间的延长会逐渐减小，并达到恒定。

（5）使用温度　玻璃电极一般使用温度为 5～45℃。较低温度使用内阻增大，测定困难；温度过高，电极使用寿命下降。

（6）使用注意事项　玻璃电极在使用前必须在纯化水中浸泡 24h 以上；玻璃电极可用于有色、浑浊液、胶体溶液的 pH 测定，不能测定含有氟化物的待测溶液，以免腐蚀玻璃；不能用硫酸或乙醇洗涤；由于玻璃电极非常薄，使用时要特别小心，防止由于操作不慎而破裂；所选标准缓冲溶液的 pH 应尽量与待测溶液的 pH 接近，一般不应相差 3 个 pH 单位；标准缓冲溶液与待测溶液的温度必须相同。

（二）参比电极

在恒温恒压条件下，电极电位不随溶液中被测离子浓（活）度的变化而变化，具有恒定电位数值

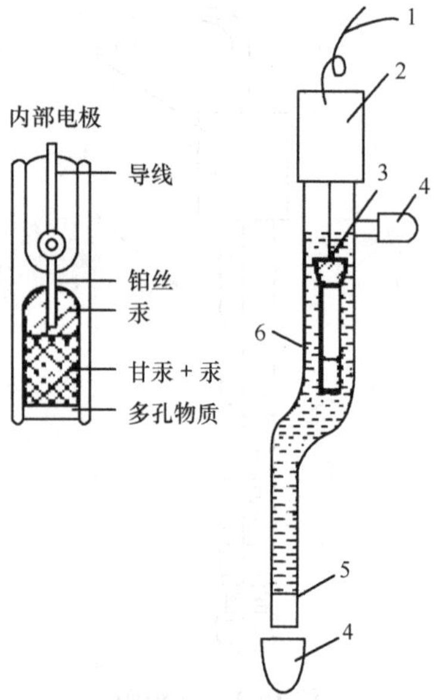

图 10-3 饱和甘汞电极

1. 导线；2. 绝缘体；3. 内部电极；4. 橡皮帽；5. 多孔物质；6. 饱和 KCl 溶液

的电极称为参比电极。参比电极可以作为指示电极电位的测量基准。目前实验室常用的参比电极是饱和甘汞电极和 Ag-AgCl 电极。

1. 甘汞电极 由金属汞、甘汞（Hg_2Cl_2）和 KCl 溶液组成，电极用 $Hg|Hg_2Cl_2$（s）|KCl 表示。甘汞电极由内、外两个玻璃管组成，内管盛 Hg 和 Hg-Hg_2Cl_2 的糊状混合物，下端用石棉或纸浆类多孔物质堵住，组成内部电极，上端封入一段铂丝与导线连接。外部套管内盛有 KCl 溶液，电极下部与待测试液接触部分是用素烧瓷等微孔物质作隔离层，其作用是能阻止电极内外溶液的相互混合，又为内外溶液提供离子的通道，兼作测量电位时的盐桥，如图 10-3 所示。

电极反应如下

$$Hg_2Cl_2 + 2e^- \rightleftharpoons 2Hg + 2Cl^-$$

25℃时，电极电位表示为

$$E_{Hg_2Cl_2/Hg} = E^{\ominus}_{Hg_2Cl_2/Hg} - 0.059\lg a_{Cl^-}$$

甘汞电极的电极电位取决于 KCl 的浓度，不同浓度的 KCl 对应的甘汞电极的电位，见表 10-1。其中饱和甘汞电极（SCE）是在电位法测定中最常用的参比电极。

表 10-1 不同浓度 KCl 溶液的甘汞电极的电极电位（25℃）

项目	数值		
KCl 溶液浓度/（mol/L）	0.1	1.0	饱和
电极电位/V	+0.3337	+0.2801	+0.2412

2. Ag-AgCl 电极 由覆上一层 AgCl 的银丝浸入一定浓度的 KCl 溶液组成。电极内充溶液用素烧瓷或其他合适的微孔材料做隔层与待测溶液隔开，其作用是阻止电极内外溶液互相混合，如图 10-4 所示。银-氯化银电极可表示为 Ag|AgCl|KCl 溶液。

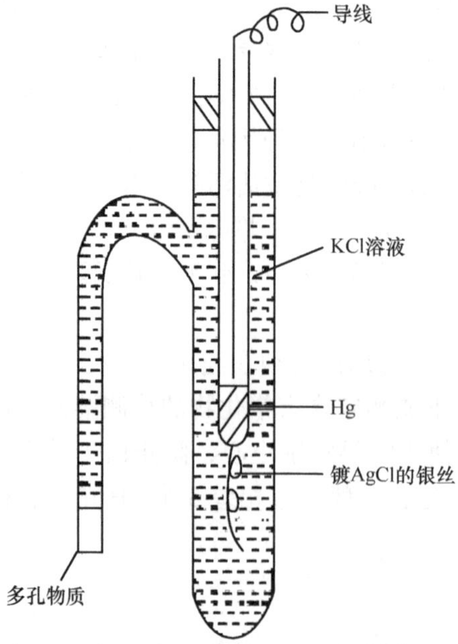

图 10-4 银-氯化银电极

电极反应为　　　　　　　　　　$AgCl + e^- \rightleftharpoons Ag + Cl^-$

在25℃时，电极电位为　　　　$E_{AgCl/Ag} = E^{\ominus}_{AgCl/Ag} - 0.059\lg a_{Cl^-}$

与甘汞电极一样，Ag-AgCl 电极的电位也取决于 KCl 的浓度。不同浓度的 KCl 溶液的 Ag-AgCl 电极电位，见表 10-2。

表 10-2　不同浓度 KCl 溶液的 Ag-AgCl 电极的电极电位（25℃）

项目	数值		
KCl 溶液浓度/（mol/L）	0.1	1.0	饱和
电极电位/V	+0.288	+0.222	+0.199

甘汞电极使用注意事项：甘汞电极在高温时易发生歧化反应，因此使用温度不得超过80℃；甘汞电极不宜用在强酸强碱性介质中；用前应取下电极下端及上侧加液口的胶帽，不用时应及时戴上；饱和甘汞电极内的溶液必须是 KCl 饱和溶液，因此在溶液内应存在少量 KCl 晶体；电极内部溶液太少时应及时补充，电极内部溶液的液面应始终高于供试品溶液液面以减少误差。

任务2　直接电位法

直接电位法是根据电池电动势与待测组分的浓（或活）度之间的关系（能斯特方程），求算待测离子浓（或活）度的方法。该法常用于溶液 pH 的测定和其他离子浓（或活）度的测定。

一、溶液 pH 的测定

直接电位法测定溶液的 pH，选用饱和甘汞电极（SCE）做参比电极，选用玻璃电极（GE）做指示电极。

（一）测量原理和方法

1. 测量原理　测定时，用玻璃电极作指示电极，饱和甘汞电极作参比电极，与待测溶液组成一个原电池，记为

（–）玻璃电极 | 待测溶液 | 饱和甘汞电极（+）

电池电动势与溶液 pH 的关系符合能斯特方程式为

$$E = E_{SCE} - E_{GE} = K + 0.059\text{pH}\quad(25℃)$$

在玻璃电极、饱和甘汞电极与待测溶液组成的原电池电动势和溶液 pH 的关系中，如果常数 K 确定，玻璃电极的斜率与理论值一致，那么，根据测量得到的电动势即可直接计算溶液的 pH，计算公式如下

$$\text{pH} = \frac{E - K}{0.059}$$

实际测量时，虽然 K 值对同一支玻璃电极来说是一定值，但对同一种玻璃吹制的多支玻璃电极，由于内充溶液 pH、Cl^-浓度的差异及吹制时造成的玻璃膜表面状态的差异，K 值会有不同。即使是同一支玻璃电极，随电极使用时间的增加，K 值会发生微小的变动，且变动值不易被准确测定。故实际工作中常采用“两次测量法”或“两次校正法”测定溶液 pH。

2. 溶液 pH 的测定方法

（1）两次测量法　在测定溶液 pH 时，使用同一对玻璃电极和饱和甘汞电极，在温度相同的条件下，进行两次测量。

第一次，将电极插入准确 pH 的标准缓冲溶液中，测得的电池电动势为

$$E_s = K_s + 0.059pH_s$$

第二次，将电极插入未知 pH 的待测溶液中，测得的电池电动势为

$$E_x = K_x + 0.059pH_x$$

由于是同样的电极系统，故式中的 $K_s = K_x$，且 K_s、K_x、pH_s 均为已知值，两式相减后，即可计算出待测溶液的 pH 为

$$pH_x = pH_s + \frac{E_x - E_s}{0.059} \quad (25℃)$$

按照“两次测量法”的公式计算待测溶液的 pH，只要知道 E_s、E_x 的测量值和标准缓冲溶液的 pH_s，无须知道 K 的具体数值，因此可以消除由于 K 值的不确定性带来的误差。

需注意的是，饱和甘汞电极在标准缓冲溶液和待测溶液中的液接电位往往不同，由此会引起误差。但若测量选用的标准缓冲溶液的 pH 尽可能接近样品溶液的 pH（ $\Delta pH<3$ ），则液接电位不同引起的误差可忽略不计。

（2）两次校正法　溶液的 pH 随温度变化会有微小的变化，酸度计上装有温度补偿器，测定前，将温度补偿器调至被测溶液温度。

1）第一次校正：用一准确 pH 的标准缓冲溶液与玻璃电极和饱和甘汞电极组成原电池，由于不对称电位对 pH 的测定有影响，第一次校正时，调节“定位”旋钮，使仪器读数恰好与该标准缓冲溶液在测定温度下的 pH 一致，即可消除不对称电位的影响。

$$E_{s1} = K_{s1} + 0.059pH_{s1}$$

2）第二次校正：用另一准确 pH 的标准缓冲溶液与玻璃电极和饱和甘汞电极组成原电池，调节“斜率”旋钮，使仪器读数恰好与该标准缓冲溶液在测定温度下的 pH 一致，即可抵消斜率不一致引起的误差。

$$E_{s2} = K_{s1} + 0.059pH_{s2}$$

用待测溶液与玻璃电极和饱和甘汞电极组成原电池，测定其电动势，即可得到待测溶液的 pH。

$$E_x = K_{s1} + 0.059pH_x$$

$$pH_x = pH_{s2} + \frac{E_x - E_{s2}}{0.059}$$

两次校正法不仅可以消除由于 K 值不确定带来的误差，而且可以消除电极斜率与理论值不一致而引起的误差，使测定结果的准确度更高。

《中国药典》规定，直接电位法测定溶液的 pH 采用两次校正法。

（二）应用

溶液 pH 的测定，在药学领域具有很重要的意义。例如，合成或分析反应条件的控制，注射液、滴眼液或其他药剂的配制，经常需要测定 pH。pH 测定有多种方法，用 pH 试纸或比色法测定溶液的 pH，但准确度较差，一般能准确到 0.1～0.3pH 单位；用电位法测定溶液的 pH 则较精密，可准确到 0.01pH 单位。

二、酸度计

（一）概念

酸度计（pH 计）是一种专门设计用于通过玻璃电极测量溶液 pH 的电位计，其特点是具有很大的输入阻抗。该仪器不仅能够测量电动势，还能直接将电动势转换为对应的 pH，从而提供便捷的 pH 测量功能。

（二）酸度计的种类

目前国产酸度计常用的有25型、pHS-2型、pHS-3型等，它们的主要差异是测量精度不同。测量精度有±0.2pH、±0.1pH、±0.02pH、±0.01pH、±0.001pH五个级别。

（三）酸度计的构造

酸度计由测量原电池和主机（电位计）两部分构成。测量电池由玻璃电极、饱和甘汞电极和供试品溶液组成。主机部分主要包括功能选择旋钮、量程选择旋钮、定位旋钮、斜率旋钮、温度补偿旋钮、显示装置等。pH计（图10-5）因测量的精度不同而有多种类型，它们的测试原理基本相同，测定精度和结构略有差别。

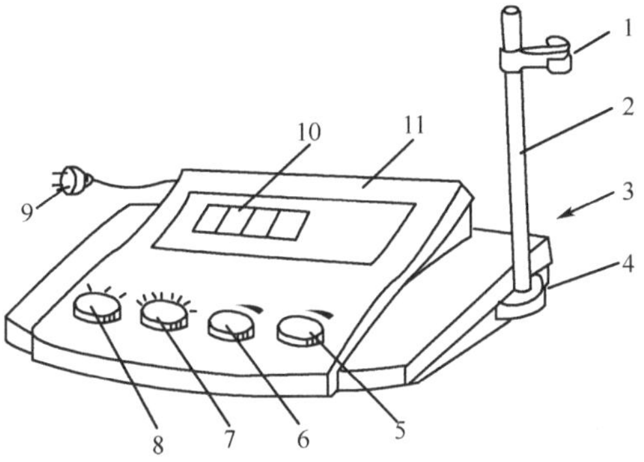

图10-5　pH计

1. 电极夹；2. 电极杆；3. 电极插口；4. 电极杆插座；5. 定位旋钮；6. 斜率旋钮；7. 温度补偿旋钮；8. 选择开关；9. 电源插座；10. 显示屏；11. 面板

（四）药检要求

酸度计必须定期检定；精确度和准确度均应符合要求。

任务3　电位滴定法

一、基本原理

电位滴定法是根据滴定过程中测定电池的电动势变化以确定滴定终点的定量分析方法。进行电位滴定时，在待测溶液中插入一对合适的指示电极和参比电极，组成工作电池。随着滴定剂的不断加入，待测离子与滴定剂发生化学反应，使待测离子的浓度不断变化。根据能斯特方程，指示电极的电极电位也随之发生相应的变化。在化学计量点附近，待测离子的浓度变化最大，引起电极电位产生突跃。通过测量电池电动势随滴定剂的消耗量（如滴定剂的体积）的变化可确定滴定终点。

电位滴定法与滴定分析法的区别仅在于指示终点的方法不同。电位滴定基本装置，如图10-6所示。

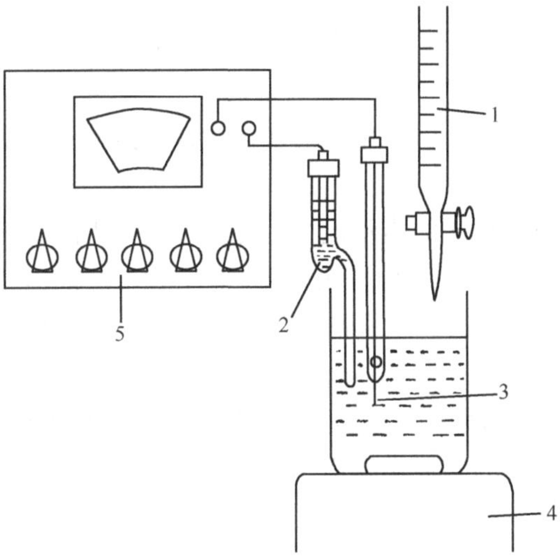

图10-6　电位滴定装置

1. 滴定管；2. 参比电极；3. 指示电极；4. 电磁搅拌器；5. 电位计

二、滴定终点的确定

电位滴定终点的确定方法一般有以下三种。

（一）*E-V*曲线法

以滴加滴定剂的体积V为横坐标，电动势E（电位计读数）为纵坐标作图得到E-V曲线，如图10-7A所示。曲线的转折点（拐点）即为滴定终点。此法应用方便，但要求滴定化学计量点处的电位突跃明显。

（二）$\Delta E/\Delta V$-$\bar{V}$曲线法

以相邻两次加入滴定剂体积的平均值为横坐标，$\Delta E/\Delta V$（滴定剂单位体积变化引起电动势的变化值）为纵坐标作图，如图 10-7B 所示。该曲线可以看成是 E-V 曲线的一阶导数曲线，所以这种方法又称一阶微商法。峰状曲线的最高点即为滴定终点。此法比较准确，但数据处理和作图比较麻烦。

（三）$\Delta^2E/\Delta V^2$-V 曲线法

以滴入滴定液的体积为横坐标，以 $\Delta^2E/\Delta V^2$ 为纵坐标，如图 10-7C 所示。该曲线可以看作 E-V 曲线的近似二阶导数曲线，所以这种方法又称二阶微商法。曲线上 $\Delta^2E/\Delta V^2 = 0$ 时即为滴定终点。

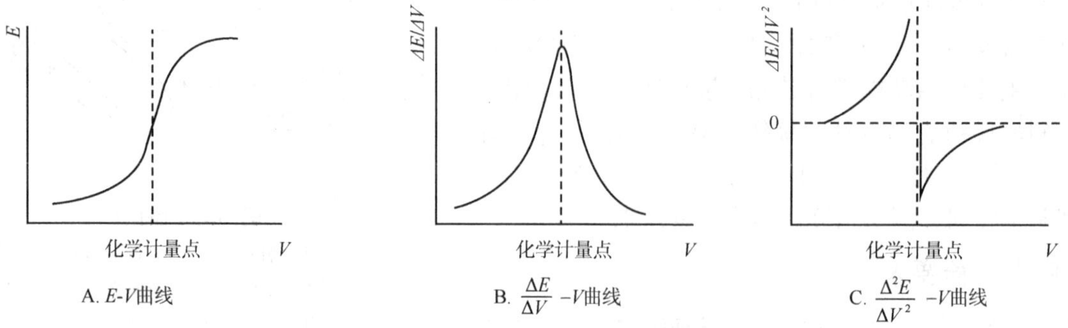

图 10-7 电位滴定曲线

在实际的电位滴定中，传统的方法正逐渐被自动电位滴定所取代。自动电位滴定能自动判断滴定终点，并能自动绘制出曲线，在很大程度上提高了测定的灵敏度和准确度。

三、应　用

使用不同的指示电极，电位滴定法可以进行酸碱滴定、沉淀滴定、氧化还原滴定、配位滴定和非水酸碱滴定。

1. 酸碱滴定 通常选择玻璃电极为指示电极，饱和甘汞电极为参比电极。在化学计量点附近，指示电极的电位发生突跃而确定滴定终点。

2. 沉淀滴定 在沉淀滴定中，应根据不同的滴定反应选择合适的指示电极。沉淀滴定常用的滴定液为 $AgNO_3$，则选用银电极作指示电极，饱和甘汞电极为参比电极。但是由于 Cl^- 有干扰，所以饱和甘汞电极不可以直接插入滴定溶液中，必须用盐桥把滴定溶液与饱和甘汞电极隔开，或选用双盐桥饱和甘汞电极为参比电极。

3. 氧化还原滴定 一般选用零类电极（Pt、Au、Hg）作为指示电极，饱和甘汞电极作为参比电极。

4. 配位滴定 根据配位滴定反应的类型不同，应选择不同的电极作为指示电极。通常选择被测组分离子选择性电极作为 EDTA 滴定的指示电极，参比电极用饱和甘汞电极。

5. 非水酸碱滴定 测定弱碱性物质常选择玻璃电极作为指示电极，甘汞电极或银-氯化银电极作为参比电极。滴定生物碱或有机碱的氢卤酸盐时，须用适当的盐桥将甘汞电极与滴定溶液隔开，以防漏出的氯化物干扰滴定。

例题 10-1 苯巴比妥的含量测定：精密称定本品约 0.2g，加甲醇 40ml 使之溶解，再加新配制的 3%无水碳酸钠溶液 15ml，按照电位滴定法，用 Ag 电极为指示电极，饱和甘汞电极为参比电极，使用硝酸银滴定液（0.1mol/L）滴定。每 1ml 硝酸银滴定液（0.1mol/L）相当于 23.22mg 的 $C_{12}H_{12}N_2O_3$。

解：含量计算公式为

$$\omega(\%) = \frac{VTF}{m_s \times 1000} \times 100\%$$

式中，V 为硝酸银滴定液消耗的体积，ml；T 为滴定度，23.22mg/ml；F 为浓度校正因子，$F=c_{实际}/0.1$；m_s 为苯巴比妥的质量，g。

任务4 永停滴定法

一、基本原理

永停滴定法又称为双电流滴定法或双安培滴定法，是根据滴定过程中电流的变化来确定滴定终点的滴定法。属于电流滴定法，常用于氧化还原体系。

测量时，将两个相同的指示电极铂电极插入待测溶液中，在两电极间外加一个小电压（10～200mV），并在线路中串联一个灵敏的检流计G，如图10-8所示。在不断搅拌条件下加入滴定液，观察滴定过程中的电流变化，由于溶液中可逆电对的生成或消失，电流值突变，引起检流计指针突然偏转，即为滴定终点。也可通过记录加入滴定液的体积V和相应的电流I，绘制I-V滴定曲线，从而确定滴定终点。

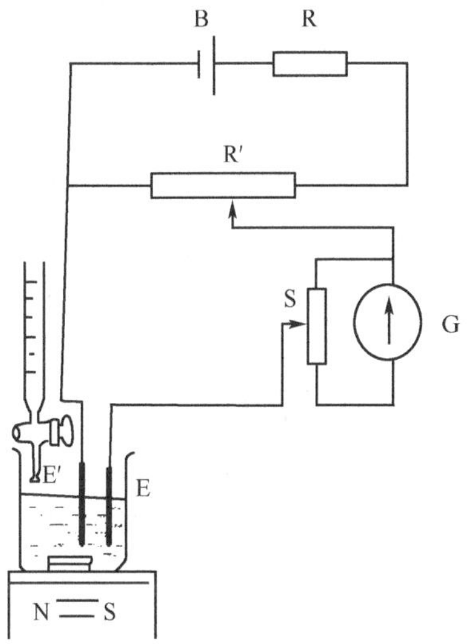

图10-8 永停滴定法一般装置

B. 电池；R. 固定电阻；R′. 可变电阻；S. 开关；G. 检流计；NS. 电磁搅拌器；E、E′. 指示电极

二、可逆电对和不可逆电对

（一）可逆电对

在氧化还原电对溶液中插入双铂电极，外加很小电压即能在双铂电极上同时发生氧化和还原反应，两电极间有电流通过，这种电对称为可逆电对，如I_2/I^-、HNO_2/NO、Fe^{3+}/Fe^{2+}、Ce^{4+}/Ce^{2+}等。

在外加电压下电极上发生的反应称为电解反应；电解反应产生的电流称为电解电流。

例如，在有I_2/I^-电对存在的溶液中插入两个Pt电极，两电极间外加一低电压，则两电极上同时发生电解，阳极上发生氧化反应，阴极上发生还原反应，两电极间有电解电流通过。

$$\text{阳极反应为}\ 2I^- - 2e^- \longrightarrow I_2 \quad \text{发生氧化反应}$$

$$\text{阴极反应为}\ I_2 + 2e^- \longrightarrow 2I^- \quad \text{发生还原反应}$$

可逆电对电流大小取决于浓度低的氧化态或还原态浓度。电对中氧化态和还原态浓度相等时电流最大。

（二）不可逆电对

在氧化还原电对的溶液中插入两个Pt电极，外加很小电压不能在双铂电极上同时发生电解反应，两电极间无电流通过，这种电对称为不可逆电对。例如，$S_4O_6^{2-}/S_2O_3^{2-}$、MnO_4^-/Mn^{2+}、$Cr_2O_7^{2-}/Cr^{3+}$等。

例如，在有$S_4O_6^{2-}/S_2O_3^{2-}$电对存在的溶液中插入两个Pt电极，两电极间外加一低电压，则只能在阳极上发生氧化反应，阴极上不能发生还原反应，两电极间无电流通过。

$$\text{阳极反应为}\ 2S_2O_3^{2-} - 2e^- \longrightarrow S_4O_6^{2-} \quad \text{发生氧化反应}$$

阳极上接受了$S_2O_3^{2-}$放出的电子，传到阴极却无法送出，阴极发生短路，没有电流通过，电解过程无法进行。

三、滴定曲线和终点判断

在氧化还原滴定过程中，由于氧化剂和还原剂在电极上的反应有可逆和不可逆两种情况，所以永停滴定反应主要有以下三种类型。

（一）滴定液为可逆电对，待测物为不可逆电对

以 I_2 滴定 $Na_2S_2O_3$ 为例。

$$滴定反应为 I_2 + 2Na_2S_2O_3 \xlongequal{\quad} Na_2S_4O_6 + 2NaI$$

终点前溶液中存在电对 $S_4O_6^{2-}/S_2O_3^{2-}$，是不可逆电对，双铂电极间无电流通过，电流计指针为“0”。

终点时溶液中没有可逆电对，电流计指针仍为“0”。

终点后滴定液 I_2 稍过量，溶液中存在电对 I_2/I^-，是可逆电对，双铂电极间有电流通过，电流计指针偏转，随着过量 I_2 的不断增加，电流逐渐增大，当 $c_{I^-} = c_{I_2}$ 时电流最大。

滴定曲线如图 10-9 所示，曲线上的转折点即为滴定终点。

（二）滴定液为不可逆电对，待测物为可逆电对

以 $Na_2S_2O_3$ 滴定 I_2 为例。

滴定反应为 $2Na_2S_2O_3 + I_2 \xlongequal{\quad} Na_2S_4O_6 + 2NaI$

终点前溶液中存在电对 I_2/I^-，是可逆电对，双铂电极间有电流通过。

终点时溶液中没有可逆电对，电流计指针为“0”。

终点后滴定液稍过量，溶液中存在电对 $S_4O_6^{2-}/S_2O_3^{2-}$，是不可逆电对，双铂电极间无电流通过。

滴定曲线如图 10-10 所示，曲线上的转折点即为滴定终点。

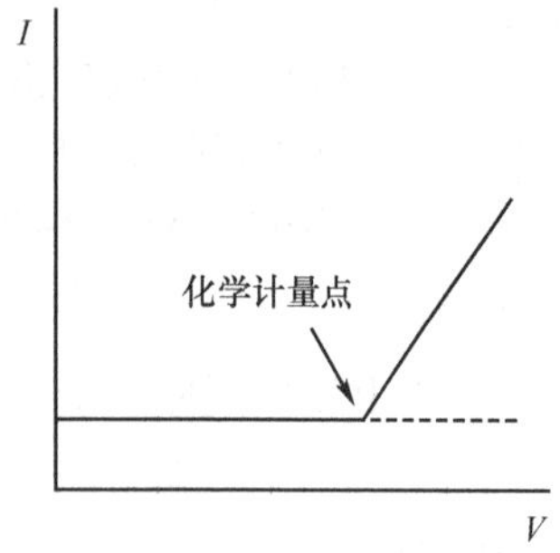

图 10-9 可逆电对滴定不可逆电对的滴定曲线图

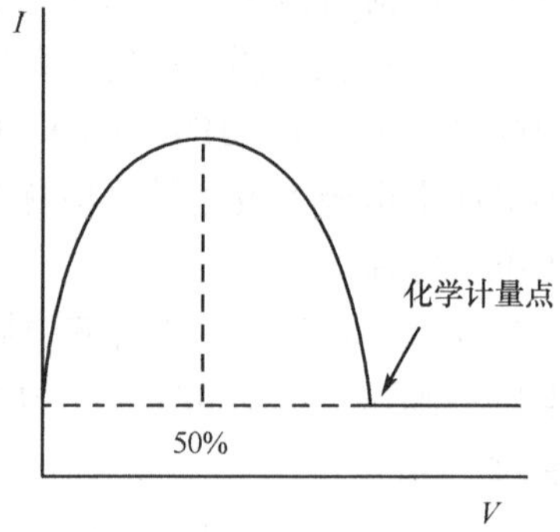

图 10-10 不可逆电对滴定可逆电对的滴定曲线图

（三）滴定液为可逆电对，待测物为可逆电对

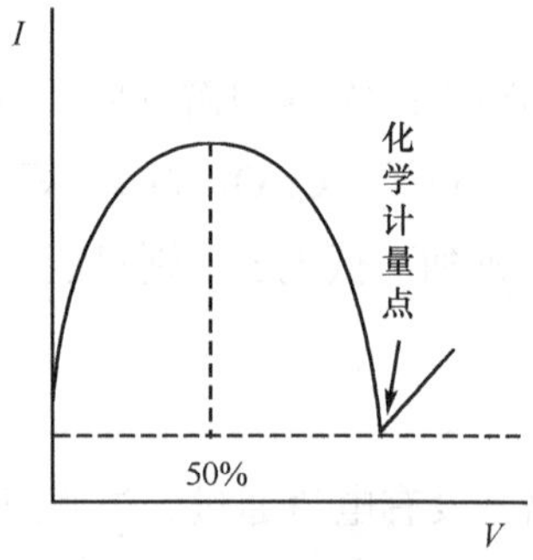

图 10-11 可逆电对滴定可逆电对的滴定曲线图

以 $Ce(SO_4)_2$ 滴定 $FeSO_4$ 为例。

滴定反应为 $Ce(SO_4)_2 + 2FeSO_4 \xlongequal{\quad} Fe_2(SO_4)_3 + CeSO_4$

终点前溶液中存在电对 Fe^{3+}/Fe^{2+}，是可逆电对，双铂电极间有电流通过，电流由小变大，当 $c_{Fe^{3+}} = c_{Fe^{2+}}$ 时，电流达到最大，然后变小。

终点时反应完全，溶液中为 Ce^{2+} 和 Fe^{3+}，没有可逆电对，电流计指针为“0”。

终点后滴定液稍过量，溶液中存在电对 Ce^{4+}/Ce^{2+}，是可逆电对，双铂电极间有电流通过，电流由小变大，当 $c_{Ce^{4+}} = c_{Ce^{2+}}$ 时，电流达到最大。

滴定曲线如图 10-11 所示，曲线上的转折点即为滴定终点。

四、应　　用

在药品检验领域中永停滴定法主要应用于重氮化滴定法和卡尔·费歇尔滴定法的水分测定，是用于确定滴定终点的法定方法。

（一）重氮化滴定法终点的确定

重氮化滴定法以 $NaNO_2$ 为标准溶液，在 HCl 酸性条件下滴定芳伯胺类化合物，滴定反应如下

$$Ar\text{-}NH_2 + NaNO_2 + 2HCl \longrightarrow [Ar\text{-}N_2^+]Cl^- + NaCl + 2H_2O$$

终点前，溶液中无可逆电对，无电流产生，因此，电流计指针停止在零位（或接近于零位）不动。终点后有过量的 $NaNO_2$，使溶液中 HNO_2 及其分解产物 NO 的可逆电对存在，两个电极上的电极反应如下

$$阳极反应为 NO + H_2O \longrightarrow HNO_2 + H^+ + e^-$$

$$阴极反应为 HNO_2 + H^+ + e^- \longrightarrow NO + H_2O$$

电路中便有电流通过，电流计指针不再回零位。用永停滴定法确定滴定终点，比外指示剂法及内指示剂法更准确。

（二）卡尔·费歇尔滴定法测定微量水分

水与卡尔·费歇尔滴定法滴定剂的反应，终点前溶液中无可逆电对，因此电流计指针在零位不动。终点后稍有过量的 I_2 存在，则溶液中便有 I_2/I^- 可逆电对存在，就有电流产生，电流计指针偏转并不再回至零位。

阳极电极反应为 $2I^- - 2e^- \longrightarrow I_2$

阴极电极反应为 $I_2 + 2e^- \longrightarrow 2I^-$

永停滴定法指示终点，比碘液自身指示剂准确灵敏。

自测题

一、单选题

1. 甘汞电极是常用的参比电极，它的电极电位取决于（　　）
   A. 温度　B. 氯离子的浓度　C. 主体溶液的浓度　D. 钾离子的浓度　E. 银离子的浓度
2. 测定溶液 pH 时，所用的指示电极是（　　）
   A. 氢离子电极　B. 玻璃电极　C. 铂电极　D. Ag-AgCl 电极　E. 氢电极
3. 测定溶液 pH 时，常用的参比电极是（　　）
   A. 饱和甘汞电极　B. 银-氯化银电极　C. 玻璃电极　D. 钠电极　E. Ag-AgCl 电极
4. 在电位滴定中，以 $\Delta E/\Delta V - V$ 作图绘制滴定曲线，滴定终点为（　　）
   A. 曲线的最高点　B. 曲线的转折点　C. 曲线斜率为零的点　D. $\Delta^2E/\Delta V^2$ 为零的点　E. $\Delta^2E/\Delta V^2$ 为最大值
5. 用电位法测定溶液的 pH 选择（　　）
   A. 永停滴定法　B. 电位滴定法　C. 直接电位法　D. 电导法　E. 伏安法
6. 玻璃电极在使用前，应在纯化水中浸泡（　　）
   A. 6h　B. 18h　C. 24h　D. 30h　E. 36h
7. 当 pH 计上的电表指针所指示的 pH 与标准缓冲溶液的 pH 不相符合时，可通过调节下列哪项使之相符（　　）
   A. 温度补偿器　B. 定位调节器　C. 零点调节器　D. p-mV 转换器　E. 量程选择开关
8. 滴定分析法与电位滴定法的主要区别是（　　）
   A. 滴定对象不同　B. 滴定液不同　C. 指示剂不同　D. 指示终点的方法不同　E. 试剂不同
9. 电位滴定法中电极组成为（　　）
   A. 两支不相同的参比电极
   B. 两支相同的指示电极
   C. 两支不相同的指示电极
   D. 一支参比电极，一支指示电极
   E. 两支相同的参比电极
10. 永停滴定法属于（　　）
   A. 电位滴定法　B. 电导滴定法

C. 氧化还原滴定法　D. 电流滴定法
E. 沉淀滴定法

11. 永停滴定法中电极组成为（　　）
A. 两支不相同的参比电极
B. 两支相同的指示电极
C. 两支不相同的指示电极
D. 一支参比电极，一支指示电极
E. 两支相同的参比电极

12. 实验测定溶液 pH 前需要使用几种缓冲溶液校正 pH 酸度计（　　）
A. 1　B. 2
C. 3　D. 4
E. 5

13.《中国药典》规定选择两种 pH 约相差几个 pH 单位的标准缓冲溶液（　　）
A. 1　B. 2
C. 3　D. 4
E. 5

14. 玻璃电极初次使用，一定要先在下列哪项中浸泡 24h 进行活化（　　）
A. 自来水　B. 缓冲溶液
C. 纯化水　D. 蒸馏水
E. 生理盐水

15. 电位法常用的参比电极是（　　）
A. Ag-AgCl 电极　B. 饱和甘汞电极
C. 玻璃电极　D. 复合玻璃电极
E. 惰性金属电极

二、简答题

1. 什么是参比电极，举例一个说明？
2. 什么是指示电极，举例一个说明？
3. 电位滴定法指示终点的方法有哪几种？
4. 使用玻璃电极时有哪些注意事项？
5. 如何判断永停滴定法的终点？

三、计算题

25℃时，以玻璃电极为指示电极，饱和甘汞电极为参比电极。当此电池中溶液为 pH6.80 的缓冲溶液时，测得其电动势为 0.329V，当用未知溶液取代缓冲溶液时，测得电动势为 0.290V，请计算该未知溶液的 pH。

（孙春艳）

项目11 紫外-可见分光光度法

学习目标

1. 知识目标：掌握电磁辐射的特征，光学分析法的分类；紫外可见吸收光谱产生的原理及特征，朗伯-比尔定律的使用条件、影响因素及有关计算；紫外-可见分光光度法定性和定量分析方法及其应用；熟悉电磁波谱的分区，紫外-可见分光光度计的主要部件、工作原理。

2. 能力目标：熟练运用紫外-可见分光光度计，进行样品的定性、定量分析。

3. 素质目标：能利用紫外-可见分光光度法基本知识对样品进行质量控制，培养学生良好的职业道德和团队协作精神，培养学生严谨的科学态度和实事求是的作风。

紫外-可见分光光度法（UV-Vis）是基于物质在200～760nm光谱区域内对光的选择性吸收来对物质进行定性与定量分析的方法。紫外光区可分为远紫外光区（也称真空紫外区，10～200nm）和近紫外光区（200～400nm），本章讨论的紫外光仅指近紫外光区，400～760nm为可见光区。当物质受到紫外-可见光的照射时，其分子外层电子能级发生跃迁，产生吸收光谱，因此也称为电子光谱。该方法检测下限低，相对误差小，操作简单、快速、分析成本低，因此广泛应用于药学、食品卫生等领域。

任务1 概 述

一、光的本质与电磁波谱

（一）光的本质

光是一种电磁辐射，是一种以巨大速度通过空间而不需要以任何物质作为传播媒介的光（量）子流，它具有波动性和微粒性。

1. 波动性 光的折射、衍射和干涉等现象可以用光的波动性来解释。描述电磁辐射常用的波参数有周期 T、频率 ν 、波长 λ、波数 σ、传播速度 c，所有的电磁辐射在真空中传播的速度相同，传播速度 c 的数值为 2.9979×10^{10}cm/s。光的波长（λ）、频率（ν）与光速（c）之间有如下关系：

$$\nu=\frac{c}{\lambda} \tag{11-1}$$

2. 微粒性 光电效应、光的吸收和发射等现象可以用光的微粒性来解释，光是由带有能量的微粒组成的，这种微粒称为光子或光量子。每个光子具有能量 E，电磁辐射的微粒性表现为每个光子的能量 E 与它的频率 ν 成正比，与波长 λ 成反比，而与光的强度无关。能量（E）与频率（ν）和波长（λ）有如下关系：

$$\text{普朗克公式}\ E=h\nu=\frac{hc}{\lambda}=hc\sigma \tag{11-2}$$

式中，h 为普朗克常数（Planck constant），其数值等于 6.6262×10^{-34}J·s，能量单位常用电子伏特（eV）、焦耳（J）表示。

光是电磁辐射，它既具有波动性又具有微粒性，即光具有波粒二象性。光的波长越长，波动性越明显，波长越短，微粒性越明显。

（二）电磁辐射

电磁辐射具有广泛的波长（或频率、能量）分布，将电磁辐射按照波长（或频率、能量）顺序排列可得到电磁波谱，如表 11-1 所示。

表 11-1 电磁波谱

区域	波谱区名称	波长范围	光子能量/eV	量子跃迁类型	分析方法
高能辐射区	γ 射线	5～140pm	8.9×10^{3}～2.5×10^{5}	核能级	γ 射线光谱法
	X 射线	5.0×10^{-3}～10nm	1.2×10^{2}～2.5×10^{5}	内层电子能级	X 射线光谱法
中能辐射区	远紫外光	10～200nm	6～1.2×10^{2}	内层电子能级	真空紫外光谱法
	近紫外光	200～400nm	3.1～6	价电子或成键电子能级	紫外分光光度法
	可见光	400～760nm	1.7～3.1	价电子或成键电子能级	可见分光光度法或比色法
	近红外光	0.76～2.5μm	0.5～1.7	分子振动能级	红外光谱法
	中红外光	2.5～25μm	0.04～0.5	分子振动能级	红外光谱法
	远红外光	25～1000μm	4×10^{-4}～4×10^{-2}	分子转动能级	红外光谱法
低能辐射区（波谱区）	微波	0.1～100cm	4×10^{-7}～4×10^{-4}	分子转动能级	微波光谱法
	射频	1～1000m	4×10^{-10}～4×10^{-7}	电子自旋或核自旋	核磁共振波谱法

二、电磁辐射与物质的相互作用

电磁辐射与物质能发生多种作用，如吸收、发射、散射、反射、折射等。在发生吸收、反射、荧光、磷光、拉曼散射等现象过程中，光子与物质之间会产生能量的传递；但是在光的反射、折射和旋光过程中，光只改变了其传播方向，光子与物质之间没有能量的传递。常见的电磁辐射与物质相互作用的相关术语如下。

（一）吸收

吸收是指辐射通过物质时，其中某些频率的辐射被组成物质的粒子（原子、离子或分子等）选择性地吸收从而使辐射强度减弱的现象。吸收的实质在于辐射使物质粒子发生由低能级（一般为基态）向高能级（激发态）的能级跃迁，被选择性吸收的辐射光子能量应为跃迁后与跃迁前两个能级间的能量差。

（二）发射

发射是指物质吸收能量后产生电磁辐射的现象。其实质为辐射跃迁，即当物质的粒子吸收能量被激发至高能态（E_2）后，瞬间返回基态或低能态（E_1），多余的能量以电磁辐射的形式释放出来。

（三）散射

散射指电磁辐射（与物质发生相互作用）部分偏离原入射方向而分散传播的现象。其中瑞利（Rayleigh）散射是指入射线光子与分子发生弹性碰撞作用，仅光子运动方向改变而没有能量变化的散射，瑞利散射线与入射线同波长。拉曼（Raman）散射是指入射线（单色光）光子与分子发生非弹性碰撞作用，在光子运动方向改变的同时有能量增加或损失的散射，拉曼散射线与入射线波长稍有不同，波长短于入射线者称为反斯托克斯线，反之则称为斯托克斯线。

（四）反射

光从一种介质射向另一种介质的交界面时，一部分光返回原来介质中，使光的传播方向发生了改变，这种现象称为光的反射。

（五）折射

当光由一种介质斜射到另一种介质时，其传播方向发生改变的现象称光的折射。光发生折射后，其频率不变，但波长和波速发生改变。

（六）干涉和衍射

在一定条件下光波会相互作用，当不同相位光波叠加时将产生强度改变的合成波，称为干涉；电磁辐射一般以直线方向传播，但当光束通过狭缝时，光能以一定角度有规则地发生向外的辐射，光波前进的方向发生弯曲，此现象称为衍射。

三、可见光与物质的相互作用

一般波长在 400～760nm 范围的光称为可见光，同一波长的光称为单色光，两种或两种以上波长的光称为复合光。若把两种适当颜色光按一定强度比例混合可以得到白光，人们称这两种颜色的光为互补色。溶液呈现的颜色取决于溶液中的粒子对白光的选择性吸收。当溶液对白光无吸收且全部透过，则溶液无色透明；如果吸收了某种波长的光，则溶液呈现的颜色是它吸收光的互补色；如果溶液对白光全部吸收无透过，则溶液呈黑色。因此在白光下，硫酸铜水溶液吸收了白光中的黄色光，而呈现出互补色蓝色；高锰酸钾水溶液吸收了白光中的绿色光，则呈现出其互补色紫色。由此可见物质的颜色是基于物质对光的选择性吸收的结果，物质呈现的颜色则是被物质吸收光的互补色。

四、光谱分析法的分类

光学分析法可分为非光谱法和光谱法两大类。如果物质与辐射相互作用时没有发生能级之间的跃迁，电磁辐射只改变了传播方向、速度或某些物理性质，这些方法属于非光谱法。非光谱法不是以光的波长为特征信号，仅测量电磁辐射的某些基本性质（反射、折射、干涉、衍射和偏振）的变化的分析方法，这类方法主要有折射法、偏振法、光散射法、干涉法、衍射法、旋光法等光学分析法。物质与辐射能作用时内部发生量子化能级之间的跃迁，记录由能级跃迁产生的辐射能强度随波长变化所得的图谱即为光谱，利用物质的光谱进行定性、定量和结构分析的方法称为光谱分析法，简称光谱法。下面介绍一下光谱分析法的分类。

（一）原子光谱法和分子光谱法

根据被辐射作用物质对象的微粒不同，光谱法可分为原子光谱法与分子光谱法。原子光谱法是以测量气态原子（或离子）外层电子或内层电子能级跃迁所产生的原子光谱为基础的分析方法。分子光谱法是基于测量物质分子吸收光辐射跃迁到较高能级而产生的光谱的分析方法，分子光谱法是带状的。

（二）吸收光谱法和发射光谱法

按物质与辐射能的能级跃迁方向可分为吸收光谱法和发射光谱法两大类。吸收光谱法是物质吸收相应的辐射能而产生的光谱。吸收光谱产生的必要条件是所提供的辐射能量恰好能满足该吸收物质两能级间跃迁所需的能量，即 $\Delta E = h\nu$ ，物质吸收能量后就变为激发态。发射光谱法是物质通过电致激发、热致激发或光致激发等过程获取能量，成为激发态的原子或分子 M^*，激发态的原子或分子极不稳定，它们可能以不同形式释放出能量，从激发态回到基态或低能态，如果这种跃迁是以辐射形式释放多余的能量就产生发射光谱。

综上所述，光谱分析法的分类可以用图 11-1 表示。

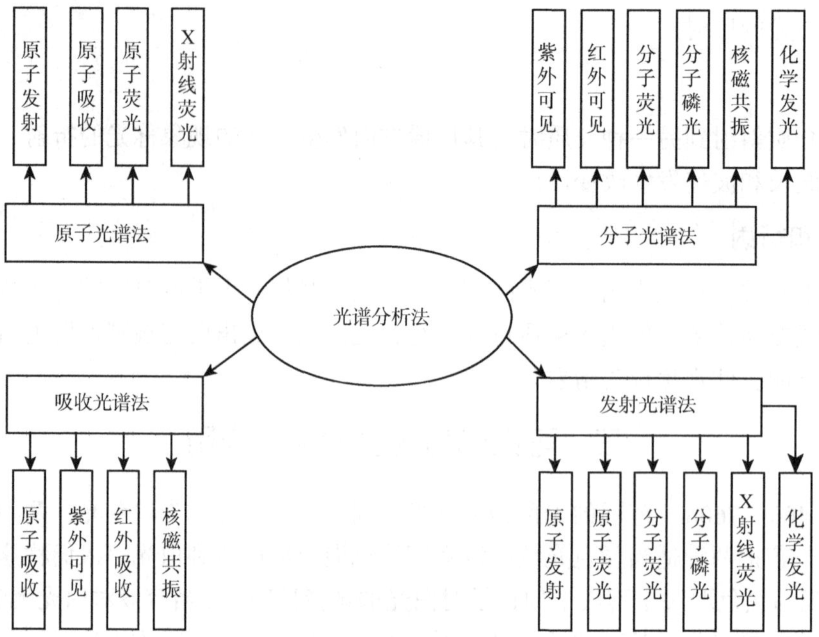

图 11-1　光谱分析法分类

不同光谱法用途各不相同，各类光谱分析法的应用范围见表 11-2。

表 11-2　光谱分析法的应用范围

方法名称	检出限		相对标准偏差/%	主要用途
	g（绝对）	μg/g（相对）		
原子发射光谱法	—	10^{-4}～10^{2}	1～20	多元素连续或同时测定
原子吸收光谱法	10^{-15}～10^{-9}（非火焰）	10^{-3}～10（火焰）	0.5～10	单元素分析等
原子荧光光谱法	10^{-15}～10^{-9}	10^{-3}～10	0.5～10	单元素分析等
紫外-可见分光光度法	—	10^{-3}～10^{2}	1～10	有机物定性定量
分子荧光光谱法	—	10^{-3}～10^{4}	1～50	有机物定性定量
红外吸收光谱法	—	10^{3}～10^{6}	5～20	结构分析及有机物定性定量
拉曼光谱法	—	10^{3}～10^{6}	5～20	结构分析及有机物定性定量
核磁共振波谱法	—	10～10^{5}	1～10	结构分析
顺磁共振波谱法	10^{-9}～10^{-6}	—	半定量	结构分析
X 射线荧光法	—	10^{-1}～10^{2}	0.1～10	多元素同时测定

五、紫外-可见分光光度法基本原理

（一）吸收光谱的产生

物质的分子吸收光谱，就是由能级之间的跃迁所引起的。一个分子的总能量 E 可以认为是内能 $E_{内}$、平动能 $E_{平}$、振动能 $E_{振}$、转动能 $E_{转}$ 及电子运动能量 $E_{电子}$ 的总和，即：$E = E_{内} + E_{平} + E_{振} + E_{转} + E_{电子}$。其中 $E_{内}$ 是分子固有的内能，不随运动而改变；$E_{平}$ 是连续变化的，不具有量子化特征，因而它们的改变不会产生光谱。所以一个分子吸收外来辐射之后，它的能量变化 ΔE 为其振动能变化 $\Delta E_{振}$、转动能变化 $\Delta E_{转}$ 和电子运动能量变化 $\Delta E_{电子}$ 的总和，即：$\Delta E = \Delta E_{振} + \Delta E_{转} + \Delta E_{电子}$。此式右边三项中 $\Delta E_{电子}$ 最大，一般在 1～20eV，所对应的波长为 1250～60nm，紫外-可见光波长刚好落入该区域。

由此可知，分子内部电子能级的变化而产生的光谱位于紫外-可见光区，属于电子光谱。由于发生振动、转动能级跃迁所需能量远小于发生电子能级跃迁所需的能量，故当发生电子能级跃迁时，不可避免地会引起振动能级和转动能级跃迁。并且由于这些谱线的重叠而成为连续的吸收带，这就是为什么紫外可见吸收光谱不是线状光谱，而是带状光谱的原因。

（二）有机化合物的电子跃迁类型

紫外可见吸收光谱是讨论分子中价电子在不同的分子轨道之间跃迁的能量关系。电子围绕分子或原子运动的概率分布称为轨道。轨道不同，电子所具有的能量不同。当两个原子靠近而结合成分子时，两个原子的原子轨道以线性组合而生成两个分子轨道。其中一个分子轨道具有较低能量称为成键轨道，另一个分子轨道具有较高能量称为反键轨道。有机化合物分子中主要有三种类型的价电子：它们分别为σ轨道中的σ电子、π轨道中的π电子和未参与成键而仍处于原子轨道中的 n 电子（亦称 p 电子）。

由于分子中不同轨道的价电子具有不同能量，处于低能级的价电子吸收一定能量后，就会跃迁到较高能级，如图 11-2 所示。

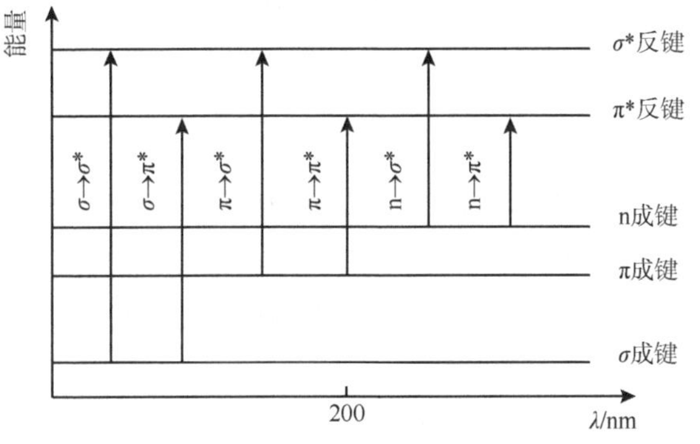

图 11-2 电子跃迁示意图

在紫外和可见光区范围内，有机化合物的吸收光谱主要由 $n \rightarrow \pi^*$、$\pi \rightarrow \pi^*$、$n \rightarrow \sigma^*$ 三种电子跃迁产生，所需能量大小顺序为 $n \rightarrow \pi^* < \pi \rightarrow \pi^* < n \rightarrow \sigma^*$。

六、紫外可见吸收光谱的常用概念

紫外可见吸收光谱（absorption spectrum）可用紫外-可见分光光度计进行测定。将不同波长的紫外-可见光依次通过一定浓度的被测物质，并分别测定每个波长的吸光度，以波长 λ 为横坐标，以吸光度 A 为纵坐标，所得的 A-λ 曲线即为紫外可见吸收光谱（或紫外-可见吸收曲线），如图 11-3 所示。

吸收峰：曲线上吸收最大的地方，对应的波长称最大吸收波长（λ_{max}）。

吸收谷：相邻两峰之间吸光度最小的部位，对应的波长称最小吸收波长（λ_{min}）。

肩峰：在一个吸收峰旁边产生的一个小的曲折。

末端吸收：在吸收曲线短波处，吸收较强但未形成峰形的部分。

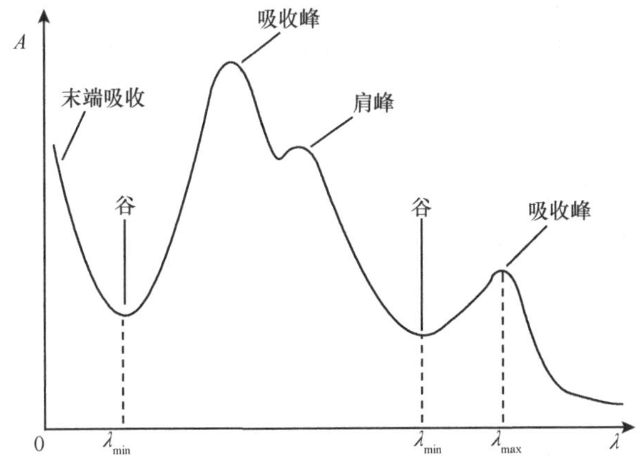

图 11-3 紫外可见吸收光谱图

生色团：有机化合物分子结构中含有 $\pi \rightarrow \pi^*$ 或 $n \rightarrow \pi^*$ 跃迁的基团，即能在紫外-可见光范围内产生吸收的原子基团。

助色团：含有非键电子的杂原子饱和基团，它们本身并不吸收波长大于 200nm 的光，但是当它们与生色团或饱和烃相连时，能使该生色团或饱和烃的吸收峰向长波方向移动，同时使吸收强度增加。

红移：亦称长移，由于化合物的结构变化，如发生共轭作用，引入助色团及溶剂改变等，而使吸收峰向长波方向移动。

蓝移：亦称短移，当化合物的结构改变或受溶剂影响而使吸收峰向短波方向移动。

七、朗伯-比尔定律与吸光系数

（一）光的吸收定律

1. 透光率和吸光度 当一束平行的单色光照射某一均匀非散射溶液时，设透射光强度为 I_t，入射光强度为 I_0，透射光的强度 I_t 与入射光强度 I_0 之比称为透光率，透光率的值在 0～1，常用 T 表示。

$$T=\frac{I_t}{I_0} \tag{11-3}$$

溶液的透光率越大，表示溶液对光的吸收程度越小；反之透光率越小，溶液对光的吸收程度越大。为了更直观地表示物质对光的吸收程度，常采用“吸光度 A”这一概念，其定义式为

$$A=-\lg T=\lg\frac{1}{T} \tag{11-4}$$

2. 朗伯-比尔（Lambert-Beer）定律 是紫外-可见分光光度法对物质定量分析的理论基础。朗伯和比尔分别在 1760 年和 1852 年研究了光的吸收与溶液的液层厚度及溶液浓度的关系，建立了光的吸收定律，也称为朗伯-比尔定律，表达式为

$$A=Ecl \tag{11-5}$$

式中，E 为吸光系数；A 为含吸光物质溶液的吸光度；l 为溶液的液层厚度；c 为溶液浓度。

（二）吸光系数

吸光系数又称吸收系数，其物理意义是吸光物质在单位溶液浓度及单位液层厚度时的吸光度。吸光系数与被测物质的性质、入射光的波长和溶液的温度有关。吸光系数通常有两种表达方式。

1. 摩尔吸光系数 是指在一定波长下，溶液浓度为 1mol/L，吸收池厚度为 1cm 时的吸光度，用 ε 表示，ε 的单位为 L/（mol·cm）。

2. 百分吸光系数或比吸光系数 是指在一定波长下，溶液浓度为 1%（1g/100ml），吸收池厚度为 1cm 时的吸光度，用 $E_{1cm}^{1\%}$ 表示。

3. 两种吸光系数之间的关系 同一波长下，同一物质的摩尔吸光系数与百分吸光系数关系：

$$E_{1cm}^{1\%}=\frac{\varepsilon\times 10}{M} \tag{11-6}$$

式中，M 为吸光物质的摩尔质量，单位为 g/mol。

摩尔吸收系数一般不超过 10^5 数量级，通常 ε 在 10^4～10^5 为强吸收，小于 10^2 为弱吸收，介于两者之间称中强吸收。吸收系数 ε 或 $E_{1cm}^{1\%}$ 不能直接测得，需用已知准确浓度的稀溶液测得吸光度换算而得到。

例题 11-1 氯霉素吸光系数测定：将精制的纯品氯霉素（M 为 323.15g/mol）配制成 100ml 含有 2.00mg 的溶液，用 1cm 厚的吸收池，在 λ_{max} 为 278nm 处测得溶液的透光率为 24.3%，求氯霉素的 ε 和 $E_{1cm}^{1\%}$。

解：

$$E_{1cm}^{1\%}=\frac{A}{cl}=\frac{-\lg T}{cl}=\frac{-\lg 24.3\%}{2.00\times 10^{-3}\times 1}=307$$

$$\varepsilon=\frac{M}{10}\cdot E_{1cm}^{1\%}=\frac{323.15\times 307}{10}=9921$$

如果溶液中同时存在两种或两种以上吸光物质时，只要各组分之间无相互作用（不因共存而改变本身的吸光特征），则总吸光度是各共存物吸光度的和，即

$$A=E_1c_1l_1+E_2c_2l_2+\ldots+E_nc_nl_n=A_1+A_2+\ldots+A_n \tag{11-7}$$

吸光度具有加和性，利用此性质可进行多组分的含量测定。

八、偏离朗伯-比尔定律的因素

根据朗伯-比尔定律，当吸收池厚度一定时，吸光度 A 与浓度 c 之间的关系应该是一条过原点的直线，在实际测定过程中，吸光度与浓度间的线性关系常常发生偏离直线的现象，从而影响测定的准确度。导致偏离朗伯-比尔定律的因素主要有化学因素和光学因素。

（一）化学因素

通常只有稀溶液时，朗伯-比尔定律才能成立。随着溶液浓度的改变，溶液中的吸光物质可因浓度的改变而发生离解、缔合、溶剂化及配合物生成等变化，使吸光物质的存在形式发生变化，影响物质对光的吸收能力，因而偏离朗伯-比尔定律。

如重铬酸钾的水溶液有以下平衡：$Cr_2O_7^{2-} + H_2O \rightleftharpoons 2H^+ + 2CrO_4^{2-}$，试解释溶液稀释如何引起偏离朗伯-比尔定律？如何避免偏离现象？如若溶液严格地稀释 2 倍，$Cr_2O_7^{2-}$ 的浓度不是减少 50%，而是受稀释平衡向右移动的影响，$Cr_2O_7^{2-}$ 浓度的减少多于 50%，结果偏离朗伯-比尔定律而产生误差。不过若在强酸性溶液中测定 $Cr_2O_7^{2-}$ 或在强碱溶液中测定 CrO_4^{2-} 则可避免偏离现象。

（二）光学因素

1. 非单色光 朗伯-比尔定律仅适用于单色光，但由于单色器色散能力的限制和出口狭缝需要保持一定的宽度，所以目前各种分光光度计得到的入射光实际上都是具有某一波段的复合光，即具有一定波长范围的光，这一宽度称为谱带宽度。由于物质对不同波长光的吸收程度不同，因而导致对朗伯-比尔定律的偏离。所以在保证足够的光强前提下，采用窄的入射光狭缝，以减小谱带宽度，降低朗伯-比尔定律的偏离。

2. 杂散光 与所需波长相隔较远的光称为杂散光，可使光谱变形，吸光度变值。它是由仪器制造工艺、使用和保养不善、光路系统的不洁、损伤和霉变等造成的。现代仪器的杂散光强度的影响可以减少到忽略不计。但在接近末端吸收处，有时因杂散光影响而出现假峰。

3. 散射光和反射光 吸光质点对入射光有散射作用，入射光在吸收池内外界面之间通过时又有反射作用。散射光和反射光，都是入射光谱带宽度内的光，对透射光强度有直接影响。光的散射和反射均可使透射光强度减弱，使吸光度偏高。

4. 非平行光 通过吸收池的光，一般都不是真正的平行光，倾斜光通过吸收池的实际光程比平行光的光程长，使实际厚度 l 增大而影响测量值。这种测量时实际厚度的变异也是同一物质用不同仪器测定吸光系数时，产生差异的主要原因之一。

此外，温度等环境的变化会影响波长的准确度和重复性，应定期或在测定前对仪器进行校正和检定。

九、测量误差与分析条件的选择

（一）测定波长的选择

为了使测定结果有较高的灵敏度，应选择被测物质的最大吸收波长的光作为入射光，这称为最大吸收原则。选用这种波长的光进行分析，不仅灵敏度较高，而且测定时可减小或消除由非单色光引起的对朗伯-比尔定律的偏离。

如果在最大吸收波长处，共存的其他吸光组分（显色剂、共存离子等）也有吸收，就会产生干扰。此时，应根据吸收最大、干扰最小的原则来选择检测波长。

（二）吸光度读数范围的选择

任何光度计都有一定的测量误差，这是由于测量过程中光源不稳定、读数的不准确或实验条件的偶然变动等因素造成的。为了减小浓度相对误差，提高测量准确度，一般应控制待测液的吸光度 A 在 0.2～0.7。

任务 2　紫外-可见分光光度计

紫外-可见分光光度计（ultraviolet-visible spectrophotometer，简称分光光度计）是在紫外-可见光区可任意选择不同波长的光测定吸光度的仪器。目前仪器的类型很多，性能悬殊，但它们的基本构造和工作原理相似，其基本结构由五个部分组成：光源、单色器、吸收池、检测器和信号处理显示系统。其工作原理：光源发出的光，经单色器分光后获得一定波长单色光照射到样品溶液，被样品溶液吸收后，未被吸收的单色光由检测器将光强度变为电信号，并经信号处理系统调制放大后，一般以透光率 T 或吸光度 A 的形式输出。

一、紫外-可见分光光度计的主要部件

（一）光源

紫外-可见分光光度计中常用的可见光源有钨灯或卤钨灯（热辐射光源），紫外光源有氢灯或氘灯（气体放电光源）。

1. 钨灯或卤钨灯　钨灯光源是固体炽热发光的光源，又称白炽灯，为可见光区的光源。为了增加光源钨灯的使用寿命，在制作中常向灯泡内充入碘或溴的低压蒸气，该灯称为卤钨灯，卤钨灯具有更高的发光强度和使用寿命。

2. 氢灯或氘灯　氢灯和氘灯均是气体放电发光的光源，发射 150～400nm 的连续光谱。由于玻璃吸收紫外光，故光源必须由石英窗或石英灯管制成。

（二）单色器

单色器的作用是将来自光源的复合光（或混合光）分解为单色光，并分离出所需波段光束的装置，是分光光度计的关键部件。单色器主要由狭缝、色散元件和准直镜（聚光镜或透镜）组成，光路及工作原理示意图如图 11-4 所示。进光狭缝用于限制杂散光进入单色器，准直镜将入射光束变为平行光束进入色散元件，色散元件将复合光分解为单色光，再经另一准直镜将色散后的平行光聚焦于出光狭缝上，形成按波长依序排列的光谱。转动色散元件或准直镜方位即可任意选择所需波长的光从出光狭缝分出。

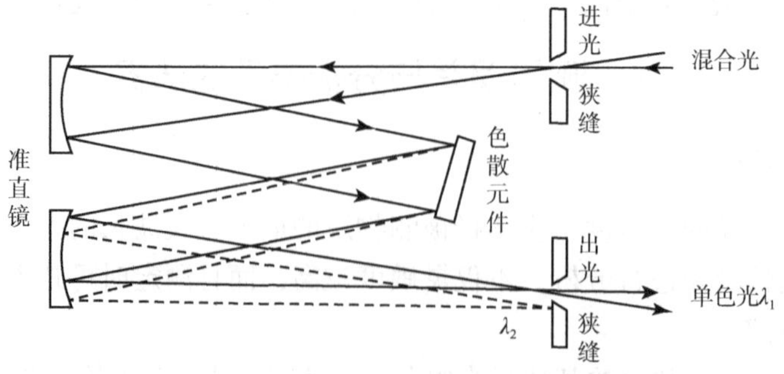

图 11-4　单色器光路及工作原理示意图

单色器的核心部件是起分光作用的色散元件，色散元件有棱镜和光栅两种。棱镜的色散作用是由于棱镜材料对不同的光有不同的折射率，因此可将复合光从长波到短波色散成为一个连续光谱。光栅

是利用光的衍射与干涉作用制成的，在整个波长区具有良好的、几乎均匀一致的分辨能力，是目前用得最多的色散元件。

（三）吸收池

吸收池亦称为比色皿、比色杯，用于盛放试液并提供一定吸光厚度的器皿，由无色透明、厚薄均匀、能耐腐蚀的光学玻璃或石英制成，吸收池一般为长方体，其底及两侧为毛玻璃，另两面为光学透光面。用光学玻璃制成的吸收池，只能用于可见光区。用熔融石英（氧化硅）制成的吸收池，适用于紫外光区，也可用于可见光区。用作盛空白溶液的吸收池与盛试样溶液的吸收池应互相匹配，即有相同的厚度与相同的透光性。在测定吸收系数或利用吸收系数进行定量测定时，还要求吸收池有准确的厚度（光程）或用同一只吸收池。指纹、油腻及池壁上的沉积物，都会影响吸收池的透光性能，因此在使用前后必须清洁干净。

（四）检测器

检测器是将光信号转变为电信号的装置。要求检测器应在测量的光谱范围内具有高的灵敏度；对辐射能量响应快、线性关系好、线性范围宽；对不同波长的辐射响应性能相同且可靠；有好的稳定性和低的噪声水平等。常用的检测器有光电管、光电倍增管和光电二极管阵列检测器。

1. 光电管 是由一个阳极和一个光敏阴极组成的真空（或充少量惰性气体）二极管，阴极表面镀有碱金属或碱金属氧化物等光敏材料，当它被有足够能量的光照射时，能够发射出电子。当在两极间有电位差时，发射出的电子就向阳极移动而产生电流，电流大小与入射光的强度成正比。

2. 光电倍增管 原理和光电管相似，结构上的差别在光敏金属的阴极和阳极之间还有几个倍增极（一般是九个），使光信号的放大倍数更大，产生较大电流。

3. 光电二极管阵列检测器 是紫外-可见分光光度计检测器的一个重要进展，这类检测器用光电二极管阵列作检测元件。通过单色器的光含有全部的吸收信息，在二极管阵列上同时被检测，并用电子学方法及计算机技术对二极管阵列快速扫描采集数据，由于扫描速度非常快，可以得到三维（A、λ、t）光谱图。

（五）信号处理和显示器

光电管输出的信号很弱，需经过放大才能以某种方式将测量结果显示出来，显示方式一般都有透光率与吸光度，有的还可转换成浓度、吸收系数等显示。

二、紫外-可见分光光度计的类型

随着现代科学技术的发展，根据仪器内部的设计和换代技术，紫外-可见分光光度计的型号有很多，但根据其适用性可归纳为三种类型，即单光束紫外-可见分光光度计、双光束紫外-可见分光光度计和双波长紫外-可见分光光度计。

（一）单光束紫外-可见分光光度计

在单光束光学系统中，采用一个单色器，获得可以任意调节的一束单色光，通过改变参比池和样品池位置，使其置于光路，在参比溶液进入光路时，将吸光度调零，然后移动吸收池架的拉杆，使样品溶液置于光路，即可在信号显示系统上读出样品溶液的吸光度。仪器的特点是结构简单、价格低，主要适用于做定量分析。其不足之处是测定结果受光源强度波动的影响较大，因而给定量分析结果带来较大误差。

（二）双光束紫外-可见分光光度计

与单光束紫外-可见分光光度计相比，双光束紫外-可见分光光度计（图 11-5）的不同之处在于加

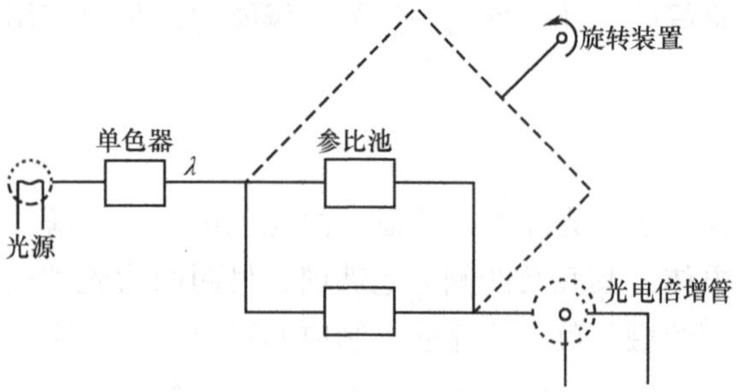

图 11-5　双光束紫外-可见分光光度计光路示意图

了一个扇形旋转镜（扇面镜），将光分成两束同等强度的单色光，交替通过参比池和样品池。检测系统交替接收相应信号，将差值转换为电信号。扇面镜的快速旋转使单色光在很短时间内交替通过空白与试样溶液，可以减免由光源不稳定引入的误差，并可以扫描吸收光谱。

（三）双波长紫外-可见分光光度计

双波长紫外-可见分光光度计与单波长分光光度计的主要区别在于使用两个单色器，如图 11-6 所示。将同一光源发出的光分为两束，分别经过两个单色器后得到两束强度相同，波长分别为 λ_1 和 λ_2 的单色光。利用切光器使两束光束以一定的频率交替照射到装有试样溶液的吸收池，不需要使用参比溶液，然后检测其透过光强度，得到的信号经系统处理后显示出两个波长下的吸光度的差值 ΔA，根据 ΔA 与浓度成正比进行定量分析。双波长分光光度计的特点：可测多组分试样、浑浊试样，而且可做成导数光谱，不需参比溶液（消除了由于参比池的不同和制备参比溶液等产生的误差），克服了电源不稳而产生的误差，灵敏度高。其不足之处是价格昂贵。

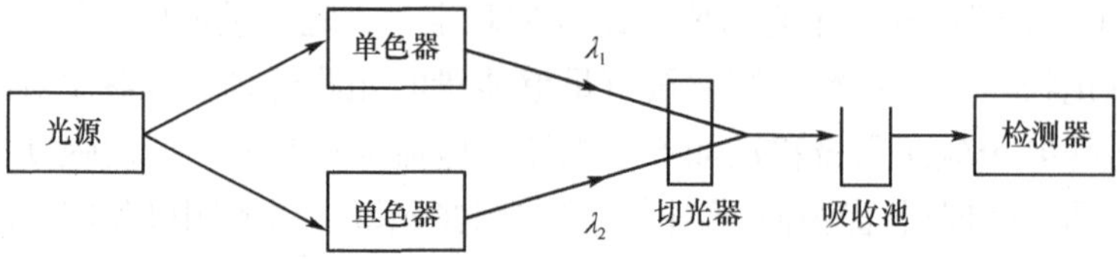

图 11-6　双波长紫外-可见分光光度计示意图

任务 3　定性与定量分析

一、定 性 鉴 别

利用紫外-可见分光光度法对有机化合物进行定性鉴别时，其主要依据是化合物的吸收光谱特征，如吸收光谱的形状、吸收峰数目、吸收峰的波长及相应的吸光系数值等。吸收光谱有明显差别，则肯定不是同一种化合物，也可借助标准图谱库进行核对。

（一）对比吸收光谱特征数据

常用 λ_{max} 和 $E_{1cm}^{1\%}$ 作为吸收光谱特征数据进行对比，化合物的吸收峰对应的波长 λ_{max} 取决于结构中的吸收基团，当吸收光谱存在多个吸收峰时，都应纳入对比范围，同时作为鉴别依据。不同的化合物，λ_{max} 可能相同，但它们分子量不一定相同，则 $E_{1cm}^{1\%}$ 就有差异。因此对比 $E_{1cm}^{1\%}$ 的一致性也常用于化合物的定性。例如，醋酸甲羟孕酮和炔诺酮均为甾体化合物，λ_{max} 均为 240nm，但它们的 $E_{1cm}^{1\%}$ 分别为 408 和 571，所以吸收系数值也常用于化合物的鉴别。

（二）对比吸光度（或吸收系数）的比值

当物质的吸收光谱不止一个吸收峰时，可将两处吸收峰的吸光度比值作鉴别。例如，维生素 B_{12} 在 361nm 与 278nm 处的吸光度比值应为 1.70～1.88，在 361nm 与 550nm 处的吸光度比值应为 3.15～3.45。

由于 $\frac{A_1}{A_2}=\frac{\varepsilon_1 cl}{\varepsilon_2 cl}=\frac{\varepsilon_1}{\varepsilon_2}$，因此也可以比较吸光系数的比值。

（三）对比吸收光谱的一致性

用上述几个光谱数据作鉴别，不能发现吸收光谱曲线中其他部分的差异。必要时，需将试样与已知标准品配制成相同浓度的溶液，在同一条件下测定，比较未知物与已知标准物的吸收光谱，如果两者的光谱完全一致，则可以初步认为它们是同一化合物。为了能使分析结果更准确可靠，需注意测定时尽量保持光谱的精细结构。也可利用文献所载的标准图谱进行核对，只有在光谱曲线完全一致的情况下才有可能是同一物质，若光谱曲线有差异，则可认为试样与标准品并非同一物质。

二、单组分的定量分析方法

紫外-可见分光光度法定量分析的依据是 Lambert-Beer 定律，即物质在一定波长处的吸光度与它的浓度成正比。因此通过测定溶液对一定波长入射光的吸光度，即可求出溶液的浓度和含量。通常波长应选择被测物质吸收光谱中的吸收峰处测定，以提高灵敏度并减少测定误差。被测物如有几个吸收峰，可选其他物质无干扰且峰值较高的吸收峰，一般不选择光谱中靠短波长末端的吸收峰。

单组分试样的定量分析方法可采用吸光系数法、工作曲线法和对照品比较法等。

（一）吸光系数法

吸光系数法是利用被测物质的吸光系数（$E_{1cm}^{1\%}$ 或 ε）计算含量的方法，也称绝对法。通常 $E_{1cm}^{1\%}$ 和 ε 可从手册或文献中查到。吸光系数法简便，但受仪器精度、操作及环境等影响，故不用于原料药的含量测定。当用吸光系数法时，应对所用的仪器进行检定和校正。根据 Lambert-Beer 定律 $A=E_{1cm}^{1\%}cl$，若 l 和吸光系数 ε 或 $E_{1cm}^{1\%}$ 已知，即可根据测得的 A 值求出被测物的浓度：$c=\dfrac{A}{E_{1cm}^{1\%}l}$。

值得注意的是按上式计算得到的浓度为 100ml 溶液中的溶质的质量（g），这是由百分吸光系数的定义所决定的。若公式中 $E_{1cm}^{1\%}$ 换成 ε，则计算得到的浓度为每升溶液中所含溶质的摩尔数（mol/L）。也可根据样品的浓度和测得的 A 值，计算出样品的百分吸光系数 $E_{1cm样}^{1\%}$，再通过计算 $E_{1cm样}^{1\%}$ 与标准物质百分吸光系数 $E_{1cm标}^{1\%}$ 的比值来求被测物质的含量，即 $\omega=\dfrac{E_{1cm样}^{1\%}}{E_{1cm标}^{1\%}}\times100\%$。

例题 11-2 维生素 B_{12} 的水溶液在 361nm 处的 $E_{1cm}^{1\%}$ 值为 207，盛于 1cm 吸收池中，测得溶液的吸光度为 0.414，则维生素 B_{12} 溶液的浓度是多少？

解： $c=\dfrac{A}{E_{1cm}^{1\%}l}=\dfrac{0.414}{207\times1}=0.00200(\text{g/100ml})$

例题 11-3 维生素 B_{12} 样品 25.0mg 用水溶成 1000ml 后，盛于 1cm 吸收池中，在 361nm 处测得吸光度为 0.507，则维生素 B_{12} 的含量是多少（已知维生素 B_{12} 的水溶液在 361nm 处的 $E_{1cm}^{1\%}$ 值是 207）？

解： $E_{1cm样}^{1\%}=\dfrac{A}{cl}=\dfrac{0.507}{25.0\times10^{-3}\times\dfrac{100}{1000}}=202.8$

维生素 B_{12} 的含量为 $\omega=\dfrac{E_{1cm样}^{1\%}}{E_{1cm标}^{1\%}}\times100\%=\dfrac{202.8}{207}\times100\%=97.97\%$

（二）工作曲线法

工作曲线法又称校正曲线法或标准曲线法。本法在药物分析、食品分析中广泛使用，简单易行，而且对仪器的精密度要求不高，但不适合复杂组分的样品分析。由于标准溶液和试样溶液都使用同一台仪器测定吸光度，其他测量条件也完全相同，因此吸光度和浓度在一定范围内具有线性关系。标准曲线定量方法为：配制系列已知浓度的标准溶液（一般 5～7 个），同一台仪器同一条件下，分别测定

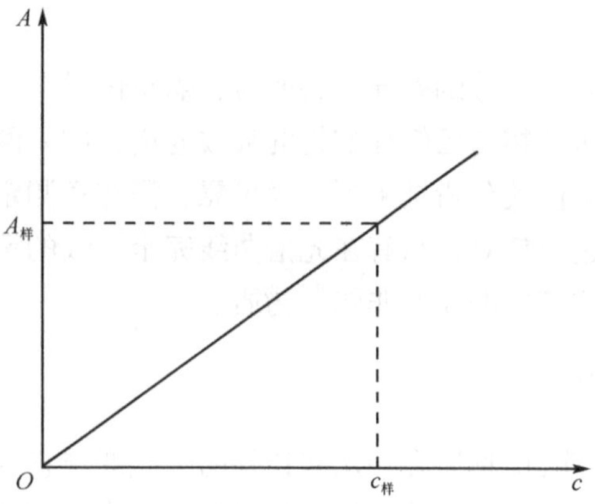

图 11-7 标准曲线法

吸光度，以浓度为横坐标，吸光度为纵坐标绘制 A-c 标准曲线，如图 11-7 所示。利用试样溶液在相同条件下测得的吸光度可在标准曲线上查得对应的溶液浓度，或通过标准曲线的回归方程计算得到，并求出含量。

采用标准曲线应注意以下几点：①在建立标准曲线时，首先确定符合朗伯-比尔定律的浓度线性范围，只有在线性范围内进行的定量测量才是准确可靠的；②制备一条标准曲线至少需要 5～7 个点，不得随意延长；③测定待测溶液和对照品溶液时必须在相同的条件下进行，且样品溶液的吸光度值应落在线性范围内，最好处于中间位置。

（三）对照品比较法

对照品比较法又称对照法或外标一点法，相同条件下配制浓度接近的试样溶液与对照品溶液，浓度相差在±10%范围内。在同一波长等条件下测定吸光度，

$$\frac{A_S}{A_X}=\frac{c_S}{c_X}$$

$$c_X=\frac{A_X\times c_S}{A_S} \quad (11\text{-}8)$$

式中，A_S 和 c_S 为对照品溶液的吸光度和浓度；A_X 和 c_X 为试样溶液的吸光度和浓度。

例题 11-4 精密吸取维生素 B_{12} 注射液 2.50ml，加水稀释至 10.00ml；另配制对照液，精密称定对照品 25.00mg，加水稀释至 1000ml。在 361nm 处，用 1cm 吸收池，分别测定吸光度为 0.508 和 0.518，求维生素 B_{12} 注射液的浓度及标示量的百分含量（该维生素 B_{12} 注射液的标示量为 100μg/ml）。

解：假设维生素 B_{12} 注射液的浓度为 $c_{B_{12}}$，由对照品比较法知

$$c_{B_{12}}\times\frac{2.5}{10}=\frac{25.00\times1000}{1000}\times\frac{0.508}{0.518}\Rightarrow c_{B_{12}}=98.1\mu g/ml$$

$$标示量的百分含量=\frac{c_{B_{12}}}{标示量}\times100\%=\frac{98.1}{100}\times100\%=98.1\%$$

以上三种定量方法中，吸光系数法最简单省时，但这种方法的使用要求仪器和测量体系所获得的吸光度 A 值与吸光物质浓度 c 应完全符合朗伯-比尔定律，否则会产生较大的测量误差。标准曲线法操作相对麻烦，但对于不适合使用吸光系数法的测量，可以获得较为准确的测量结果。如果标准曲线通过原点，则对于常规检测，不必每次都作标准曲线，可使用标准对照法测量，以此提高分析工作的效率。

三、多组分的定量分析方法

多组分的定量分析是以吸光度的加和性作为理论依据建立的，可分为实验溶液中共存组分在最大吸收波长处无重叠、部分重叠及相互重叠的情况。假设溶液中含有两个组分，则可能出现 3 种吸收情况，如图 11-8 所示。

（一）吸收光谱不重叠

图 11-8A 中组分 a、组分 b 在最大吸收波长处互相无干扰，可按照单组分的定量分析方法进行测定与计算，即在各组分对应的最大吸收波长处测定吸光度，计算浓度。

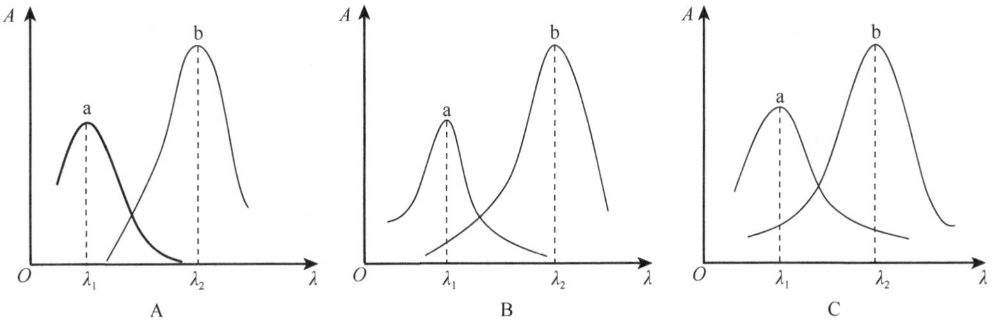

图 11-8　混合组分吸收光谱的三种相干情况示意图

（二）吸收光谱部分重叠

如果 a、b 两组分的吸收光谱有部分重叠，如图 11-8B 所示，在 a 组分的最大吸收波长 λ_1 处 b 组分有吸收，而在 b 组分的最大吸收波长 λ_2 处 a 组分没有吸收，此时，可先在 λ_2 处按单组分测定法测得混合物溶液中 b 组分的浓度 c_b，再在 λ_1 处测得混合物溶液的吸光度 $A_{\lambda_1}^{a+b}$，即可根据吸光度的加和性计算出 a 组分的浓度为

$$c_a = \frac{1}{E_{\lambda_1}^{a} l}\left(A_{\lambda_1}^{a+b} - E_{\lambda_1}^{b}\frac{A_{\lambda_2}^{b}}{E_{\lambda_2}^{b}}\right) \quad (11\text{-}9)$$

式中，$A_{\lambda_1}^{a}$、$A_{\lambda_1}^{b}$ 可由各自的标准曲线求得，然后可由上式求出组分 a 的浓度。

（三）吸收光谱相互重叠

在混合物测定中，更多遇到的情况是各组分的吸收光谱相互都有干扰，如图 11-8C 所示。在测量过程中可采用的方法主要有解联立方程和双波长法等。

自测题

一、单选题

1. 紫外-可见分光光度法属于（　　）
   A. 原子发射光谱　B. 原子吸收光谱
   C. 分子发射光谱　D. 分子吸收光谱
   E. 分子散射光谱
2. 紫外-可见光的波长范围是（　　）
   A. 200～760nm　B. 400～760nm
   C. 1000nm 以上　D. 200～400nm
   E.＜200nm
3. 紫外可见吸收光谱是由（　　）
   A. 2 分子外层电子跃迁产生
   B. 2 原子的振动产生的
   C. 2 分子的转动产生的
   D. 2 原子外层电子跃迁产生
   E. 2 分子的振动产生的
4. Lambert-Beer 定律只适用于（　　）
   A. 单色光、非均匀、散射、低浓度溶液
   B. 白光、均匀、非散射、低浓度溶液
   C. 单色光、均匀、非散射、低浓度溶液
   D. 单色光、均匀、非散射、高浓度溶液
   E. 白光、均匀、非散射、高浓度溶液
5. 在符合朗伯-比尔定律的范围内，溶液的浓度、最大吸收波长、吸光度三者的关系是（　　）
   A. 增加、增加、增加　B. 减小、不变、减小
   C. 减小、增加、减小　D. 增加、不变、减小
   E. 减小、减小、减小
6. 为了使测量较准确，吸光度读数应在的范围为（　　）
   A. 0～1　B. 0.2～0.7
   C. 0～0.7　D. 0.15～1.5
   E. 0.15～0.7
7. 紫外-可见分光光度法定量分析的理论依据是（　　）
   A. 吸收曲线　B. 吸光系数
   C. 朗伯-比尔定律　D. 能特斯方程
   E. 比尔定律

8. 透光率 T 与吸光度 A 的关系是（　　）

A. $\frac{1}{T}=A$　　B. $\lg\frac{1}{T}=A$

C. $\lg T=A$　　D. $\lg\frac{1}{A}=T$

E. $\lg A=T$

9. 在分光光度法测定一浓度为 c 的有色溶液时，当吸收池的厚度为 1cm 时，测得透光率为 T，假若吸收池的厚度为 2cm 时，则其透光率为（　　）

A. $\frac{T}{2}$　　B. $2T$

C. T^2　　D. $T^{\frac{1}{2}}$

E. $\frac{T}{4}$

10. 可作为可见分光光度计光源的是（　　）

A. 低压汞灯　　B. 氙灯

C. 氦灯　　D. 钨丝灯

E. 氢灯

11. 在一定条件下以入射光波长为横坐标、吸光度为纵坐标所描绘的曲线称为（　　）

A. 工作曲线　　B. A-λ 曲线

C. A-c 曲线　　D. 滴定曲线

E. T-λ

12. 下列关于光的性质描述，说法正确的是（　　）

A. 只具有波动性

B. 只具有粒子性

C. 具有波粒二象性

D. 其能量大小与波长成正比

E. 其能量大小与波长成反比

13. 紫外-可见分光光度法是基于被测物质对光的（　　）

A. 发射　　B. 散射

C. 吸收　　D. 衍射

E. 干涉

14. 入射光的波长选择应遵循的原则是（　　）

A. 吸收最大　　B. 干扰最小

C. 吸光系数最大　　D. 吸光系数最小

E. 吸收最大、干扰最小

15. 下列说法正确的是（　　）

A. 吸收曲线与物质的性质无关

B. 浓度越大，吸光系数越大

C. 吸收曲线是一条过原点的直线

D. 吸收曲线是溶液浓度与吸光度之间的关系曲线

E. 浓度越大，吸光系数越小

二、简答题

1. 试述紫外-可见分光光度计的主要部件及其作用。
2. Lambert-Beer 定律的物理意义是什么？为什么说 Beer 定律只适用于单色光？浓度 c 与吸光度 A 线性关系发生偏离的主要因素有哪些？
3. 为什么最好在 λ_{max} 处测定化合物的含量？
4. 根据表 11-1，请回答医院消毒为什么常用紫外光而不用可见光？
5. 许多物质都有颜色，在白光下，为什么硫酸铜水溶液呈现蓝色？

三、计算题

1. 安络血的相对摩尔质量为 236，将其配成 100ml 含安络血 0.4300mg 的溶液，盛于 1cm 吸收池中，在 λ_{max}=355nm 处测得 A 值为 0.483，试求安络血的 $E_{1cm}^{1\%}$ 和 ε 值。
2. 称取维生素 C 0.0500g 溶于 100ml 的 5mol/L 硫酸溶液中，准确量取此溶液 2.00ml 稀释至 100ml，取此溶液于 1cm 吸收池中，在 λ_{max}=245nm 处测得 A 值为 0.498。求样品中维生素 C 的百分质量分数。[$E_{1cm}^{1\%}$ = 560 ml/（g·cm）]

（高先娟）

项目12
红外分光光度法

学习目标

1. 知识目标： 掌握分子振动形式及表述，红外吸收光谱产生的条件；熟悉分子振动自由度计算；了解红外分光光度计的基本部件、工作原理及性能指标，试样的制备。

2. 能力目标： 熟练掌握红外吸收光谱法的基本原理，进行样品制备及红外图谱的绘制。

3. 素质目标： 通过对红外吸收光谱产生原理的学习，使学生逐步树立实事求是的科学态度，逐步养成一丝不苟的科学品质，通过对红外图谱绘制及解析学习培养学生勇于探索的科学精神。

案例 12-1

胃癌细胞的检测

恶性肿瘤是一种严重危害人类身心健康并消耗大量医疗卫生资源的疾病，由于目前缺乏有效地针对晚期癌症的治疗手段，因此肿瘤的早期诊断对延长患者的生存时间和提高生活质量具有重要的意义。傅里叶变换红外光谱可以提供有关分子结构和变化的多种信息，能在分子水平上对细胞组织的改变做出反映，是行之有效的肿瘤早期检测手段，较传统的肿瘤手段而言，具有快速、准确、客观等特点；甚至可以通过光纤附件，实现肿瘤的原位、在体、实时检测和诊断。根据傅里叶变换红外光谱（Fourier transform infrared spectrum）在 700～1900cm^{-1} 处的差异，对胃、牙齿、血管、肝等人体组织的研究可用于体内诊断。由胃癌组织与正常组织的谱图比较，可以发现胃癌组织具有特征性的光谱。

问题： 胃癌组织光谱图有什么特征呢？

当一束连续波长的红外光束穿透物质时，若物质分子内某一特定基团的振动频率与红外光的频率相匹配，则该基团会吸收红外光的能量，导致分子振动能级发生跃迁，并可能伴随分子转动能级的跃迁，用仪器记录物质分子对红外光的吸收情况，可得到红外吸收光谱图。在红外吸收光谱图中，不同官能团的吸收峰出现在特定的波长区间内，因此，通过分析光谱图中吸收峰的位置和形态，可以推断出官能团的存在，进而实现物质的定性分析。红外分光光度法是应用最为广泛的光谱法，对未知物的结构鉴定发挥着极其重要的作用。

任务1　概　　述

一、红外线及红外光谱

红外线是指波长长于可见光而短于微波的电磁波（0.76～1000μm）。习惯上按波长的不同，将红外光区分为 3 个区域，如表 12-1 所示。

表 12-1　红外光区区域

区域	波长/μm	波数/cm^{-1}	能级跃迁类型
近红外区（泛频区）	0.76～2.5	13 158～4000	NH、OH、CH 倍频吸收区
中红外区（基本振动区）	2.5～25	4000～400	振动，伴随着转动
远红外区（转动区）	25～1000	400～10	转动

当采用频率连续变化的光源照射样品分子时，分子会吸收特定波长的红外光，引起振-转能级的跃迁，产生红外吸收光谱。

红外吸收光谱图常以透光率（T，单位%）为纵坐标，以波数（σ，单位 cm^{-1}）或波长（λ，单位 μm）为横坐标绘制曲线，即 T-σ 曲线或 T-λ 曲线，如图 12-1 所示。

红外吸收分光光度法可用于分子结构的基础研究，如测定分子键长、键角，推断分子的立体构型等，分析化学组成（化合物的定性与定量分析），但应用最广泛的有机化合物的结构鉴定。可根据红外吸收光谱的峰位置、峰强度、峰数目及峰形来判断化合物的类别，推测某种基团的存在，进而推断未知化合物的化学结构。

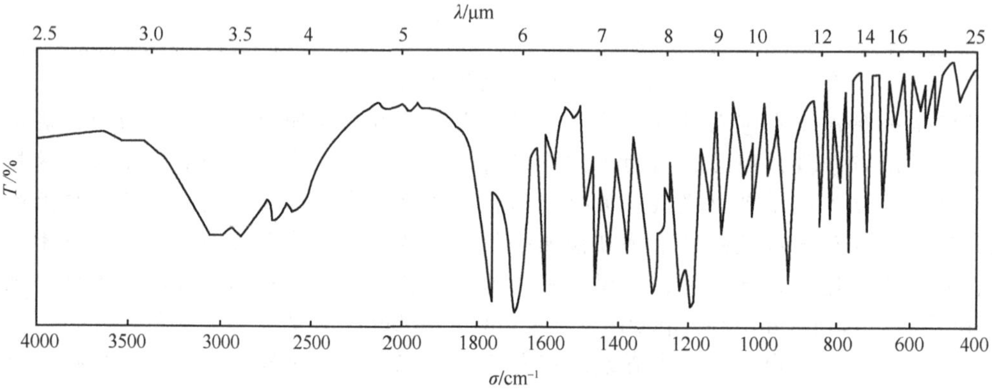

图 12-1　红外光谱图

二、红外吸收分光光度法的特点

近年来，出现了红外光谱仪与其他大型仪器的联用，红外吸收分光光度法在结构分析、化学反应机理研究及生产实践中发挥着极其重要的作用。红外吸收分光光度法具有如下特点。

1. 应用范围广泛　气态、液态和固态样品均可进行红外吸收光谱测定。

2. 测定速度快，特征性强　多数化合物均有红外吸收，能显示丰富的结构信息。

3. 样品用量少　仅用很少的样品（微克级）就可完成样品的红外分析。

4. 红外测定新技术发展快　针对特殊样品的测试要求，发展了多种测量新技术，如光声光谱（PAS）、衰减反射光谱（ATR）、漫反射、红外显微镜等。

三、红外吸收光谱产生的原理和条件

（一）红外吸收光谱产生的原理

有机分子中诸原子通过各类化学键连接为一个整体，当该结构受到红外辐射时，其分子会发生转动和振动能级的跃迁。为了深入理解红外吸收光谱，吸收峰的成因、数量及变化规律，必须从分子振动的层面进行研究。

1. 分子的振动类型　红外吸收光谱中的吸收峰是由分子不同的振动发生能级跃迁产生的。双原子分子仅有一种振动形式，多原子分子的振动形式虽较多，但主要包括两大类，即伸缩振动和弯曲振动。

（1）伸缩振动　表示符号为 υ，是化学键沿着键轴方向做规律性的伸与缩的运动，即键长有变化，键角无变化。伸缩振动又分为：对称伸缩振动，表示符号为 υ_s；不对称伸缩振动，表示符号为 υ_{as}。两个化学键同时伸长或缩短，称为对称伸缩振动；两个化学键交替伸长或缩短，称为不对称伸缩振动。

（2）弯曲振动　是键角发生规律性变化的振动，其振动形式可分为以下类型。

1）面内弯曲振动，表示符号为 β，是在由几个原子所构成的平面内进行的振动。面内弯曲振动又分为：剪式振动，表示符号为 δ；面内摇摆振动，表示符号为 ρ。

2）面外弯曲振动，表示符号为 γ，是在垂直于由几个原子所构成的平面方向上进行的弯曲振动。面外弯曲振动又分为：面外摇摆振动，表示符号为 ω；蜷曲振动，表示符号为 τ。

3）变形振动，表示符号为 δ，是多个化学键端的原子相对于分子的其余部分的弯曲振动，有键角变化。变形振动又分为：对称变形振动，表示符号为 δ_s；不对称变形振动，表示符号为 δ_{as}。

2. 分子的振动自由度　红外吸收光谱上吸收峰的峰数主要取决于分子基本振动的数目，即分子的振动自由度。对于含有 N 个原子的分子中，分子自由度的总数为 $3N$ 个。分子总的自由度包括平动自由度、转动自由度和振动自由度，即振动自由度=总自由度–平动自由度–转动自由度。无论是线性分子还是非线性分子，分子都在三维空间 x、y、z 三个方向上独立移动，因此有 3 个平动自由度。非线型分子，可绕三个互相垂直的轴（x、y、z）旋转，因此有 3 个转动自由度，则非线型分子的振动自由度 $=3N-3-3=3N-6$；线型分子绕分子轴的转动，不会改变原子位置，因此只有 2 个转动自由度，则线型分子的振动自由度 $=3N-3-2=3N-5$。例如，水分子为非线型分子，振动自由度 $=3\times3-6=3$，有三种振动形式，每种振动形式产生 1 个吸收峰，在红外吸收光谱上有 3 个吸收峰。

理论上，每个振动自由度（基本振动数）在红外光谱区将产生一个吸收峰。但是实际上，吸收峰数目往往少于基本振动数，其主要原因是：当振动过程中分子不发生瞬间偶极矩变化时，不引起红外吸收；频率完全相同的振动彼此发生简并；弱的吸收峰位于强、宽吸收峰附近时被覆盖；吸收峰太弱，仪器分辨率太低，以致无法测定。

（二）红外吸收光谱产生的条件

只有能引起偶极矩变化的振动才能吸收能量相当的红外辐射，而在红外吸收光谱上才能观测到吸收峰。故把能引起偶极矩变化的振动称为红外活性振动。反之，把不能引起偶极矩变化的振动称为红外非活性振动。因此并不是所有的分子振动都能引起红外光的吸收，物质分子吸收红外光必须满足两个条件。

1. 红外光辐射的能量应恰好等于振动能级跃迁所需的能量，也就是红外光辐射的频率与分子中某基团的振动频率相等或者是其振动频率的倍数时，红外光才能被吸收，产生红外光谱。

2. 在振动过程中，分子必须有偶极矩的变化。只有当红外光频率与分子偶极矩变化频率一致时，分子才与红外光相互作用（振动耦合）而增加振动能，使振幅增大，即分子由原来的基态振动跃迁到较高的能级上振动。

四、基团频率和特征吸收

物质的红外吸收光谱是分子结构的反映。谱图中的吸收峰与分子中各基团的振动形式相对应。多原子分子的红外吸收光谱与其结构的关系，一般是通过实验手段得到的。通过大量的已知化合物的红外吸收光谱，从中总结出各种基团的吸收规律。实验表明，组成分子的各种基团，如 O—H、N—H、C—H、C=C、C=O 等，都有自己特定的红外吸收区域，分子的其他部分对其吸收位置影响较小。通常把这种能代表基团存在，并有较高强度的吸收谱带称为基团频率，其所在位置一般称为特征吸收峰。

红外吸收光谱最常用的是将 4000～400cm^{-1} 分成不同区域进行的归纳法。以 1300cm^{-1} 为界分成官能团区和指纹区两部分。

官能团区为 4000～1300cm^{-1}，是由含氢的官能团和含双键、三键的官能团产生的，由于折合质量小或键的力常数大，因而出现在高波数，峰的数目较少但强度较大，一般来说，每个峰都可得到较确切的归属，由此给出化合物的特征官能团和结构类型的重要信息。

1300～400cm^{-1} 区域通常称为指纹区，主要由含氢的单键官能团伸缩振动和双键、三键的弯曲振动引起，各种振动的频率差别较小、数目较多、相互重叠耦合、谱图变化较多，大部分峰找不到准确的归属，但综合起来可作为化合物的具体特征指纹图。

任务 2　红外分光光度计

红外分光光度计是由光源、吸收池、单色器、检测器、计算机工作站等部分构成。除光源、色散元件、检测器等与紫外-可见分光光度计不同外，吸收池与单色器的位置顺序也不同。1970 年以后诞生了基于干涉调频分光的傅里叶变换红外光谱仪（Fourier transform infrared spectrometer，FTIR），属于第三代红外光谱仪。它具有很高的分辨率和极快的扫描速度，扫描一张红外全谱的时间只需百分之几秒到十分之几秒。由于这种仪器中没有狭缝，光通量大大增加，其灵敏度比光栅型的红外光谱仪高两个数量级。它的这些特点，使得色谱与红外光谱的联用成为现实。

一、傅里叶变换红外光谱仪的工作原理

傅里叶变换红外光谱技术是基于傅里叶变换原理，通过两束光的相互干涉生成干涉图谱，并通过傅里叶变换来测定红外吸收光谱的方法。该技术因其卓越的分辨率、灵敏度及快速的扫描能力，使得仪器性价比不断提升。此外，它也是实现多种联用技术的理想选择。目前，已经开发出气相色谱-红外光谱、高效液相色谱-红外光谱、热重分析-红外光谱等多种联用仪器，其应用领域正不断扩大。

红外光源发出的光首先通过一个光圈，然后逐步通过滤光片，进入干涉仪（光束在干涉仪里被动镜调制），到达样品（透射或反射），最后聚焦到检测器上。每一个检测器包含一个前置放大器，前置放大器输出的信号（干涉图）发送到主放大器，在这里被放大，通过模/数转换器送入计算机，由计算机进行傅里叶变换的快速计算，将这一干涉信号所带有的光谱信息转换成以波数为横坐标的红外光谱图，然后再通过数/模转换器送入绘图仪，便得到与色散型红外光谱仪完全相同的红外光谱图。

二、傅里叶变换红外光谱仪的主要部件

傅里叶变换红外光谱仪的构成，见图 12-2。

图 12-2　傅里叶变换红外光谱仪构成示意图

（一）光源

光源的作用是产生高强度、连续的红外光。通常采用惰性固体作光源，目前中红外区较为常用的有硅碳棒和能斯特灯（Nernst 灯）。

硅碳棒是用硅碳砂压制成中间细、两端粗的实心棒烧结而成，在低波数区发射较强，波数范围宽，为 4000～400cm^{-1}；坚固、寿命长，发光面积大，多用特殊金属丝制成。

Nernst 灯由锆、钇、铈或钍的氧化物混合烧结而成，发射强度大，尤其在高于 1000cm^{-1}的区域稳定性较好，但机械强度较差，价格较贵。

（二）吸收池

红外分光光度计所使用的吸收池有气体池、液体池和固体池，由于中红外光不能透过玻璃和石英，一般用一些盐类的单晶制作盐片（如 KBr 或 NaCl 等），KBr 在 4000～400cm^{-1}范围内无红外光吸收，可测定固、液、气态样品。KBr 和 NaCl 很容易潮解，在相对湿度大于 45%的环境下使用会逐渐变得不透明，在不使用时应在干燥器中存放。

（三）干涉仪

干涉仪是光谱仪的心脏，光束进入干涉仪后一分为二：一束透过到动镜，另一束反射到定镜。透射光从定镜反射回来到达分束器，一部分透射返回光源，另一部分反射到样品。反射光从定镜反射回来到分束器，一部分反射返回光源，一部分透射到样品。也就是说在干涉仪的输出部分有两部分，根据动镜的位置，这两束光得到加强或减弱，产生干涉，得到干涉图。干涉图信号经检测器转变成电信号，通过计算机经傅里叶变换后即得红外光谱图。

（四）检测器

检测器的作用是将照射在它上面的红外光变成电信号。红外区光子能量低，不能使用紫外-吸收分光光度计上的光电管或光电倍增管。常用的红外检测器有两种：热电型、光电导型。

（五）记录系统

由记录仪自动记录图谱。

任务3 定性与定量分析

红外光谱技术在化学领域具有广泛的应用，其操作简便、快速且结果可靠。此外，该技术对样品的需求量小，且样品可回收利用，对样品本身无特殊要求，能够适用于气体、固体及液体等多种形态的物质检测。因此，红外光谱技术被广泛应用于化合物的定性与定量分析，以及化学反应机理的研究。其中，最为广泛的应用是对未知化合物进行结构鉴定。

一、样品的制备技术

测定红外吸收光谱的试样必须是纯物质，若有杂质须进行分离提纯，使纯度大于 98%，一般应不含水；试样的浓度和测试厚度应适当，确保图谱中大多数吸收峰的透光率处于 10%～80%范围内。

（一）固体样品的制备技术

固体样品制备常用压片法、糊剂法及薄膜法。这三种制备方法各有优缺点，实验室采用较多的还是压片法。

1. 压片法 是测定固体样品常用的方法，尤其对于不溶于有机溶剂的固体物质，采取压片法较合适。取样品 1～2mg，加入干燥 KBr 约 200mg，置玛瑙研钵中，在红外灯照射下研磨，混匀，装入压片模具，按压机要求加压，卸掉压力，得到厚约 1mm 的透明 KBr 样品片。

KBr 为最常用的固体分散介质，要求 KBr 为光谱纯、粒度约 200 目，并为干燥品。无光谱纯 KBr 时，可用 GR 或 AR 级品重结晶，未精制前，若无明显吸收，也可直接使用。若测定试样为盐酸盐时，应用 KCl 压片。

2. 糊剂法 压片法无法避免固体粒子对光的散射现象，可采用糊剂法。首先把干燥的样品放入玛瑙研钵中充分研细，然后滴几滴液体石蜡到玛瑙研钵中继续研磨，直到呈均匀的糊状，用样品铲把分散在玛瑙研钵四周的样品糊聚拢并铲入盐片上，放入仪器光路中测绘其光谱。

最常用的液体分散介质为石蜡油（白油）、全氟代烃，其中，石蜡油适用于 1300～400cm^{-1}，全氟代烃适用于 4000～1300cm^{-1}，可根据样品出峰情况选用。由于石蜡是高碳数饱和烷烃，因此此法不适于测定饱和烷烃。

3. 薄膜法 此法主要用于能够成膜的高分子物质。制备方法根据试样的理化性质而定：低熔点的样品可在熔融后涂制或压制成膜，也可将样品溶解在低沸点的易挥发溶剂中，涂在盐片上，待溶剂挥发后成膜。

（二）液体样品的制备技术

1. 液体池法 一般液体试样及有合适溶剂的固体试样均可采用液体池法。最常用的溶剂有 CCl_4、CS_2、$CHCl_3$、环己烷等，对于某些难溶性高聚物或其他物品，多采用四氢呋喃、吡啶、二甲基甲酰胺等。该法需要选用在测定波数区域无严重干扰吸收的溶剂，否则即便使用空白抵偿也不能完全抵消干扰吸收。因此做精密测定时，需要按波段选择数个溶剂完成整个区间的测定。一般常用的溶剂有 CCl_4（4000～1350cm^{-1}）及 CS_2（1350～600cm^{-1}），CCl_4 在 1580cm^{-1} 处稍有干扰。

2. 夹片法及涂片法 对于挥发性不大的液体试样可采用夹片法，即将液体试样滴在一片 KBr 窗片上，用另一片 KBr 窗片夹住后测定，方法简便实用。对于黏度大的液体样品可采用涂片法，即将液体样品涂在一片 KBr 窗片上测定。KBr 窗片使用完后，需要用合适的有机溶剂清洗后置于干燥器中保存。

二、定性分析

定性分析大致可分为化合物的鉴别和结构定性两个方面。定性分析的一般过程如下：试样的分离和精制→试样有关材料的了解→试样谱图的解析→标准谱图对照→红外光谱谱库检索→分子结构的确定。

1. 鉴别化合物的异同 化合物的红外光谱图与其熔点、沸点、折射率和比旋度等物理常数一样，是该化合物的一种特征。大多数有机化合物的红外光谱吸收峰多达 20 个以上，如同人的指纹一样彼此不相同，因此用它鉴别化合物，可靠性比其他物理性质强。

（1）已知物的鉴定 将试样的谱图与标准的谱图进行对照，或者与文献上的谱图进行对照。如果两张谱图各吸收峰的位置和形状完全相同，峰的相对强度一样，就可以认为样品是该种标准物。如果两张谱图不一样，或峰位不一致，则说明两者不是同一化合物，或样品有杂质。如用计算机谱图检索，则采用相似度来判别。使用文献上的谱图应当注意试样的物态、结晶状态、溶剂、测定条件及所用仪器类型均应与标准谱图相同。

（2）未知物结构的测定 测定未知物的结构，是红外光谱法定性分析的一个重要用途。如果未知物不是新化合物，可以通过两种方式利用标准谱图进行查对：①查阅标准谱图的谱带索引，寻找与试样光谱吸收带相同的标准谱图；②进行光谱解析，判断试样的可能结构，然后再通过化学分类索引查找标准谱图对照核实。

2. 推断化合物的结构 红外光谱可提供物质分子中官能团、化学键及空间立体结构的信息，可用于对未知化合物的结构推测，解析红外光谱前应了解试样的来源及理化性质。试样的物理常数（熔点、沸点、比旋度、折光率等），可作为光谱解析的佐证。

三、定量分析

红外光谱定量分析的理论基础同样建立在朗伯-比尔定律之上。根据被测物质的特性及定量分析的具体需求，可选用直接计算法、工作曲线法等多种定量分析方法。然而，由于摩尔吸光系数较小，灵敏度不高；吸收光程难以精确控制，从而增加了测量误差；吸收峰受化学环境、溶剂效应的影响较大等原因给红外光谱定量带来了一定的困难，因此应用没有紫外光谱广泛。

自测题

一、单选题

1. 在红外光谱分析中，用 KBr 制作为试样池，这是因为（　　）
   A. KBr 在 4000～400cm^{-1} 范围内不会散射红外光
   B. KBr 在 4000～400cm^{-1} 范围内有良好的红外光吸收特性
   C. KBr 在 4000～400cm^{-1} 范围内无红外光吸收
   D. KBr 在 4000～400cm^{-1} 范围内有红外光吸收
   E. 在 4000～400cm^{-1} 范围内，KBr 对红外光无反射
2. 一种能作为色散型红外光谱仪色散元件的材料为（　　）
   A. 玻璃　B. 石英
   C. 卤化物晶体　D. 有机玻璃
   E. 有色玻璃
3. 并不是所有的分子振动形式其相应的红外谱带都能被观察到，这是因为（　　）
   A. 分子既有振动运动，又有转动运动，太复杂
   B. 分子中有些振动能量是简并的
   C. 分子中有 C、H、O 以外的原子存在
   D. 分子某些振动能量相互抵消了
   E. 以上都不是
4. 红外光谱又称（　　）
   A. 电子光谱　B. 拉曼光谱
   C. 原子吸收光谱　D. 原子发射光谱
   E. 分子振-转光谱
5. 振动时键角发生周期性变化或基团作为一个整体在其所处的平面内、外振动，称为（　　）
   A. 弯曲振动　B. 伸缩振动
   C. 面外弯曲　D. 面内弯曲
   E. 剪式振动
6. CO_2 分子的振动自由度的数目是（　　）
   A. 3　B. 4
   C. 7　D. 8
   E. 9
7. 苯分子的振动自由度为（　　）
   A. 18　B. 12
   C. 30　D. 31
   E. 18
8. 红外分光光度计常用的光源是（　　）
   A. 钨灯　B. 氢灯
   C. 氘灯　D. 能斯特灯
   E. 氙灯
9. H_2O 的红外吸收峰数目为（　　）
   A. 5　B. 4
   C. 3　D. 2
   E. 1
10. 红外吸收光谱的产生是由于（　　）
    A. 分子外层电子、振动、转动能级的跃迁
    B. 原子外层电子、振动、转动能级的跃迁
    C. 分子振动-转动能级的跃迁
    D. 分子外层电子的能级跃迁
    E. 分子层电子的能级跃迁
11. 红外光谱法试样可以是（　　）
    A. 水溶液　B. 含游离水
    C. 含结晶水　D. 不含水
    E. 含水
12. 与气相色谱仪联用的红外光谱仪为（　　）
    A. 色散型红外光谱仪
    B. 双光束红外光谱仪
    C. 傅里叶变换红外光谱仪
    D. 快扫描红外光谱仪
    E. 全反射傅里叶变换红外光谱仪

二、简答题

1. 产生红外吸收的条件是什么？是否所有的分子振动都会产生红外吸收光谱？为什么？
2. 以亚甲基为例说明分子的基本振动模式。
3. 何谓基团频率？它有什么重要用途？

（王宝春）

项目13 荧光分析法

学习目标

1. 知识目标： 掌握荧光分析法的基本原理；激发光谱和发射光谱；荧光光谱的特征；荧光与分子结构的关系；荧光定量分析方法。熟悉物质分子荧光的产生；荧光寿命与荧光效率；荧光分光光度计的工作原理。了解影响荧光强度的因素；荧光分析法在本专业中的应用。

2. 能力目标： 熟练操作荧光分光光度计；学会荧光分析技术在药学、临床、生物医学、环境、食品等领域的应用，解决荧光物质的定量分析的问题。

3. 素质目标： 牢固树立多学科交叉融合与团队协作的科研精神，在药物筛选、疾病诊断等领域为医药事业发展做出更大的贡献。

有些物质被特定波长的光照射时，除了能吸收某种波长的光产生吸收光谱外，还会发射出比原来所吸收光的波长更长的光，当激发光停止照射，物质所发射的光线也很快随之消失，这种现象称为光致发光，最常见的光致发光现象是荧光和磷光。荧光是物质分子接受光子能量被激发后，从激发态的最低振动能级返回基态时发射出的光。荧光分析法是根据物质的荧光谱线位置及其强度进行物质鉴定和含量测定的方法。根据待测物质的不同可分为分子荧光和原子荧光。本章仅介绍以紫外-可见光为激发光源的分子荧光分析法。

荧光分析法的主要优点是灵敏度高，选择性好，其检测限达 10^{-10}g/ml，甚至可达 10^{-12}g/ml，比紫外-可见分光光度法低 2～3 个数量级以上。试样用量小，操作简便，工作曲线的线性范围宽。由于荧光分析法的以上优点，并且许多重要的生物活性物质都具有荧光性质，荧光分光分析法在药学、临床、环境、食品及生命科学研究等领域具有广泛的应用。

任务1　概　　述

一、荧光分析法的基本原理

（一）分子的激发过程

物质的分子体系中存在着一系列紧密相隔的电子能级，而每个电子能级中又包含一系列的振动能级和转动能级。在室温时，大多数分子处在电子基态的最低振动能级。当物质受光照射时，物质分子将吸收一定波长的光能从基态最低振动能级跃迁到第一电子激发态及更高电子激发态的不同振动能级，成为激发态分子，这个过程是物质分子的激发过程。激发态分子不稳定，会很快通过辐射跃迁或无辐射跃迁释放能量返回基态，就会发生能级之间的跃迁。

根据泡利（Pauli）不相容原理，一个给定轨道中的两个电子，必定具有相反方向的自旋，即自旋量子数分别为 $\frac{1}{2}$ 和 $-\frac{1}{2}$，其总自旋量子数 $S=\frac{1}{2}+\left(-\frac{1}{2}\right)=0$，即基态时电子没有净自旋。

分子中的电子能级具有多重性，可用 $M=2S+1$ 表示，S 为电子的总自旋量子数，其值可为 0 或 1。当分子轨道中的两个电子自旋方向相反时 $S=0$，分子的多重性 $M=1$，此时分子所处的电子能态称为单重态，用符号 S 表示。基态单重态和各种激发单重态，分别记作 S_0、S_1 和 S_2……。两个电子自旋方向相同时 $S=1$，分子的多重性 $M=3$，此时分子所处的电子能态称为三重态，用符号 T 表示。分子的基态、激发单重态和激发三重态的电子分布见图13-1。

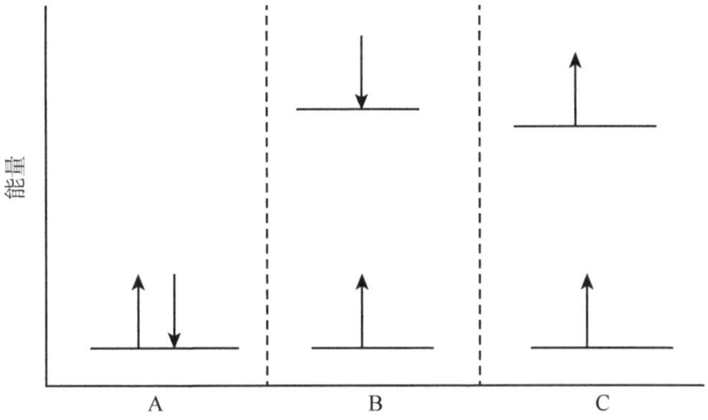

图13-1　单重态及三重态的激发示意图

A. 单重基态；B. 激发单重态；C. 激发三重态

（二）荧光的产生

当基态分子吸收了紫外-可见光后，只能跃迁到激发单重态的各个不同振动-转动能级，根据自旋禁阻选律，不能直接跃迁到激发三重态的各个振动-转动能级。

处于激发态的分子不稳定，可通过辐射跃迁和无辐射跃迁等分子的去活化过程释放多余的能量而返回至基态，发射荧光是其中的一条途径。这些过程叙述如下，相应的示意图见图13-2，图中 S_0、S_1 和 S_2 分别表示分子的基态、第一和第二电子激发的单重态，T_1、T_2 表示第一和第二电子激发的三重态。

处于激发态的分子是不稳定的，通常要以辐射跃迁或非辐射跃迁等方式返回基态，这个过程称为分子的去激发过程。分子的去激发过程主要有以下几种途径。

1. 振动弛豫　处于激发态各振动能级的分子通过与溶剂分子的碰撞而将部分振动能量传递给溶剂分子，其电子则返回到同一电子激发态的最低振动能级的过程。

2. 内部能量转换　简称内转换，是当两个电子激发态之间的能量相差较小以致其振动能级有重叠时，受激分子常由高电子能级以无辐射方式转移至低电子能级的过程。内转换发生的时间约在 10^{-12}s。如图13-2中，S_1 的较高振动能级与 S_2 的较低振动能级的势能非常接近，内转换过程（$S_1 \rightarrow S_2$）很容易发生。内转换过程同样也发生在激发三重态的电子能级间。

3. 荧光发射　无论分子最初处于哪一个激发单重态，通过内转换及振动弛豫，均可返回到第一激发单重态的最低振动能级，然后再以辐射形式发射光量子而返回至基态的任一振动能级上，这时发射的光量子称为荧光。发射荧光的过程为 10^{-9}～10^{-7}s。由于振动弛豫和内转换损失了部分能量，故荧光的波长总比激发光波长要长。由于电子返回基态时可以停留在基态的任一振动能级上，因此得到的荧光为复合光，在荧光光谱上常只出现一个荧光带。通过进一步振动弛豫，这些电子都很快地回到基态的最低振动能级。

4. 外部能量转换　简称外转换，是溶液中的激发态分子与溶剂分子或与其他溶质分子之间相互碰撞而失去能量，并以热能的形式释放能量的过程。外转换常发生在第一激发单重态或激发三重态的最低振动能级向基态转换的过程中，外转换会降低荧光强度。

5. 体系间跨越　是处于激发态分子的电子发生自旋反转而使分子的多重性发生变化的过程。如图13-2所示，S_1 的最低振动能级同 T_1 的最高振动能级重叠，则有可能发生体系间跨越（$S_1 \rightarrow T_1$）。分子由激发单重态跨越到激发三重态后，荧光强度减弱甚至熄灭。含有重原子如碘、溴等的分子时，体系间跨越最为常见，原因是在高原子序数的原子中，电子的自旋与轨道运动之间的相互作用较大，有利于电子自旋反转的发生。另外在溶液中存在氧分子等顺磁性物质时也容易发生体系间跨越，从而使荧光减弱。

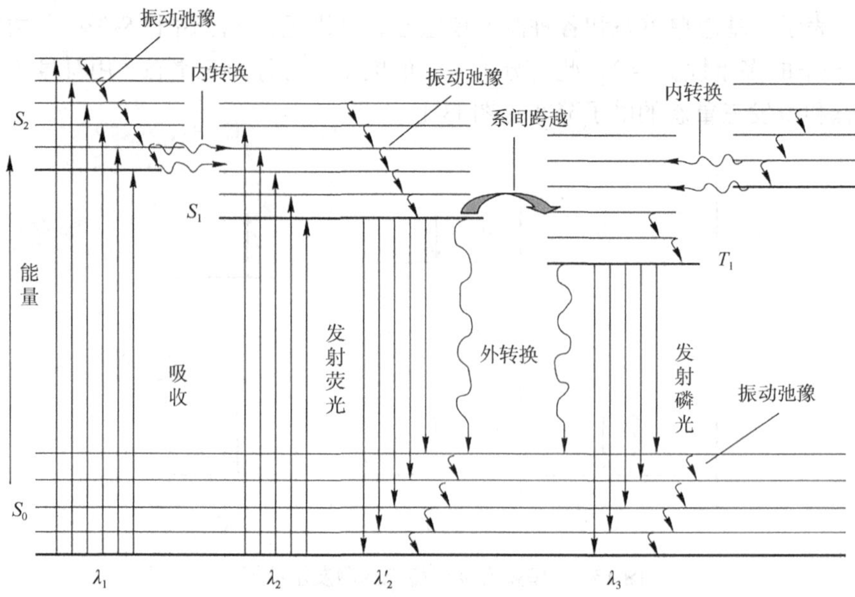

图 13-2 分子受激发和产生荧光（或磷光）示意图

6. 磷光发射 经过体系间跨越的分子再通过振动弛豫降至激发三重态的最低振动能级，分子在激发三重态的最低振动能级可以存活一段时间，然后返回至基态的各个振动能级而发出光辐射，这种光辐射称为磷光。

综上所述，处于激发态的分子，可通过上述几种不同途径回到基态。荧光是分子外层价电子从第一电子激发态的最低振动能级以辐射形式发射光回到基态的任一振动能级，此时分子发射的光即称为荧光。

二、荧光的激发光谱和发射光谱

任何发射荧光的物质分子都产生两种特征光谱，即激发光谱和发射光谱（荧光光谱）。

（一）激发光谱

固定发射单色器在某一波长，连续改变激发单色器波长，测定不同波长入射光下的荧光强度，以激发波长（λ_{ex}）为横坐标，荧光强度（F）为纵坐标作图，便可得到荧光物质的激发光谱（F-λ_{ex} 曲线）。表示不同激发波长的辐射引起物质发射某一波长荧光的相对效率。激发光谱相当于荧光物质的表观吸收光谱，其形状与吸收光谱极为相似，一般选择能产生最强荧光强度的激发波长 $\lambda_{ex(max)}$ 作为测定波长，以提高灵敏度。

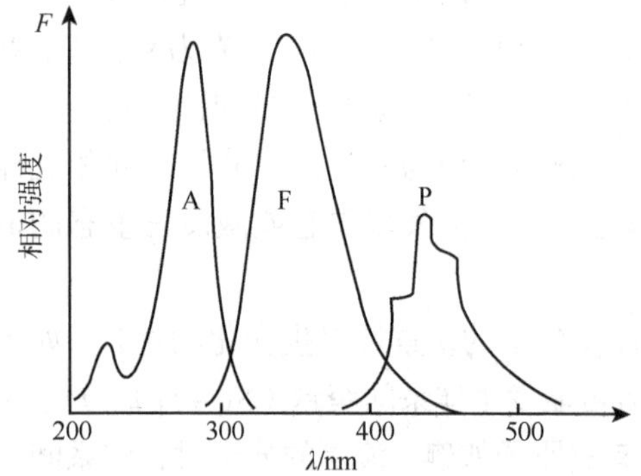

图 13-3 萘的激发光谱（A）、发射光谱（F）和磷光光谱（P）

（二）发射光谱

同一个荧光物质，固定激发光波长和强度，测定不同荧光波长下的荧光强度，以发射波长（λ_{em}）为横坐标，荧光强度（F）为纵坐标作图，便可得到荧光物质的发射光谱（F-λ_{em} 曲线），又称为荧光光谱。表示在所发射的荧光中各种波长组分的相对强度。一般选择最强荧光强度的发射波长 $\lambda_{em(max)}$ 作为测定波长，以提高灵敏度。图 13-3 是萘的激发光谱、发射光谱和磷光光谱曲线。

激发光谱和发射光谱是荧光物质的特征光谱，通常用来鉴别荧光物质，而且是选择测定波长的依据。具有以下特征。

1. 斯托克斯（Stokes）位移 在溶液荧光光谱中，所观察到的发射波长总是大于激发波长，$\lambda_{em}>\lambda_{ex}$。Stokes 于 1852 年首次发现这种波长位移现象，故称 Stokes 位移。

2. 发射光谱的形状与激发波长无关 虽然分子的电子吸收光谱可能含有几个吸收带，但其发射光谱却只有一个发射带。

3. 发射光谱与激发光谱的形状呈镜像关系 物质的分子只有对光有吸收，才会被激发，所以，从理论上说，某化合物的发射光谱的形状，应与它的激发光谱的形状完全相同。然而实际并非如此，由于存在着测量仪器的因素或测量环境的某些影响，因此绝大多数情况下，"表观"激发光谱与发射光谱两者的形状有所差别。只有在校正仪器因素后，两者才非常近似，而如果也校正了环境因素，两者的形状才相同。如果把某物质的发射光谱和它的激发光谱相比较，便会发现两者之间存在着"镜像对称"关系。图 13-4 是蒽的激发光谱和发射光谱。

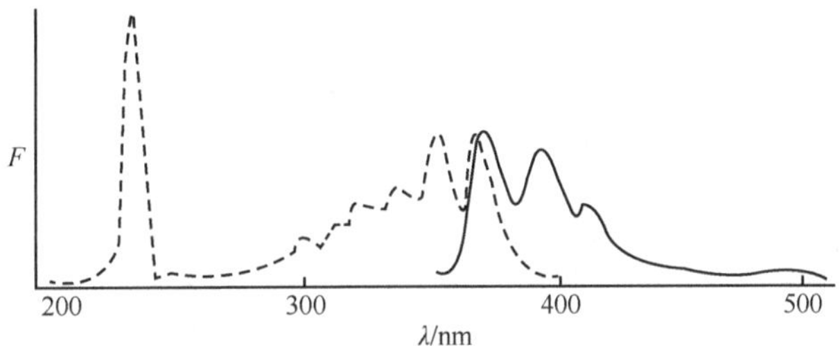

图 13-4 蒽的激发光谱（虚线）和发射光谱（实线）

三、分子结构与荧光的关系

物质分子结构与荧光的发生及其强度紧密相关，可根据物质的分子结构判断该物质的荧光特性。

荧光效率和荧光寿命是荧光物质的重要发光参数。

（一）荧光效率

荧光效率又称荧光量子产率，是指激发态分子发射荧光的光子数与基态分子吸收激发光的光子数之比，常用 φ_f 表示：

$$\varphi_f=\frac{\text{发射荧光的光子数}}{\text{吸收激发光的光子数}} \tag{13-1}$$

若所有激发态分子都将以发射荧光的方式回到基态，这一体系的荧光效率等于 1。但在溶液中激发态的分子会发生振动弛豫及内部转换等无辐射跃迁，使得大部分荧光物质的 $\varphi_f<1$，因此，物质的荧光效率一般在 0～1。

（二）荧光寿命

荧光寿命是指当除去激发光源后，分子的荧光强度降低到最大荧光强度的 $1/e$ 所需的时间（t），常用 τ_f 表示。荧光强度的衰减可用下式表示：

$$F_t=F_0e^{-t/\tau_f} \tag{13-2}$$

式中，F_t 是时间 t 时的荧光强度；F_0 是初始荧光强度（最大荧光强度）；τ_f 是荧光寿命；t 是时间。

利用分子荧光寿命的差别，可以进行荧光物质混合物的分析。

任务 2　荧光分光光度计

用于测量荧光强度的仪器有滤光片荧光计、滤光片-单色器荧光计和荧光分光光度计三类。滤光片荧光计的激发滤光片允许激发光通过；发射滤光片常用截止滤光片，截去所有的激发光和散射光，只允许试样的荧光通过，这种荧光计不能测定光谱，但可用于定量分析。滤光片-单色器荧光计是将发射滤光片用光栅代替，这种仪器不能测定激发光谱，但可测定发射光谱。荧光分光光度计是两个滤光片都用光栅取代，它既可测量某一波长处的荧光强度，还可绘制激发光谱和发射光谱。

一、荧光分光光度计的主要部件

荧光分光光度计的种类很多，但均包括如下几个主要部分：激发光源、激发单色器（置于样品池前）和发射单色器（置于样品池后）、样品池、检测器。基本部件和紫外-可见分光光度计大致相同。其结构如图 13-5 所示。激发光通过入射狭缝，经激发单色器分光后照射到被测物质上，发射的荧光再经发射单色器分光后用光电倍增管检测，并经信号放大系统放大后记录。

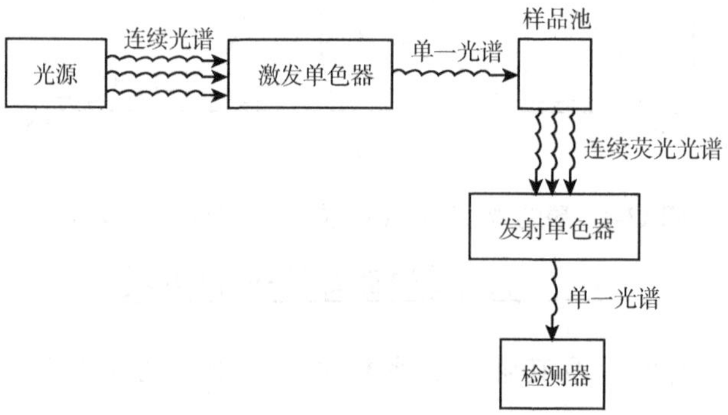

图 13-5　荧光分光光度计结构示意图

（一）光源（激发光源）

在紫外-可见光区范围提供荧光激发用的光源很多，主要有高压汞灯、氙灯和激光器等。荧光计所用的激发光源一般要比荧光分光光度计所用的光源强度大，所以常用高压汞灯，高压汞灯能产生强烈的线光谱，发射 365nm、398nm、405nm、436nm、546nm、579nm、690nm 及 734nm 谱线，大都用作带有滤光片的荧光分光光度计的光源。荧光分光光度计一般采用氙灯作光源，氙灯所发射的谱线强度大，而且是 250～700nm 波长范围内的连续光谱，并且在 300～400nm 波段内的谱线强度几乎相等。

（二）单色器

荧光光度计具有两个单色器。激发单色器是置于光源和样品室之间的第一单色器，筛选出特定的激发光谱。发射单色器是置于样品室和检测器之间第二单色器，筛选出特定的发射光谱。发射单色器通常与激发单色器呈 90°角的位置。在滤光片荧光计中，通常使用滤光片作单色器。在荧光分光光度计中，激发单色器可以是滤光片，也可以是光栅，而发射单色器均为光栅。

（三）样品池

测定荧光用的样品池需用低荧光的材料制成，常为四面透光且散射光较少的方形池。普通玻璃会吸收 323nm 以下的紫外线，不适用于在紫外光区进行激发的荧光分析，所以常用石英制成的样品池。测量稀溶液时，光源与检测器成直角测量，以消除透射光的背景干扰。但为了一些特殊的测量需要，如浓溶液、固体样品等，应用管形样品池，光源与检测器成锐角（30°或 40°）测量。

（四）检测器

检测器可将光信号放大并转换为电信号。一般用光电管或光电倍增管作检测器。用紫外-可见光作激发光源时产生的荧光多为可见荧光，强度较弱，因此要求检测器的灵敏度高，通常采用光电倍增管作检测器。目前也有些仪器采用光电二极管阵列检测器，它具有检测效率高、寿命长、线性响应好、扫描速度快等优点。

（五）显示系统

显示系统包括放大器、处理器和显示器。放大器可以提高分析的灵敏度。显示器可采用数字显示及计算机显示等。现在大多数仪器都配有专用微型计算机进行控制、处理和显示。

二、荧光分光光度计的操作流程

下面介绍一下 RF-5301 PC 型荧光分光光度计的操作流程。

（一）仪器连接

1. 打开仪器和氙灯电源开关。

2. 单击菜单栏中 Configure 中的 Instrument，在弹出的对话框中的 Fluorometer 中选择 On，仪器开始初始化。

3. 初始化进行一系列的检查，如一切顺利通过，对话框各项目亮起，将 Fluorometer、HV Control 和 PMT Protect 均设为 On，Auto Shutter 处于 Off 位置，单击确认键。

（二）参数设定

在菜单栏中，选择 Acquire Mode、Spectrum 进入光谱模式，选择 Configure 和 Parameters，弹出光谱参数对话框，设置实验参数，单击 OK 确定。

（三）数据采集与处理

1. 放置样品，单击开始按钮开始测定，测定完毕后在弹出的对话框中输入文件名称，单击保存。

2. 在菜单栏中选择 File、Channel、Save Channel，勾选要保存的通道，单击 OK 后数据写入计算机硬盘。

3. 按照实验要求处理实验结果。

4. 实验完毕，写好实验运行记录，罩好仪器罩。

（四）荧光分光光度计操作注意事项

1. 开机时，先开氙灯电源，再开主机电源。每次开机后要确认一下两边排热风扇工作是否正常，以确保仪器正常工作。

2. 测试样品时要在氙灯点亮 30min 后进行。

3. 当氙灯未能触发，并连续发生“吱吱”高频声或“叭叭”打火声时，立即关掉氙灯电源。关闭氙灯电源后需等 60s 以后重新触发。

4. 当错误操作或其他干扰引起微机错误时，应立即关断主机电源重新启动，但不用关氙灯电源。

任务3　定性与定量分析法

一、定 性 分 析

荧光光谱仪的定性分析是指由于各种元素的原子结构不同，在光源的作用下都可以产生对应特征光谱。如果一个样品经过激发在感光板上有几种元素的谱线出现，就证明该样品中有这几种元素，这样的分析方法就称为光谱定性分析方法。荧光光谱仪用于定性分析的方法有以下两种。

（一）比较光谱分析法

这种方法应用比较广泛，它包括标准试样比较法和铁谱比较法。标准试样比较法一般适用于单项定性分析及有限分析。铁谱比较法不但可以做单项测定，还便于做全分析。

（二）谱线波长测量法

光谱分析仪器利用谱线波长测量法进行定性分析是先测出某一谱线的波长，再查元素的波长表确定存在的元素，这种方法在日常分析中很少使用，一般只是在编制谱图或者做仲裁分析时才用。

一般来讲，光谱分析仪器定性分析可以分析元素周期表上的 70 多个元素，但由于受到仪器和光源条件的限制，有些元素如非金属及卤族元素等则需要在特殊的条件下才能测定。

二、定量分析

（一）荧光强度与物质浓度的关系

由于荧光物质是在吸收光能而被激发之后才发射荧光的，因此溶液的荧光强度与该溶液中荧光物质吸收光能的程度（即吸光度）及荧光效率有关。当一束强度为 I_0 的紫外-可见光照射一浓度为 c、液层厚度为 l 的荧光物质时，该物质吸收光（吸收光强度为 I_a）后被激发，发出荧光，其荧光强度为 F，但由于激发光的一部分被透过（透射光强度为 I_t），因此，在激发光的方向观察荧光是不适宜的。一般是在与激发光源垂直的方向观测。

若荧光物质溶液浓度 c 很小，$Ecl<0.05$ 时，液层厚度为 l，荧光强度 F 与荧光物质的浓度 c 有以下关系：

$$F = 2.3KI_0Ecl = Kc \tag{13-3}$$

可见对于给定的荧光物质，当激发光波长和强度固定时，荧光强度与溶液浓度成正比，K 为比例常数，上式为荧光定量分析的依据。

荧光分析测定的是在很弱背景上的荧光强度，且其测定的灵敏度取决于检测器的灵敏度，即只要改进光电倍增管和放大系统，使极微弱的荧光能被检测到，就可以测定很稀的溶液，因此荧光分析法的灵敏度很高。而紫外-可见分光光度法测定的是透过光强和入射光强的比值，即 I_t/I_0，当浓度很低时，检测器难以检测两个大信号（I_0 和 I_t）之间的微小差别；而且即使将光强信号放大，由于透过光强和入射光强都被放大，比值仍然不变，对提高检测灵敏度不起作用，故紫外-可见分光光度法的灵敏度不如荧光分析法高。

（二）荧光定量分析方法

定量分析时，通常依据激发光谱和荧光光谱，选择最大激发波长 λ_{ex} 和最大荧光波长 λ_{em} 为测定波长。常用的方法有标准曲线法和比例法。

1. 标准曲线法 与紫外-可见分光光度法相似，先配制一系列不同浓度的对照品溶液，测定荧光强度，以荧光强度 F 为纵坐标，对照品溶液的浓度 c 为横坐标绘制标准曲线。然后在同样条件下测定供试品溶液的荧光强度，由标准曲线或回归方程求出供试品中荧光物质的含量。

2. 比例法 如果荧光物质的标准曲线通过原点，可在其线性范围内，用比例法进行测定。取已知量的对照品，配制成浓度为 c_s 的对照品溶液，使其浓度在线性范围之内，测定荧光强度 F_s，然后在同样条件下测定供试品溶液的荧光强度 F_x 和空白溶液的荧光强度 F_0，按比例关系计算出供试品中荧光物质的浓度 c_x。即得

$$c_x = \frac{F_x - F_0}{F_s - F_0} \times c_s \qquad (13\text{-}4)$$

自测题

一、单选题

1. 荧光分析法中可用于定量分析的参数是（　　）
   A. 最大激发波长　B. 化学位移
   C. 荧光强度　D. 吸光度
   E. 透光率
2. 荧光光谱通常是指下列何种光谱（　　）
   A. 荧光激发光谱　B. 荧光发射光谱
   C. 红外吸收光谱　D. 可见吸收光谱
   E. 紫外吸收光谱
3. 以荧光强度 F 为纵坐标，激发波长为横坐标做图，可得物质的（　　）
   A. 荧光光谱　B. 发射光谱
   C. 吸收光谱　D. 激发光谱
   E. 红外光谱
4. 下列光谱属于发射光谱的是（　　）
   A. 紫外吸收光谱　B. 荧光光谱
   C. 核磁共振谱　D. 原子吸收光谱
   E. 可见吸收光谱
5. 荧光物质有两个特征光谱是（　　）
   A. 激发光谱和发射光谱
   B. 带状光谱和线状光谱
   C. 紫外光谱和可见光谱
   D. 吸收光谱和发射光谱
   E. 原子光谱和分子光谱
6. 下列哪个是荧光分光光度计的操作流程图（　　）
   A. 光源—发射单色器—激发单色器—样品池—检测器
   B. 光源—激发单色器—发射单色器—样品池—检测器
   C. 光源—激发单色器—样品池—发射单色器—检测器
   D. 光源—发射单色器—样品池—激发单色器—检测器
   E. 光源—检测器—激发单色器—发射单色器—样品池
7. 一般物质的荧光效率都在（　　）
   A. 1～10　B. 0～1
   C. 0.1～1　D. 0～0.1
   E. 1～5
8. 荧光发射波长与荧光激发波长相比较（　　）
   A. 前者大于后者　B. 前者小于后者
   C. 两者相等　D. 有时大有时小
   E. 无法比较
9. 荧光分光光度计中，样品池（荧光杯）制作材料为（　　）
   A. 石英　B. 水晶
   C. 玻璃　D. NaCl
   E. 塑料
10. 荧光分光光度计的光源是（　　）
    A. 氘灯　B. 钨灯
    C. 硅碳棒　D. 氙灯
    E. 能斯特灯
11. 在荧光分光光度计中，激发单色器与发射单色器的方向成（　　）
    A. 30°　B. 60°
    C. 75°　D. 80°
    E. 90°

二、简答题

1. 荧光分光光度计有哪些主要部件及作用？
2. 何种分子结构的物质有较高的荧光效率？

三、计算题

烟酰胺腺嘌呤二核苷酸（NAD）的还原形式是一种荧光很强的重要辅酶。其激发波长为 285nm，荧光波长为 310nm，用 NAD 标准溶液得到如下测定数据：

NAD 的浓度/（μmol/L）	0.100	0.200	0.300	0.400	0.500	0.600	0.700	0.800
荧光强度/F	14.5	25.0	36.0	46.8	58.4	69.7	81.5	93.4

在相同条件下，测得样品的荧光强度为 50.6，请用作图法或回归直线方程法求试样溶液中 NAD 的浓度。

（高先娟）

项目14

原子吸收分光光度法

学习目标

1. 知识目标： 掌握原子吸收光谱产生的过程及谱线变宽的主要因素，原子吸收分光光度法定量分析方法。熟悉原子吸收分光光度法的特点，原子吸收分光光度计的主要部件及作用。了解原子化器的分类，原子吸收分光光度计的类型。

2. 能力目标： 掌握原子吸收分光光度计操作使用方法，会计算待测组分的含量。

3. 素质目标： 培养学生科学思维和严谨的工作作风，培养学生辩证思维。

任务1　概　　述

一、原子吸收分光光度法及其特点

绝大多数化合物在加热到足够高的温度时，其中的元素可解离成为气态基态原子，此过程称为供试品原子化。供试品蒸气中待测元素的基态原子对同种元素发射的特征波长的光波具有吸收作用，这种现象称为原子吸收。

原子吸收分光光度法（AAS）是基于从光源发射出的待测元素的特征谱线，通过样品的原子蒸气时，被蒸气中的待测元素的基态原子所吸收，根据特征谱线减弱程度，可测出被测金属元素的含量，这种方法又称原子吸收光谱法，简称原子吸收法。在测定矿物、金属、化工产品、土壤、食品、生物试样、环境试样中的金属元素含量时，原子吸收分光光度法往往是一种首选的定量方法。

原子吸收分光光度法是测定化合物中痕量和超痕量金属元素或少数非金属元素的有效方法，具有以下优点。

（一）灵敏度高

常规分析中，大多数元素测定的灵敏度均为 10^{-6}g/ml 数量级。火焰原子吸收法对大多数金属元素检测灵敏度为 10^{-10}～10^{-8}g/ml。非火焰原子吸收法的绝对灵敏度可达 10^{-14}～10^{-10}g/ml。

（二）选择性好，抗干扰能力强

不同元素之间的干扰一般很小，对大多数样品只需要进行简单的处理，可不经复杂分离而测定多种元素。

（三）准确度高

火焰原子吸收法的相对误差＜1%，石墨炉原子吸收法的相对误差为 3%～5%。

（四）快速、应用广泛

原子吸收分光光度法能直接测定 70 多种元素，如 K、Na、Mg 等碱土金属，Fe、Co、Ni、Cr 等有色金属，Ag、Au、Pd 等贵金属元素等。

原子吸收分光光度法的应用有一定的局限性，主要包括：①工作曲线的线性范围窄，一般为一个数量级范围；②通常测定一种元素要使用一种元素灯，使用不方便；③对难溶元素（如 W、Nb、Ta、Zr、Hf、稀土等）、非金属元素及多种元素的同时分析，目前尚有一定困难。

二、原子吸收光谱基本原理

（一）共振线和吸收线

任何元素的原子都由原子核和核外电子组成。所有电子都按一定的规律排布在各个能级上。正常情况下，原子处于能量最低、最稳定的状态称为基态。处于基态的原子称基态原子。当基态原子吸收外界能量被激发时，其最外层电子可跃迁至能量较高的不同能级，较高能级的状态称为激发态。处于激发态的原子很不稳定，又会跃迁回基态能级，同时辐射出所吸收的能量。

电子由基态能级 E_0 跃迁至激发态能级 E_j，要从外界吸收一定的能量；由激发态能级跃迁回基态，会辐射出相等的能量。其能量大小等于二能级之差 ΔE。

$$\Delta E=E_j-E_0=h\nu \tag{14-1}$$

式中，h 为普朗克常数；ν 为吸收或发射的电磁辐射的频率。

原子受外界能量的激发，其最外层电子可能跃迁至不同的能级，因而可能有不同的激发态。基态原子吸收能量后，使电子从基态跃迁至能量最低的激发态（第一激发态），所吸收的谱线称共振吸收线。原子中的电子从第一激发态跃回基态时，辐射出相同波长的谱线，称共振发射线。不同元素的原子从基态跃迁至第一激发态时，吸收的能量不同，因而各种元素的共振线具有不同的波长，各有其特征性，所以元素的共振线又称为元素的特征谱线。从基态跃迁至第一激发态最容易发生，故为各元素的最灵敏线（又称为分析线）。

（二）谱线轮廓与谱线变宽

从理论上讲，原子吸收光谱应产生线状光谱吸收线。但实际上，任何原子发射或吸收的谱线都不是绝对单色的几何线，而是具有一定宽度的谱线。用特征吸收频率左右范围的辐射光照射时，获得一峰形吸收。若在各种频率 ν 下，测定吸收系数 K_ν，以 K_ν 为纵坐标、ν 为横坐标，可得吸收曲线（图 14-1）。曲线极大值对应的频率 ν_0 称为中心频率。中心频率所对应的吸收系数称为峰值吸收系数 K_0。在峰值吸收系数一半 $K_0/2$ 处，吸收曲线呈现的宽度称为吸收曲线半宽度，以频率差 $\Delta\nu$ 表示。吸收曲线的半宽度 $\Delta\nu$ 折合成波长为 10^{-3}～10^{-2}nm。吸收曲线的形状就是谱线轮廓。

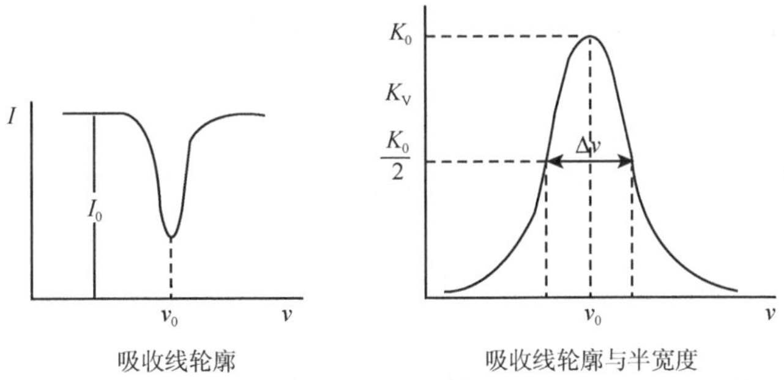

图 14-1　吸收曲线轮廓

原子吸收谱线变宽的原因较为复杂，一般由两方面的因素决定。一方面原子本身的性质决定了谱线的自然宽度；另一方面是外界因素的影响引起谱线变宽。谱线变宽效应可用 $\Delta\nu$ 和 K_0 的变化来描述。

1. 自然变宽　在没有外界因素影响的情况下，谱线本身固有的宽度称为自然宽度。不同谱线的自然宽度不同，它与原子发生能级跃迁时激发态原子平均寿命有关，寿命越长，则谱线宽度越窄。与其他变宽因素相比，谱线自然变宽造成的影响很小，其大小一般为 10^{-5}nm 数量级。

2. 多普勒（Doppler）变宽 $\Delta\nu_D$ 多普勒变宽是由于原子在空间做无规则热运动而引起，又称热变宽，其变宽程度表示为

$$\Delta\nu_D = 7.162\times10^{-7}\nu_0\sqrt{\frac{T}{A_r}} \tag{14-2}$$

式中，ν_0 为中心频率；T 为热力学温度；A_r 为相对原子质量。式（14-2）表明，多普勒变宽与元素的相对原子质量、温度和谱线的频率有关。多普勒变宽时，中心频率无位移，只是两侧对称变宽，但 K_0 值减小。温度升高，原子的相对热运动剧烈，热宽度增大。被测元素的相对原子质量 A_r 越小，温度越高，则 $\Delta\nu_D$ 就越大。

3. 压力变宽 是由于吸光原子与蒸气中其他粒子相互碰撞而引起能级的微小变化，使发射或吸收的光量子频率改变而导致的变宽。通常，压力变宽随原子区内气体压力增加而增大。

根据碰撞的粒子不同，压力变宽可分为两类：洛伦兹（Lorentz）变宽和赫尔兹马克（Holtsmark）变宽。前者是被测原子与其他离子碰撞引起的变宽；后者是指同种原子碰撞引起的变宽，也称为共振变宽。赫尔兹马克变宽只有在被测元素浓度较高时才有影响。通常，压力变宽起重要作用的主要是洛伦兹变宽，洛伦兹变宽的宽度一般在 10^{-3}nm，也是谱线变宽的主要因素。

4. 自吸变宽 光源发射的共振线被灯内同种基态原子所吸收产生自吸现象，引起谱线变宽，称自吸变宽。灯电流越大，自吸现象越严重。

除上述因素外，影响谱线变宽的还有电场变宽、磁场变宽等。但在通常的原子吸收分析实验条件下，吸收线的轮廓主要受多普勒变宽与洛伦兹变宽的影响。在 2000～3000K 的温度范围内，原子吸收线的宽度为 10^{-3}～10^{-2}nm。在分析测定中，谱线变宽往往会导致测定的灵敏度下降。

（三）原子吸收值与待测元素浓度的定量关系

1. 积分吸收 在原子吸收分析中，常将原子蒸气所吸收的全部能量称为积分吸收，积分吸收与单位体积原子蒸气中的原子数成正比，测出积分值，就可计算待测元素含量，但需要分辨率很高的仪器。

2. 峰值吸收 1955 年澳大利亚的瓦尔士（Walsh）提出用测定最大吸收系数 K_0 来代替积分吸收，并且证明了最大吸收系数 K_0 与单位体积中，能吸收共振线的原子数成正比。K_0 的测定，只需要使用锐线光源（发射出谱线半宽度很窄的光源），而不需要高分辨率单色器。

采用最大吸收系数计算待测元素的含量，这种方法称峰值吸收。它与紫外-可见分光光度法中，在最大吸收波长测定吸光度相似。

3. 定量分析的依据 试样中的被测元素经原子化器产生出一定浓度的基态原子，是原子吸收分析中的关键因素；为提高分析的灵敏度和准确度，基态原子在原子总数中的比例越高越好。在原子化过程中，待测元素由分子解离成原子时，不可能全部是基态原子，其中有一部分为激发态原子，甚至还进一步电离成离子，但在实验温度范围内激发态原子数可以忽略不计，因此可用气态基态原子数来代表待测原子总数。

原子吸收光谱与分子吸收光谱一样符合朗伯-比尔定律，即

$$A = \lg\frac{I_t}{I_0} = Kcl \tag{14-3}$$

式中，A 为吸光度；I_0 为由光源发出的入射光强度；I_t 为透过的光强度（未被吸收的部分）；K 为常数（可由实验测定）；c 为试样的浓度（基态原子）；l 为原子蒸气光径。

式（14-3）表示吸光度与待测元素吸收辐射的原子总数（试样浓度）及火焰的宽度（原子蒸气光径长度）的乘积成正比。

实际工作中，火焰宽度是固定的，因此在一定的浓度范围内，吸光度与试样浓度成正比，即

$$A = K'c \tag{14-4}$$

式中，K'为与实验条件有关的常数。

式（14-4）表示吸光度与试样中被测组分的浓度呈线性关系，它是原子吸收分光光度法定量的依据。

任务 2　原子吸收分光光度计

一、原子吸收分光光度计的主要部件

原子吸收光谱分析用的仪器称为原子吸收分光光度计或原子吸收光谱仪。其主要构成部分包括光源、原子化器、单色器、检测器、数据记录与处理系统，如图 14-2 所示。有的仪器还包括背景校正系统、自动进样系统等。

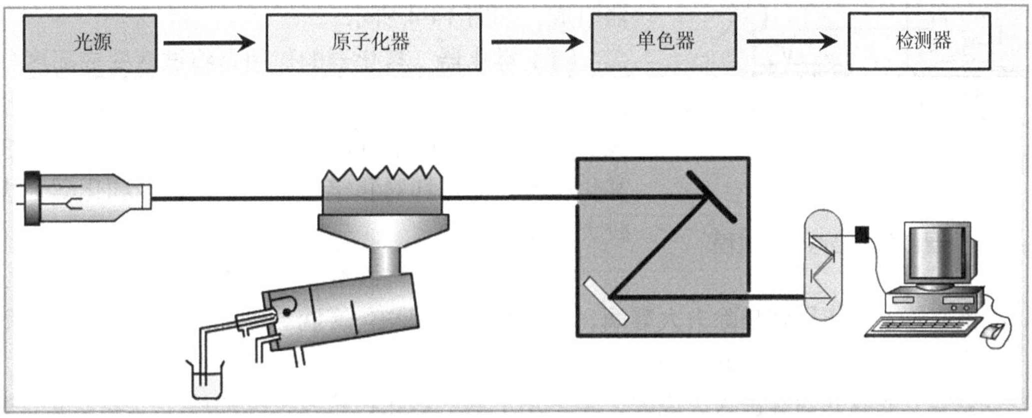

图 14-2　原子吸收分光光度计的基本构造示意图

（一）光源

光源的作用是发射特征谱线，照射待测元素原子蒸气。由于光源必须能发射待测元素的特征谱线，因此都是由含有待测元素的材料制成的。光源具有辐射光强度足够大、稳定性好、使用寿命长等特点。常见的光源有空心阴极灯、蒸气放电灯、高频无极放电灯等。其中结构简单、操作方便、应用广泛的是空心阴极灯，如图 14-3 所示。

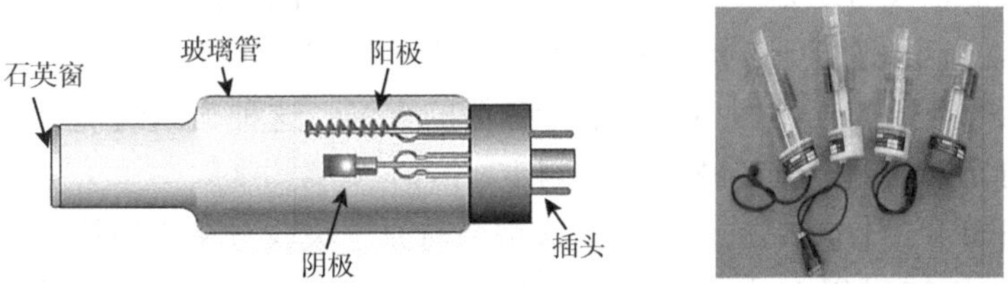

图 14-3　空心阴极灯

空心阴极灯中含有一个内壁由含待测元素的材料制成的圆柱形空心阴极和一个钨棒制成的阳极。阴极、阳极密封在带有光学窗口且内部充满氖气或氩气等惰性气体的玻璃管内。空心阴极灯发射的光谱主要是阴极元素的光谱。当在两极上加上 300～500V 电压时，可以发射出待测元素的特征谱线。对于单元素构成的空心阴极灯，其缺点是测定不同的元素必须更换不同的灯。多元素空心阴极灯则

可以克服此缺点，同时发射多种元素的特征谱线，通过更换波长，就能实现不同元素的测定，但干扰也较大。

（二）原子化器

将试样中待测元素变成气态基态原子的过程称为试样的“原子化”。完成试样原子化所用的设备称为原子化器或原子化系统。原子化器的作用是将试样中的待测元素转化为原子蒸气。原子化器常用的有火焰原子化器、石墨炉原子化器，另外还有氢化物发生原子化器和冷蒸气发生原子化器。

1. 火焰原子化器 火焰原子化法由化学火焰提供能量，使被测元素原子化。向试液喷入火焰，利用火焰蒸发、分解，将样品原子化。特点是应用范围广，对多数元素都有较高的灵敏度，但供试品必须配制为液体，火焰温度高达几千度，化学干扰多，试样利用率低，取样量稍大，浓度过高，容易产生“记忆”效应。火焰原子化器操作简单，火焰稳定，重现性好，应用广泛。

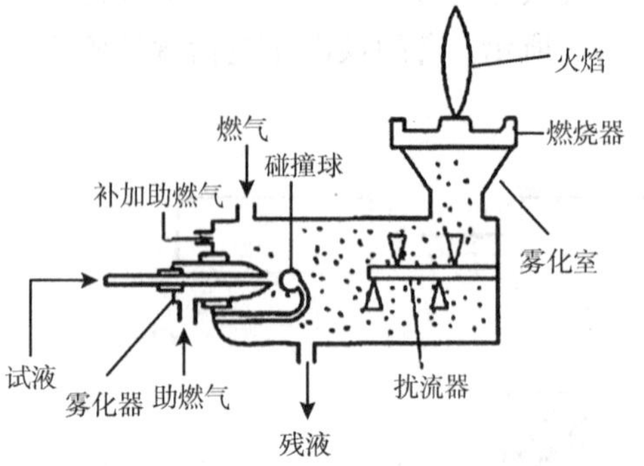

图 14-4 预混合型火焰原子化过程

样品的原子化过程，直接影响测定的灵敏度和精密度，下面以应用广泛的预混合型火焰原子化器为例介绍样品的原子化过程。预混合型火焰原子化器由雾化器、雾化室和燃烧器组成，如图 14-4 所示。

（1）雾化器 雾化器的作用是将试液变成高度分散状态的雾状形式。雾粒越多、越细，越有利于基态自由原子的生成。一般要求雾化器喷雾稳定，雾粒细而均匀，雾化效率高。雾化器的性能好坏对测定精密度、灵敏度和化学干扰等都有较大影响。

（2）雾化室 试液经雾化器雾化后，还含有一定数量的大雾滴。雾化室的主要作用就是除去大雾滴，进一步雾化和均匀雾滴。此外，还可使燃气和助燃气充分混合，以便在燃烧时得到稳定的火焰。

（3）燃烧器 试液的细雾进入燃烧器，经火焰干燥、熔化、蒸发和离解后，产生大量的基态自由原子及极少量的激发态原子、离子和分子。对燃烧器的要求是原子化程度高、火焰稳定、吸收光程长、噪声小等。

燃烧器火焰的作用是产生火焰，使进入火焰的样品气溶胶蒸发、脱溶剂、灰化和原子化。将待测物质分解为基态自由原子。根据燃气与助燃气比例不同，火焰可分为三类：中性火焰、富燃火焰和贫燃火焰。

中性火焰：火焰的燃气和助燃气的比例与它们之间的化学反应计量关系接近，因此也称为化学计量火焰。具有温度高、干扰小和稳定等优点，适用于多种元素测定。

富燃火焰：火焰中燃气与助燃气的比例大于化学计量值，因此燃烧不完全、温度低，火焰具有还原性，不如中性火焰稳定，适合于易形成难离解氧化物元素的测定。

贫燃火焰：指燃气与助燃气比例小于化学计量值的火焰。这种火焰的氧化性较强、温度低，适用于易分解、易电离的元素的测定，如碱金属的测定。

常用的两种火焰如下：①空气-乙炔火焰。这是目前原子吸收分析中应用最广泛的一种火焰。最高温度为 2300℃，能测定 35 种以上的元素。②氧化亚氮-乙炔火焰。这种火焰的温度高达 3000℃左右。该火焰不但温度高，而且可形成强还原性气氛，适用于测定易生成氧化物的元素。另外还有：空气-煤气（丙烷）火焰，火焰最高温度为 1900℃，适用于分析那些生成的化合物易挥发、易解离的元素。空气-氢火焰，无色低温火焰，火焰最高温度为 2000℃，适用于分析易电离的金属元素。

2. 石墨炉原子化器 是一个利用低压、大电流来加热石墨管，以实现试样的蒸发和原子化的装置。管式石墨炉原子化器的结构见图 14-5。

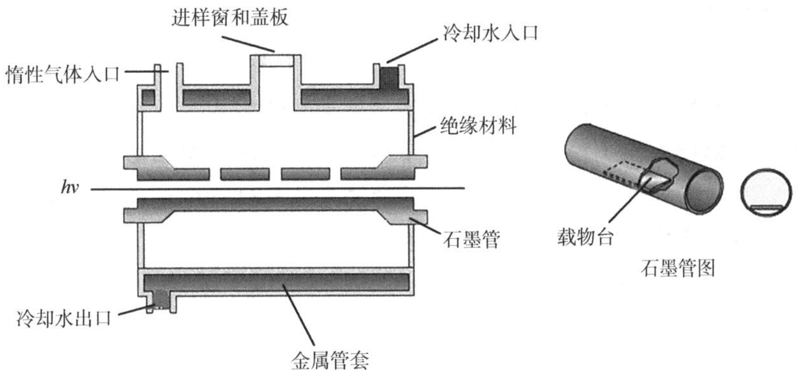

图 14-5 管式石墨炉原子化器结构示意图

管式石墨炉原子化器主要由炉体、石墨管和电、水、气供给系统组成。石墨管外径为 6mm，内径为 4mm，长度为 30mm 左右，管两端用铜电极夹住。试样用微量注射器直接由进样孔注入石墨管中，通过铜电极向石墨管供电。石墨管作为电阻发热体，通电后可达到 2000～3000℃高温，以蒸发试样和使试样原子化。铜电极周围用水箱冷却，盖板盖上后，构成保护气室，室内通以惰性气体氩，以有效地除去在干燥和挥发过程中的溶剂、基体蒸气，同时也保护已原子化了的原子不再被氧化，可用于某些中药的含铅、镉的限量检查。

管式石墨炉原子化法采用直接进样和程序升温方式对试样进行原子化，其过程包括干燥、灰化、原子化及净化四个阶段。

（1）干燥阶段　干燥的目的主要是除去试样中水分等溶剂，以免因溶剂存在引起灰化和原子化过程飞溅。干燥温度一般要高于溶剂的沸点，干燥时间取决于试样体积，一般每微升溶液干燥时间约需 1.5s。

（2）灰化阶段　灰化的目的是尽可能除掉试样中挥发的基体和有机物或其他干扰元素。适宜的灰化温度及时间取决于试样的基体及被测元素的性质，最高灰化温度应以待测元素的不挥发损失为限。一般灰化温度 100～1800℃，灰化时间 0.5s 至 5min。

（3）原子化阶段　原子化的目的是使待测元素的化合物蒸气气化，然后解离为基态原子。原子化温度随待测元素而异，原子化时间为 3～10s。适宜的原子化温度应通过实验确定。

（4）净化阶段　当一个样品测定结束，还需要用比原子化阶段稍高的温度加热，以除去石墨管中残留物质，消除记忆效应，以便进行下一个试样的测定。

石墨炉的升温程序是微机处理控制的，进样后原子化过程按程序自动进行。石墨炉原子化在充有惰性保护气的气室内，在强还原性石墨介质中进行，有利于难溶氧化物的原子化；试样用量少，固体试样几毫克，液体试样几微升，甚至可不经过前处理直接进行分析，尤其适用于生物试样的分析；试样全部蒸发，原子化效率几乎达 100%；原子在测定区的有效停留时间长，几乎全部试样参与光吸收。绝对检出限可达 10^{-14}～10^{-12}g，因此绝对灵敏度高。缺点是基体效应、化学干扰较多，测量结果的重现性较火焰法差。

3. 氢化物发生原子化器　由氢化物发生器和原子吸收池组成，可用于砷、锗、铅、镉、硒、锡、锑等元素的测定。其功能是将待测元素在酸性介质中还原成低沸点、易受热分解的氢化物，再由载气导入由石英管、加热器等组成的原子吸收池，在吸收池中氢化物被加热分解，并形成基态原子。

4. 冷蒸气发生原子化器　由汞蒸气发生器和原子吸收池组成，专门用于汞的测定。其功能是将供试品溶液中的汞离子还原成汞蒸气，再由载气导入石英原子吸收池进行测定。

（三）单色器

单色器的作用是将所需的共振吸收特征谱线与其他邻近干扰谱线分开。单色器的结构由色散元件和狭缝组成，通常配置在原子化器后。单色器中的关键部件是色散元件，现多使用衍射光栅。

（四）检测系统

检测系统主要由检测器、放大器、对数变换器、显示装置组成。检测器的作用是及时跟踪、记录吸收信号。常使用光电倍增管作为检测器，检测器输出的信号要求灵敏度高、噪声低、稳定性好。放大器可改善信噪比。对数变换器将吸收前后的光强度的变化与试样中的待测元素的浓度的关系进行对数变换。显示装置是将测定值最终由指示仪表显示出来。

（五）数据记录与处理系统

可采用绘图打印机进行数据记录，采用微型计算机进行数据处理、积分计算、绘图等任务。有的仪器将参数设定、数据记录与处理放在一起。

（六）背景校正系统

背景干扰是原子吸收测定中的常见现象。背景吸收通常来源于样品中的共存组分及其在原子化过程中形成的次生分子或原子的热发射、光吸收和光散射等。背景校正系统的作用是校正原子化过程对测定的干扰。常见的背景校正包括连续光源、塞曼效应、自吸效应、非吸收线等。

二、原子吸收分光光度计的使用

（一）原子吸收分光光度计使用一般步骤

以 TAS-990 型原子吸收分光光度计为例，阐述其操作过程。

1. 火焰型原子吸收分光光度计一般操作步骤

（1）开机顺序　打开计算机电源—打开火焰型原子吸收主机电源—打开程序图标，选择“联机”，单击“确定”，进入仪器自检画面，等待仪器各项自检“确定”后进行测量操作。

（2）选择元素灯及测量参数　①根据待测元素选择“工作灯（W）”和“预热灯（R）；②设置元素测量参数；③进入“设置波长”步骤，单击寻峰，等待仪器寻找工作灯最大能量谱线的波长，寻峰完成。

（3）点火步骤　①选择“燃烧器参数”输入高度和位置数值后点击“执行”，再用挡光板对光，对好光后点击“确定”；②打开空气压缩机，调节空压机压力达到 0.24MPa；③松开乙炔分阀，打开乙炔总阀，拧紧分阀调节分表压力为 0.05MPa；④检查废液管内是否有水，用发泡剂检查各个连接处是否漏气；⑤单击点火按键，观察火焰是否点燃；⑥火焰点燃后，把进样吸管放入蒸馏水中，单击“能量”，选择“能量自动平衡”调整能量到 100%。

（4）设置参数　①点击“参数”进入“参数设置向导”，“常规”主要选择“重复测量次数”、“计算方式”；②单击“显示”设置显示图的纵坐标和横坐标；③点击“信号处理”设置“测量方式”、“积分时间”和“滤波系数”。

（5）设置测量样品和标准样品　①单击“样品”，进入“样品设置向导”主要选择“浓度单位”；②根据所配制的标准样品设置标准样品的数目及浓度。

（6）测量步骤

1）标准样品测量：把进样吸管放入标样空白溶液，单击校零键，调整吸光度为零；单击测量键，依次吸入标准样品（必须根据浓度从低到高进行测量）。完成后再把进样吸管放入蒸馏水中，冲洗几秒钟后再测下一个样品。

2）样品测量：把进样吸管放入样品空白溶液，单击校零键，调整吸光度为零；单击测量键，吸入样品，单击“开始”键测量，自动读数 3 次完成一个样品测量，注意事项同标准样品测量方法。

3）结束测量：完成测量后，要把进样管置入蒸馏水中清洗5～10min方可关机。

（7）关机顺序 ①关机时一定要先关闭乙炔钢瓶总阀；②按下空压机放水阀，排除空压机内水分3～4次，然后关闭空压机；③退出程序，关闭主机电源，罩上原子吸收仪器罩；④关闭计算机电源、稳压器电源，15min后再关闭抽风设备；关闭实验室总电源，完成测量工作。

2. 石墨炉原子吸收分光光度计一般操作步骤

（1）开机（同火焰原子化法）。

（2）元素灯准备（同火焰原子化法）。

（3）石墨炉原子化法准备

1）打开石墨炉电源，打开氩气（注意开气顺序），调节分表压力在0.5MPa；打开冷凝水管，观察水压是否正常。

2）调整原子化器光路：单击“仪器”，在下拉菜单中选择原子化器位置，弹出原子化器位置调节窗口。左右移动滑块，单击执行按钮，观察显示屏最底一栏状态栏能量显示，使能量调节到最大。调节完成后单击确定。

3）设置加热程序：选择加热，弹出“石墨炉加热程序”设置窗口，根据不同元素及参考资料设置加热程序。

4）空烧：一般新的石墨管或久置的石墨管要空烧3～4次，放置过夜后要在测量前空烧2～3次，以去除杂质。要进行空烧时点击“空烧”按钮，选择时间为5s，单击确定进行空烧，冷却完后再进行第二次空烧。

（4）测量准备

1）测量参数设置：此步骤与火焰原子化法相同，只在“信号处理”选项中的“计算方式”选择为“峰高”，“积分时间”是自动设置，如果是高温元素可以追加2s。

2）设置样品参数：此步骤与火焰原子化法相同。

（5）测量（测量前要进行空烧）

1）标准样品测量：单击“测量”，用微量进样器吸入10μl空白样（一号标样）注入石墨管中，单击开始按钮进行升温测量，读数显示后即完成一次测量。冷却时间倒计时完成后，方可再注入样品进行第二次测量。

2）样品测量：步骤与标准样品测量相同。依次将样品注入石墨管中进行测量，直至测量完所有样品。

3）结果处理：测量完所有样品后应该立即保存数据再进行其他操作。

4）关机：测量完成后，依次关闭石墨炉电源、氩气及水源，最后关闭主机电源和电脑。

（二）注意事项

1. 火焰型原子吸收分光光度计使用注意事项

（1）若用到乙炔、氢气、笑气（N_2O），必须检查气路，保证无泄漏。实验室内必须保持通风，避免明火。若发现泄漏，应立即关闭气阀，进行检查。

（2）雾化室的废液排出管应水封，防止燃气通过此处泄漏，引起火灾。

（3）空心阴极灯电流不得大于10mA，使用时应轻拿轻放，以免损坏阴极或产生裂纹而漏气损坏。不使用的灯应干燥保存，每三个月点燃半小时。

（4）点火前先通助燃气，再通燃气，熄火时先关燃气，后关助燃气。

（5）操作者不可在火焰燃烧时，长时间离开仪器。实验完毕离开实验室前检查水、电、气。

2. 石墨炉型原子吸收分光光度计使用注意事项

（1）横向加热平台石墨管，最大进样量20μl，一般进样量10μl。

（2）每次进样完成后应观察进样管是否有残留的溶液，如果有残留溶液会影响测量的重复性。此时需要注意进样的方法，如果进样尖被污染则需要更换。

（3）在测量曲线中只有原子化步骤出现吸收峰是正常现象。其他阶段出现吸收峰现象，即该阶段的时间过短，应延长相应时间。

（4）每次加热完成后一定要等待石墨炉冷却时间倒计时完成后才能注入下一个样品，否则会熔坏进样尖，影响样品测量，损坏石墨管。在测量中出现重复性很差时（排除人为进样不好的因素），就要考虑石墨管是否损坏，应更换石墨管。

三、原子吸收分光光度计的类型

目前最常用的原子吸收分光光度计按光束分为单光束型和双光束型，此外还有同时测定多元素的多波道型原子吸收分光光度计。

（一）单光束原子吸收分光光度计

只有一个单色器，外光路只有一束光。这种仪器结构简单，有较大亮度、较高的灵敏度，价格低廉，便于维护。其缺点是由于光源辐射不稳定引起的基线漂移。

（二）双光束原子吸收分光光度计

由光源发射的共振线被切光器分解成两束光，一束光通过原子化器，另一束光作为参比不通过原子化器，两束光交替进入单色器和检测器。其缺点是仍不能消除原子化器的不稳定和背景吸收的影响，而且仪器结构复杂，价格较贵。

任务3　原子吸收分光光度法的分析方法

原子吸收分光光度法在药物分析中主要用于药物中微量金属杂质的检查和所含金属元素或其化合物的含量测定两方面。

一、试样中微量金属杂质的检查

《中国药典》一部中用本法检查西洋参、白芍、甘草、丹参、金银花等中药材所含的铅、镉、汞、砷、铜等重金属限量，二部中用本法检查肝素钠中钾盐的限量，碳酸锂中的钾、钠限量，维生素C中的铜、铁限量等。

具体方法按《中国药典》规定如下：按各品种项下的规定，制备供试品溶液；另取等量的供试品，加入限度量的待测元素溶液，制成对照品溶液。以原子分光光度法，按相同条件分别测定对照品溶液和供试品溶液，吸光度分别为 a 和 b，若 $b<(a-b)$，则供试品中金属杂质小于杂质限量。

二、试样中金属元素的含量检查

原子吸收分光光度法的定量分析方法主要有标准曲线法、标准加入法两种，下面简要介绍这两种方法及其应用。

（一）标准曲线法

标准曲线法是最常用的定量方法。其基本步骤如下：在仪器推荐的浓度范围内，除另有规定外，制备含待测元素不同浓度的对照品溶液至少5份，浓度依次递增，并分别加入各品种项下制备供试品溶液的相应试剂，同时以相应试剂制备空白对照溶液。将仪器按规定启动后，依次测定空白对照溶液和各浓度对照品溶液的吸光度，记录读数。以每一浓度3次吸光度读数的平均值为纵坐标、相应浓度为横坐标，绘制标准曲线。在相同条件下，测定待测试样的吸光度，由标准曲线上求得试样中被测元素的浓度或含量。此法简便、快速，但仅适用于组成简单的试样。

例 14-1　吸取 0.00ml、1.00ml、2.00ml、3.00ml、4.00ml 浓度为 10μg/ml 的镍标准溶液，分别置入 25ml 容量瓶中，稀释至标线，在火焰原子吸收光谱仪上测得吸光度分别为 0.00、0.06、0.12、0.18、0.23。另称取镍合金试样 0.3125g，经溶解后移入 100ml 容量瓶中，稀释至标线。准确吸取此溶液 2.0ml，放入另一 25ml 容量瓶中，稀释至标线，在与标准曲线相同的测定条件下，测得溶液的吸光度为 0.15，求试样中镍的含量。

解：稀释后镍标准溶液的实际浓度为 $\frac{10\times V}{25}$，所以分别为 0.00μg/ml、0.40μg/ml、0.80μg/ml、1.20μg/ml、1.60μg/ml。以镍标准溶液浓度为横坐标，吸光度为纵坐标，得图 14-6 为镍标准曲线。

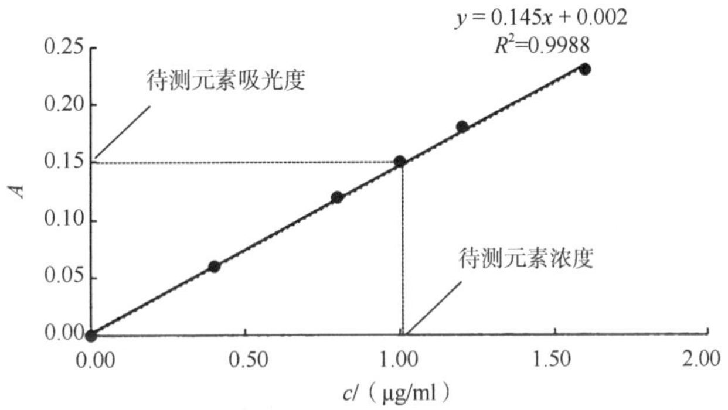

图 14-6　镍标准曲线

由标准曲线查出，当 A=0.15 时，c=1.02，即试样中镍的含量为

$$\omega(\mathrm{Cu}) = \frac{1.02\times 25\times 100}{2.0\times 0.3125\times 10^{-6}}\times 100\% = 0.41\%$$

（二）标准加入法

当试样基质影响较大，无法得到纯净的基质或供试品所含待测元素极微量时可以考虑采用此法。其基本步骤如下：取同体积制备的供试品溶液 4 份，分别置 4 个同体积的量瓶中，除（1）号容量瓶外，其他容量瓶分别精密加入不同浓度的待测元素对照品溶液，分别用去离子水稀释至刻度，制成从零开始递增的一系列溶液：c_x+0，c_x+c_s，c_x+2c_s，…，c_x+nc_s。在相同条件下分别测得它们的吸光度。将吸光度读数与相应的待测元素加入量作图，延长此直线至与含量轴的延长线相交，此交点与原点间的距离即相当于供试品溶液取用量中待测元素的含量，如图 14-7 所示，再以此计算供试品中待测元素的含量。

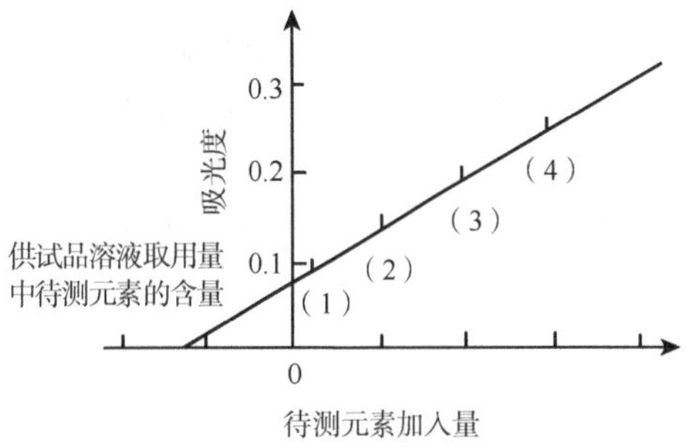

图 14-7　标准加入法

自测题

一、单选题

1. 原子吸收光谱产生的原因是（　　）

A. 振动能级跃迁

B. 原子最外层电子跃迁

C. 分子中电子能级的跃迁

D. 转动能级跃迁

E. 核能级跃迁

2. 原子化器的主要作用是（ ）
   A. 将试样中待测元素转化为基态原子
   B. 将试样中待测元素转化为第一激发态原子
   C. 将试样中待测元素转化为中性分子
   D. 将试样中待测元素转化为离子
   E. 将试样中待测元素转化为各个激发态的原子
3. 在原子吸收分光光度法中，原子蒸气对共振辐射的吸收程度与（ ）
   A. 透射光强度成正比
   B. 原子化温度成正比
   C. 激发态原子数成正比
   D. 基态原子数成正比
   E. 试样中的分子数成正比
4. 峰值吸收系数测量的是待测元素的（ ）
   A. 分子总数　　B. 离子总数
   C. 原子总数　　D. 激发态原子总数
   E. 基态原子总数
5. 在原子吸收分光光度法中，被测定元素的灵敏度、准确度在很大程度上取决于（ ）
   A. 空心阴极灯　　B. 火焰
   C. 原子化系统　　D. 分光系统
   E. 检测系统
6. 在原子分光光度计中，最广泛采用的光源是（ ）
   A. 空心阴极灯　　B. 无极放电灯
   C. 氢灯　　D. 钨灯
   E. 氘灯
7. 原子吸收分光光度计的光源的作用是（ ）
   A. 发射很强的连续光谱
   B. 产生足够强度的散射光
   C. 提供试样蒸发和激发所需的能量
   D. 发射待测元素基态原子所吸收的特征共振辐射
   E. 发射 200～800nm 波长范围内的光
8. 在石墨炉原子化器中，应采用下列哪种气体作为保护气（ ）
   A. 乙炔　　B. 氧化亚氮
   C. 氢　　D. 氩
   E. 一氧化二氮
9. 与单光束原子吸收分光光度计相比，双光束原子吸收分光光度计的优点是（ ）
   A. 灵敏度高
   B. 可以消除背景的影响
   C. 可以抵消因光源的变化而产生的误差
   D. 便于采用最大的狭缝宽度
   E. 能消除原子化系统的不稳定和背景吸收的影响
10. 在原子吸收分析中，采用标准加入法可以消除（ ）
    A. 光谱背景的影响　　B. 基体效应的影响
    C. 其他谱线的干扰　　D. 电离效应
    E. 化学干扰
11. 与火焰原子吸收法相比，石墨炉原子吸收法的优点是（ ）
    A. 灵敏度高　　B. 分析速度快
    C. 重现性好　　D. 背景吸收小
    E. 背景干扰小
12. 与石墨炉原子吸收法相比，火焰原子吸收法的优点是（ ）
    A. 选择性较强　　B. 检出限较低
    C. 精密度较高　　D. 干扰较少
    E. 原子化效率高

二、简答题

1. 石墨炉原子化器的升温程序分为几个阶段？各阶段的目的是什么？
2. 试比较紫外可见分光光度法与原子吸收分光光度法的不同点。
3. 原子吸收分光光度法所用仪器主要由哪几部分组成，每个主要部分的作用是什么？

（宋　坤）

项目15 经典液相色谱法

学习目标

1. 知识目标：掌握色谱法的分类、基本术语、薄层色谱法的原理及操作过程；熟悉柱色谱的基本概念及薄层色谱法中固定相和展开剂的选择；了解色谱法的分离机制及应用。

2. 能力目标：能区分不同类型的色谱法；能说出色谱法相关术语的名称、意义；能进行比移值和相对比移值的计算，并完成薄层色谱法的规范操作。

3. 素质目标：培养学生科学、严谨的学习态度及自主探究、团队协作的精神。

链接 色谱法的起源

色谱法起源于20世纪初，俄国植物学家茨维特用碳酸钙作为吸附剂填充竖立的玻璃管，从玻璃管顶端注入植物色素混合物的石油醚萃取液，并采用石油醚自上而下洗脱，经过一段时间洗脱之后，植物色素混合物在玻璃管中实现分离，由一条色带分散为数条平行的色带。1906年，他发表论文将这一分离方法命名为色谱法，将填充碳酸钙的玻璃管称为"色谱柱"，管内填充的物质称为"固定相"，用于洗脱的溶剂称为"流动相"。其后，20世纪30～40年代相继出现了薄层色谱法和柱色谱法，这些方法均以液体作为流动相，故又称为经典液相色谱法。

色谱法是药品、食品、生物化工等领域应用最广泛的一种分离分析方法。以液体为流动相的色谱法称为液相色谱法。可依据固定相的种类、规格、输送流动相的方式、分析速度及灵敏度等方面的不同，分为经典液相色谱法和现代液相色谱法两种类型。本章主要介绍经典液相色谱法。

任务1 概 述

一、色 谱 法

色谱法（chromatography）是利用组分的物理化学性质差异（如溶解度、极性、离子交换能力、分子大小等）在两相间进行多次分配以实现组分的分离分析。其中保持固定不动的，称为固定相（stationary phase）；携带试样移动的，称为流动相（mobile phase）。用于装填固定相的柱管（如玻璃管、不锈钢管等），称为色谱柱（chromatographic column）。

二、色谱分离机制

色谱分离机制是利用混合物各组分物理化学性质的差异，使其在固定相和流动相间不断反复分配来实现分离。在色谱分离过程中，当各组分不断地从固定相上解吸下来进入色谱柱时，其被吸附于色谱柱内的固定相表面，产生吸附作用。随着流动相的不停冲洗，各组分和固定相的吸附作用受到破坏，使得各组分不断地在两相间发生吸附-解吸附-再吸附-再解吸附的过程。由于混合物各组分在结构和性质上的差异，吸附、解吸附能力不同，因而随流动相的迁移速度不同，从而实现分离。

以混合试样中A、B两组分的分离为例进行说明，如图15-1所示。由于组分B的吸附能力较弱，随流动相移动的速度较快，率先流出色谱柱。而组分A由于吸附能力较强，随流动相移动较慢，后流出色谱柱。例如，在色谱柱后连接检测器，则可得到流动相中各组分浓度对时间的曲线，称为色谱流出曲线，又称为色谱图。

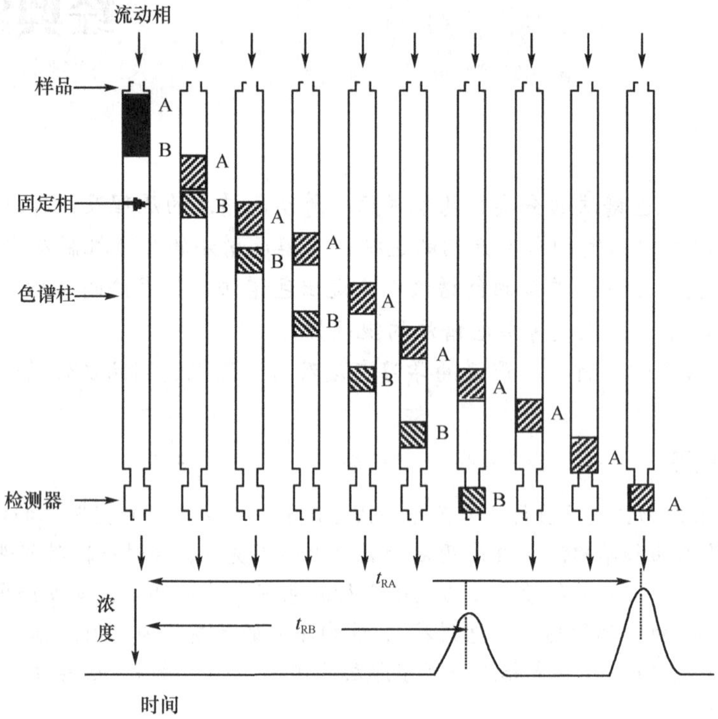

图 15-1 色谱分离机制示意图

三、色谱法的分类

色谱法通常可按以下依据进行分类。

（一）按两相所处状态分类

1. 液相色谱法（liquid chromatography，LC） 流动相是液体。当固定相是液体时，称为液-液色谱法（LLC）；当固定相是固体时，称为液-固色谱法（LSC）；当固定相是化学键合相时，称为化学键合相色谱法。

2. 气相色谱法（gas chromatography，GC） 流动相是气体。当固定相是液体时，称为气-液色谱法（GLC）；当固定相是固体时，称为气-固色谱法（GSC）。

3. 超临界流体色谱法（supercritical fluid chromatography，SFC） 流动相是超临界流体。固定相可以是液体也可以是固体，均称为超临界流体色谱法。

（二）按操作形式分类

1. 柱色谱法 把固定相装在柱管内，构成色谱柱。将固定相装于玻璃柱或金属柱内，称为填充柱色谱法；将固定相装于毛细管内，称为毛细管柱色谱法。

2. 平面色谱法 将固定相涂布于平面载体，可分为薄层色谱法和纸色谱法两种。将固体吸附剂均匀铺在玻璃板、铝板等平板上作为固定相的色谱法，称为薄层色谱法（thin layer chromatography，TLC）。以滤纸作为载体，将滤纸纤维所吸附的水作固定相的色谱法，称为纸色谱法（paper chromatography，PC）。

（三）按色谱分离机制分类

根据不同的色谱分离机制，色谱法可以分成为：分配色谱法（partition chromatography，DC）、吸附色谱法（adsorption chromatography，AC）、离子交换色谱法（ion exchange chromatography，IEC）、分子排阻色谱法（size exclusion chromatography，SEC）等类型。

任务 2 色谱法的基本术语

一、色谱图和色谱峰

（一）色谱流出曲线

经色谱柱分离后的被分离组分通过检测器时，所产生的检测信号随时间变化的曲线，称为色谱流出曲线，即色谱图（chromatogram），如图 15-2 所示。其中纵坐标为检测器的响应值（mV、mA），横坐标为时间（min）。

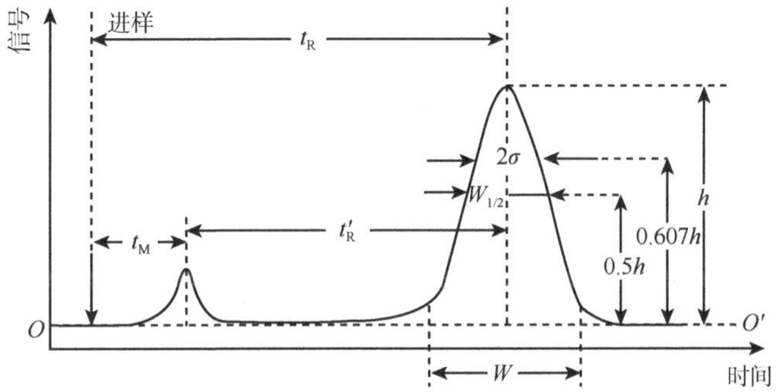

图 15-2 色谱流出示意图

（二）基线

在操作条件稳定下，无样品仅有纯流动相经过检测器时产生的色谱流出曲线，称为基线（base line）。稳定的基线应是一条平行于横坐标的直线，是反映仪器工作是否正常的指标之一，如图 15-2 中的 OO'。在规定操作条件和时间内，基线出现信号波动，称为噪声（noise）。基线随时间的缓慢变化，称为漂移（drift）。

（三）色谱峰

色谱流出曲线上的峰形部分，称为色谱峰（chromatographic peak）。根据峰形的对称与否可分为对称峰和非对称峰两种。对称峰呈左右对称的正态分布曲线。不对称峰表现为前延峰和拖尾峰两种情况。

（四）拖尾因子

拖尾因子 T 一般用来表示色谱峰的对称性，又称对称因子。T 的计算公式如下：

$$T=\frac{W_{0.05h}}{2A}=\frac{A+B}{2A} \tag{15-1}$$

式中，$W_{0.05h}$ 为 0.05 倍峰高处的色谱峰宽度；A 为峰极大值到峰前沿之间的距离；B 为峰极大值到峰后沿之间的距离，如图 15-3 所示。《中国药典》规定对称峰的 T 值应为 0.95～1.05。$T<0.95$ 为前沿峰，峰形表现为前缓后陡；$T>1.05$ 为拖尾峰，峰形表现为前陡后缓。

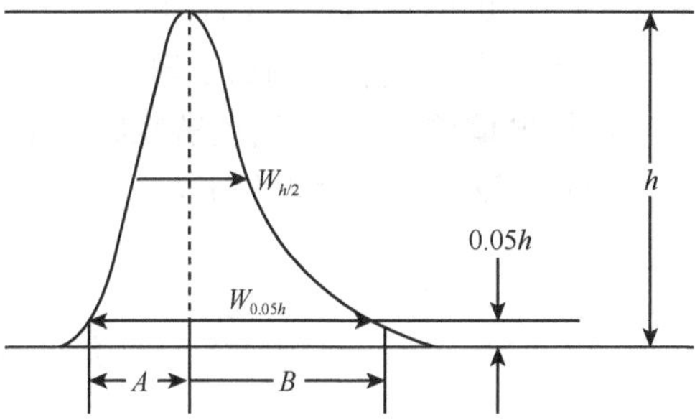

图 15-3 拖尾因子计算示意图

二、定量参数（峰高、峰面积）

1. 峰高（h） 色谱峰顶点到基线的垂直距离，用 h

表示，如图 15-3 所示。

2. 峰面积（*A*） 色谱峰与基线之间所包围的面积，用 *A* 表示，是色谱法定量分析的基本依据和重要参数。一般而言，对称峰的峰面积与峰高和半峰宽的关系如下式：

$$A = 1.065hW_{1/2} \tag{15-2}$$

三、定性参数（保留值）

保留值主要用于表示样品中各组分在色谱柱中停留的状态，是色谱定性的重要参数。一般可采用保留时间或保留体积表示，主要分为以下几种。

1. 保留时间（t_R） 指组分从进样开始至出现浓度最大值时所需的时间，如图 15-2 所示的 t_R 段。

2. 死时间（t_M） 指不被固定相保留的组分（即空气或甲烷）从进样开始到浓度最大值的保留时间，如图 15-2 所示的 t_M 段。

3. 调整保留时间（t'_R） 是指保留时间扣除死时间后的组分保留时间，如图 15-2 所示的 t'_R 段。计算公式如下：

$$t'_R = t_R - t_M \tag{15-3}$$

4. 保留体积（V_R） 是进样开始到某组分出现最大浓度值时所需的流动相体积。计算公式如下：

$$V_R = t_R \times F_c \tag{15-4}$$

式中，t_R 为保留时间，min；F_c 为流动相的流速，ml/min。

5. 死体积（V_M） 是进样、分离和检测系统中不被固定相保留的组分通过色谱柱所需的流动相体积。死体积的计算公式如下：

$$V_M = t_M \times F_c \tag{15-5}$$

式中，t_M 为死时间，min；F_c 为流动相的流速，ml/min。

6. 调整保留体积（V'_R） 是保留体积扣除死体积后的体积。计算公式如下：

$$V'_R = V_R - V_M \tag{15-6}$$

式中，V_R 为保留体积，ml；V_M 为死体积，ml。

7. 相对保留值（r_{is}） 指在同一操作条件下，组分 i 与组分 s 的调整保留时间之比，用 r_{is} 表示。计算公式如下：

$$r_{is} = \frac{t'_{Ri}}{t'_{Rs}} = \frac{V'_{Ri}}{V'_{Rs}} \tag{15-7}$$

四、柱效参数（区域宽度）

区域宽度可用于衡量色谱柱的柱效及反映色谱操作条件下的动力学因素。一般而言，区域宽度越窄，说明色谱柱分离的效率越高，分离的效果也越好。

1. 峰宽（*W*） 通过色谱峰两侧拐点处作切线，与基线相交的距离称为峰宽。峰宽既可衡量色谱柱的柱效，也可用于计算峰面积。

2. 半峰宽（$W_{1/2}$） 在色谱峰高一半处的宽度。半峰宽可反映分离条件的优劣。

3. 标准偏差（σ） 当色谱峰满足正态分布时，为 0.607 倍峰高处色谱峰宽度的一半。

σ 与 W 及 $W_{1/2}$ 的关系如下：

$$W = 4\sigma = 1.699W_{1/2} \tag{15-8}$$

五、分离参数（分离度）

色谱法一般用分离度（*R*）来表示相邻组分的分离状态。分离度反映相邻组分在色谱柱中的分离情况，是色谱柱总分离效能的指标。计算公式如下：

$$R=\frac{t_{R2}-t_{R1}}{\frac{W_1+W_2}{2}}=\frac{2(t_{R2}-t_{R1})}{W_1+W_2} \tag{15-9}$$

分离度 R 值越大，相邻两组分的分离度越好。$R<1.0$，两峰部分重叠；$R=1.0$，两峰基本分离；$R=1.5$，两峰完全分离，如图 15-4 所示。故 $R\geqslant1.5$，是相邻色谱峰完全分离的重要参数。

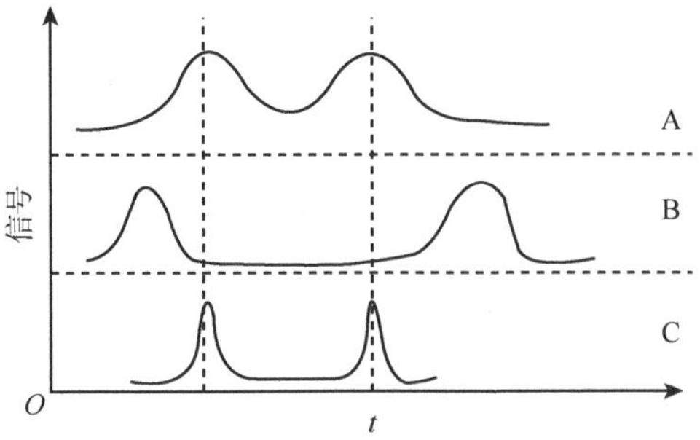

图 15-4　两组分的分离情况

A. $R<1.0$，两峰部分重叠；B. $R=1.0$，两峰基本分离；C. $R\geqslant1.5$，两峰完全分离

六、相平衡常数（分配系数、分配比）

色谱过程的实质是相平衡过程，一般用分配系数及分配比来表示。

1. 分配系数（K）　指的是在一定温度和压力下，当体系处于平衡状态时，组分在固定相中的浓度和在流动相中的浓度之比。表示如下：

$$K=\frac{\text{组分在固定相中的浓度}}{\text{组分在流动相中的浓度}}=\frac{c_s}{c_m} \tag{15-10}$$

式中，c_s 和 c_m 分别为组分在固定相和流动相中的平衡浓度（g/ml）。K 值大的组分在固定相中滞留时间长，后流出色谱柱；反之亦然。故分配系数的不同是色谱分离的前提条件。

2. 分配比（k）　也称保留因子或容量因子，指的是在一定温度和压力下，当体系处于平衡状态时，组分在固定相中的浓度和在流动相中的质量之比。表示如下：

$$k=\frac{\text{组分在固定相中的质量}}{\text{组分在流动相中的质量}}=\frac{m_s}{m_m}=\frac{c_sV_s}{c_mV_m}=K\frac{V_s}{V_m} \tag{15-11}$$

式中，V_m 和 V_s 分别为色谱柱中流动相和固定相的体积（ml），且 V_m 约等于死体积 V_M；在分配色谱法中 V_s 为固定液的体积，而在分子排阻色谱中 V_s 为固定相的微孔体积。

任务 3　柱 色 谱 法

柱色谱法是将固定相（色谱填料）装于色谱柱内，以液体为流动相，通过重力或加压作用流经固定相，从而实现组分的分离。按不同的分离机制，柱色谱法可分为吸附色谱法、分配色谱法、离子交换色谱法和分子排阻色谱法（又称凝胶法）。

一、液-固吸附色谱法

液-固吸附色谱法是以固体吸附剂为固定相，以液体为流动相，根据吸附剂对不同组分吸附能力差异进行分离的方法。

（一）分离机制

吸附色谱法的固定相一般采用多孔性微粒状物质作为固体吸附剂，其表面存在许多吸附中心。吸附过程是组分分子与流动相分子，彼此不断争夺吸附剂表面活性中心的过程。当组分分子占据吸附活性中心时，称为吸附；当流动相分子从活性中心争夺出被吸附的组分分子时，称为解吸附。分离的过程就是组分不断经历吸附—解吸附—再吸附—再解吸附的过程。因样品不同组分对固定相表面吸附中心的吸附能力不同和流动相对各组分解吸能力的差异，导致各组分流出色谱柱的先后顺序（或在色谱柱中停留的时间）不同而实现分离。

（二）固定相

吸附色谱法的固定相又称吸附剂，吸附剂的吸附性能与吸附中心（吸附点位）的多少及吸附中心与被吸附物形成氢键能力的强弱有关。吸附活性中心越多，形成氢键能力及吸附能力就越强。常用的固定相有硅胶、氧化铝、聚酰胺及大孔吸附树脂等。

1. 硅胶 硅胶表面呈弱酸性的硅羟基能与极性基团形成氢键而使硅胶具有吸附能力，也称吸附活性。硅胶表面的羟基能吸附水分形成水合硅羟基而失去吸附能力，此过程称为失活或脱活。但将硅胶置于 105～110℃下加热 30min，即可除去硅胶表面吸附的水（自由水），增强其吸附能力，这一过程称为活化。但应注意加热温度不宜过高，如加热至 500℃，则硅胶结构内的水（结构水）不可逆失去，硅羟基结构变成硅氧烷结构，吸附能力明显下降。硅胶的含水量越大，吸附活性越弱（表 15-1）。硅胶表面具有微酸性，适用于酸性和中性物质的分离，如有机酸、氨基酸、酚类、醛类甾体、萜类等。

表 15-1 硅胶和氧化铝活性与含水量的关系

硅胶含水量/%	氧化铝含水量/%	活性等级	吸附能力
0	0	Ⅰ	大
5	3	Ⅱ	↑
15	6	Ⅲ	
25	10	Ⅳ	
38	15	Ⅴ	小

2. 氧化铝 通过其表面铝羟基（Al—OH）的氢键作用来吸附其他物质，吸附能力比硅胶略高，分离能力强且活性可控。氧化铝的活性也与含水量密切相关（表 15-1）。色谱用氧化铝分为碱性（pH 9～10）、中性（pH 7）、酸性（pH 4～5）三种。酸性氧化铝用于分离酸性和对酸稳定的中性化合物，如酸性色素、氨基酸等；中性氧化铝分离酸性、中性和碱性化合物，如生物碱、挥发油、萜类、甾体、蒽醌，以及在酸碱中不稳定的苷类、酯类等；碱性氧化铝用于分离中性或碱性化合物，如生物碱、脂溶性维生素等。其中应用最多的是中性氧化铝。

3. 聚酰胺 是一类由酰胺聚合而成的高分子化合物，常用聚己内酰胺，主要通过其结构中的酰胺基与化合物形成氢键而产生吸附作用。不同的化合物，由于活性基团的种类、数目与位置不同，与聚酰胺形成氢键的形式和能力不同，从而实现分离。聚酰胺在不同溶剂中形成氢键的能力不同，其在水中形成氢键的能力最强，在有机溶剂中较弱，在碱性溶剂中最弱，主要应用于酚类、酸类、硝基类和醌类等化合物的分离。

4. 大孔吸附树脂 是一种不含交换基团但具有大孔网状结构的高分子化合物，理化性质稳定，不溶于酸、碱及有机溶剂。大孔吸附树脂主要通过范德瓦耳斯力或氢键来对被分离组分产生吸附作用。大孔吸附树脂在水溶液中吸附能力较强并具有良好的吸附选择性，而在有机溶剂中吸附能力较弱。主要适用于水溶性化合物如皂苷及其他苷类的分离及纯化。例如，需分离脂溶性化合物，则应注意使其溶解在水中，并选用适宜的分离条件。

（三）流动相

吸附色谱法的流动相又称洗脱剂，一般为有机溶剂。流动相的洗脱能力与有机溶剂的极性密切相关。极性强的流动相分子占据吸附中心的能力强，易将被分离组分分子从吸附剂活性中心置换出来，洗脱能力强；极性弱的流动相分子占据吸附中心的能力弱，洗脱能力弱。常见有机溶剂的洗脱能力从弱到强的顺序为：正己烷＜异辛烷＜四氯化碳＜四氯丙烷＜氯仿＜二氯甲烷＜四氢呋喃＜乙醚=乙酸乙酯＜二噁烷＜乙腈＜异丙醇＜甲醇＜水。

（四）色谱条件的选择

1. 被测物的极性 被测物质的结构不同，极性和被吸附剂吸附的能力也不同。化合物的极性强弱主要由其官能团决定。不同类型官能团极性由弱到强的顺序为：烷烃＜烯烃＜醚类＜硝基化合物＜二甲胺＜酯类＜酮类＜醛类＜硫醇＜胺类＜酰胺＜醇类＜酚类＜羧酸类。

被测物质极性强弱的判断可以从以下五方面进行判断：①非极性化合物如饱和碳氢化合物，一般不被吸附剂吸附或吸附不牢，但若被官能团取代后，极性会发生改变；②基本母核相同，分子中极性基团的极性越大、数量越多，分子的极性就越强；③分子中双键越多、共轭双键链越长，极性越强；④分子中取代基的空间排列对分子极性也有影响，如形成分子内氢键后会导致分子极性变弱；⑤在同系物中，分子量越大，分子的极性越弱。

2. 吸附剂的性能 分离强极性物质，宜选择吸附活性较小的吸附剂，以免吸附作用过强，不易洗脱；反之亦然。

3. 流动相的极性 应遵循“相似相溶”原则，分离强极性物质应选择强极性的溶剂作流动相；分离弱极性的物质，则应选择弱极性的溶剂作流动相。

综上，通常极性较强的被测物质，应选择吸附活性较小的吸附剂和极性较强的流动相；极性较弱的被测物质，应选择吸附活性较大的吸附剂和极性较小的流动相。被分离物质极性、吸附剂活性和流动相极性之间的选择原则如图15-5所示。实际应用过程中，一般优先确定被分离的物质，然后进行吸附剂活性和流动相极性的选择，结合实验确立最佳的分离条件。

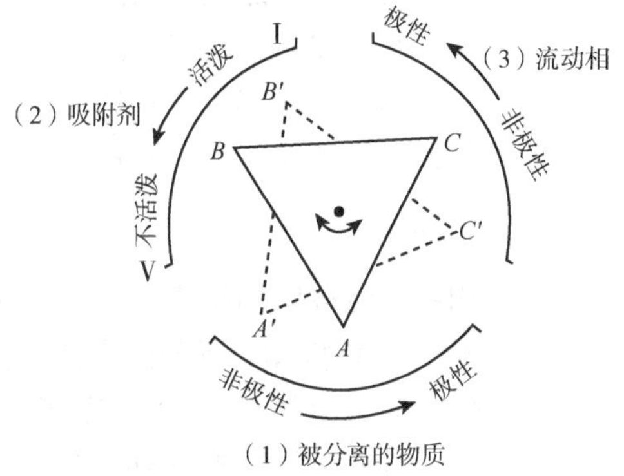

图15-5 被分离物质极性、吸附剂活性和流动相极性之间的关系示意图

（五）吸附色谱的操作

吸附色谱的操作主要包括装柱、加样、洗脱、收集和检测五个步骤。

色谱柱为一硬质玻璃管，其内径均匀、下端（有或无活塞）缩口，同时端口或活塞上部铺垫适量棉花或玻璃纤维，管内填充吸附剂。为了达到良好的分离效果，除另有规定外，一般选用颗粒直径为0.07～0.15mm的吸附剂。

1. 装柱 是能否成功分离纯化物质的关键步骤之一。主要有以下两种方法。

（1）干法 直接将吸附剂全部加入色谱柱，振动或轻敲管壁使其填充均匀，随后沿管壁缓缓加入洗脱剂；如色谱柱本身无活塞，可在色谱柱下端出口处连接活塞，再加入适量的洗脱剂，旋开活塞使洗脱剂缓缓滴出，并自管顶慢慢加入吸附剂，使其能够均匀润湿下沉，在管内形成松紧适度的吸附层。注意，操作过程中应保证吸附层的上面留有足够的洗脱剂。

（2）湿法 先将吸附剂与洗脱剂混合并搅拌均匀后，再慢慢加入色谱柱中，然后利用洗脱剂将管壁上附着的吸附剂冲洗下来，以得到平整的色谱柱面。待洗脱剂从色谱柱顶端自然流下，至液面和柱表面相平时，即可开始加样。

2. 加样 除另有规定外，将供试品溶于洗脱剂后，沿管壁缓慢加入，并保持吸附剂表面平整。或将供试品溶于适当的易挥发溶剂中，再与少量吸附剂混匀，随后挥干溶剂得到呈松散状的供试品，随后加入色谱柱中。若供试品在常用溶剂中不溶，可先将供试品与适量的吸附剂在研钵中研磨混匀后加入。

3. 洗脱 除另有规定外，一般依据洗脱剂洗脱能力大小来选择相应的洗脱剂品种和比例，分步收集流出液，待所得流出液中所含成分显著减少或不再含有时，再更换洗脱剂的品种和比例。注意，在这一过程中应保证吸附层上面留有充分的洗脱剂。

4. 收集 收集的方式分为等份收集和按变换洗脱剂收集两种方式。其中按变换洗脱剂收集应在收集至流出液中所含成分显著减少或不再含有时，对洗脱剂的品种或比例进行改变。

5. 检测 可采用分光光度法、薄层色谱法等分析方式对收集到的样品进行分析检测，如得到的为单一成分，直接回收溶剂即可得到组分；如仍为混合物，则需用其他方法进一步分离。

二、液-液分配色谱法

液-液分配色谱法是以液体为固定相和流动相，根据固定相和流动相对样品中不同组分溶解度（分配系数）差异进行分离的方法。

（一）分离机制

分配色谱法的基本原理与液-液萃取原理基本相同，不同的是分配色谱法的分配平衡是在相对移动的两相间进行的。当样品组分被流动相携带流经固定相时，其在两相间处于溶解-萃取-再溶解-再萃取的动态平衡。基于样品在色谱柱内分配系数的差异来实现分离。若组分的分配系数小，则洗脱时移动速度快，先流出；反之亦然。样品各组分的分配系数差别越大，越容易实现分离。如各组分分配系数相差不显著，可增加柱长来获取较好的分离效果。

（二）固定相

固定相由惰性载体和涂渍或键合在载体表面的固定液组成，对被测样品组分具有一定的溶解度。

1. 载体 又称担体，不与固定液、流动相及被测物质发生化学反应，也不溶于固定相和流动相，是一种惰性物质。因其有较大的表面积，机械强度高，具备负载或支撑固定液的作用。常用的有多孔硅藻土、吸水硅胶、纤维素及微孔聚乙烯小球等。

2. 固定液 是一种涂布在载体表面的特殊液体。固定液应对样品具有较好的溶解度，且与流动相极性具有较大差异，在流动相中不溶或难溶。为保证较好的分离效果，组分在固定液中的溶解度应比其在流动相中的溶解度稍大。

（三）流动相

水、酸、碱、盐、缓冲溶液及不同极性的溶剂均可作为液-液分配色谱的流动相。虽然作为流动相的种类较多，但一般应满足如下要求：①与固定相极性差异大，二者互不相溶；②对样品组分具备较大的溶解度，且相对小于固定液对组分的溶解度。

（四）色谱条件的选择

根据固定相和流动相极性相对强度的差异，可分为正相（normal phase，NP）分配色谱和反相（reversed phase，RP）分配色谱两种类型。固定相极性强于流动相的，称为正相分配色谱；固定相极性弱于流动相的，称为反相分配色谱。

1. 正相分配色谱条件的选择 固定相为强极性溶剂，如水、各种缓冲溶液、甲醇、甲酰胺、丙二醇等及它们的混合溶液等；流动相为弱极性的有机溶剂，如石油醚、醇类、酮类、酯类、卤代烃等或它们的混合溶液，适用于分离强极性的组分，极性小些的组分先流出色谱柱。

2. 反相分配色谱条件的选择　固定相为极性小的有机溶剂，如硅油、液体石蜡等；流动相为强极性溶剂，如水、各种水溶液（包括酸、碱、盐及缓冲溶液）、甲醇等，适用于分离非极性、弱极性或中等极性的组分，被分离组分流出顺序与正相分配色谱相反，极性大的组分先流出。一般反相分配色谱应用更为广泛。

（五）分配色谱操作技术

1. 装柱　装柱与吸附色谱要求基本相同，区别为装柱前先充分混合固定相液体与载体。

2. 洗脱　为防止洗脱剂不断流过固定相时把载体上的固定液逐步溶解，出现分离失败的现象，洗脱剂须先用固定液饱和。

洗脱剂的收集与处理和液-固吸附色谱法操作相同。

三、离子交换色谱法

离子交换色谱法是以离子交换树脂作为固定相，以液体作为流动相，由流动相携带被分离的离子型化合物在离子交换树脂上进行离子交换，根据离子交换能力的差异实现分离的方法。

（一）分离机制

离子交换树脂表面具有固定的离子基团及可交换的离子基团，根据可交换离子基团带电荷情况分为阳离子和阴离子交换树脂两种。当组分电离生成的离子跟随流动相流经固定相时，组分离子与树脂上带有相同电荷的可交换离子基团进行可逆交换，即可根据组分离子对树脂竞争交换能力的异同而实现分离。若组分离子交换能力弱，则不易被树脂吸附，移动速度快，优先流出色谱柱；若组分离子交换能力强，则易被树脂吸附，较后流出色谱柱。

（二）固定相

离子交换树脂是一类具有网状结构的高分子多元酸或多元碱的聚合物。其中聚苯乙烯型离子交换树脂最常用，它是以苯乙烯为单体，以二乙烯苯为交联剂聚合而成的球形网状结构。离子交换树脂就是将不同的可以被交换的活性基团引入上述网状骨架结构中而得。按照引入基团的种类，可分为阳离子交换树脂和阴离子交换树脂。

（三）流动相

最常用的流动相是缓冲溶液，有时也选用能与水混溶的有机溶剂，如甲醇、乙醇、乙腈等，以改善样品的溶解度，提高分离度。同时，流动相还应满足如下条件：①能充分溶解各种盐并提供离子交换所必需的缓冲液；②具有适宜的离子强度以控制样品的保留值；③对被分离对象有选择性。

（四）色谱条件的选择

除与样品组分的离子和树脂上的离子交换基团作用强弱有关外，被分离组分在离子交换柱中的保留时间还受到流动相的 pH、所加盐的种类和浓度、加入有机溶剂等因素的影响。

四、分子排阻色谱法

分子排阻色谱法又称为凝胶色谱法，是以固定相为多孔性凝胶，依据不同组分分子尺寸的大小进行分离的方法。

（一）分离机制

该法仅与固定相上凝胶孔径的大小和被分离组分的大小有关，与流动相的性质无关。当具有不同分子大小的组分随流动相进入色谱柱时，大于凝胶孔径的大体积分子组分，因不能渗入孔内而被流动相携带率先流出色谱柱；中等体积组分的分子能渗入某些孔隙，但不能进入另一部分更小的孔隙，故以中等速度流出色谱柱；小体积组分的分子能渗入所有孔隙中，故最后流出色谱柱，从而实现组分的分离。

（二）固定相

固定相以亲水硅胶、凝胶或经修饰凝胶等高分子聚合物为填充剂，常用的有葡聚糖凝胶和聚丙烯酰胺凝胶。

（三）流动相

流动相应符合以下条件：①能溶解样品，且能润湿凝胶；②黏度低，否则会限制分子扩散从而影响分离效果。一般水溶性样品选择水溶液为流动相，非水溶性样品选择四氢呋喃、三氯甲烷、甲苯等有机溶剂为流动相。

五、柱色谱法不同类型的比较和应用

不同类型的柱色谱法因其操作方便、仪器结构简单、成本低等优势得到了广泛的应用。现将几种不同柱色谱的比较和应用归纳如表 15-2 所示。

表 15-2　不同柱色谱的比较和应用

柱色谱种类	分离机制	固定相	流动相	应用
吸附色谱	吸附能力不同	吸附剂如硅胶、氧化铝、聚酰胺、大孔吸附树脂	极性不同的溶剂	较弱极性物质的分离
分配色谱	溶解度不同	载体+固定液	与固定相不相溶的溶剂	较强极性物质的分离
离子交换色谱	离子交换能力不同	离子交换树脂如聚苯乙烯型离子交换树脂	缓冲溶液	离子型物质的分离
分子排阻色谱	分子大小不同	凝胶如葡聚糖凝胶、聚丙烯酰胺凝胶	水或有机溶剂	大分子物质的分离

任务 4　平面色谱法

固定相呈平面状态的色谱法称为平面色谱法。平面色谱法与柱色谱法的分离机制基本相同，但操作方式不同。柱色谱法将固定相填充于柱管中，流动相流经固定相主要依靠重力作用，这一分离过程称为洗脱，流动相称为洗脱剂；而平面色谱法的固定相则涂布于平面载体上，如平面玻璃板或纸纤维，流动相流经固定相主要利用毛细管作用，这一分离过程称为展开，流动相相应称为展开剂。

一、薄层色谱法

薄层色谱法（thin-layer chromatography，TLC）是将硅胶或氧化铝等固定相涂布于洁净光滑的玻璃、塑料或金属板上形成均匀薄层。在密闭容器内，利用展开剂展开，从而实现不同组分在薄层上分离的平面色谱法。薄层色谱法可根据不同的分离机制分为吸附、分配、离子交换及分子排阻色谱法。本节主要介绍应用最广泛的吸附薄层色谱法。

案例 15-1

板蓝根颗粒的鉴别方法

板蓝根颗粒作为居家常备的中成药，具有清热解毒、凉血利咽的作用。《中国药典》（2025 年版）采用薄层色谱法对板蓝根颗粒进行鉴别。具体操作方法为：照薄层色谱法（通则 0502）试验，吸取供试品溶液、对照品药材溶液、L-脯氨酸对照品、精氨酸对照品、亮氨酸对照品等五种溶液各 2～5μl，分别点于同一硅胶 G 薄层板上，以正丁醇-冰醋酸-水（19∶5∶5）为展开剂，展开，取出，晾干，喷以茚三酮试液，在 105℃加热至斑点显色清晰，置日光下检视。供试品色谱中，在与对照药材色谱和对照品色谱相应的位置上，显相同颜色的斑点。

问题： 1. 展开剂的选择原则是什么？

2. 如何进行点样操作？

（一）分离机制

吸附薄层色谱法是以固体吸附剂作为固定相，以不同极性的溶剂作为流动相（即展开剂），根据不同极性组分在两相间吸附能力的不同，实现组分分离的方法。把极性不同的 A、B 两组分混合溶液点在薄层板的一端，在密闭容器（如色谱缸）中选择合适的展开剂展开。展开剂在薄层板上的毛细管作用下，携带 A、B 两组分不断在薄层板上前进移动（称为展开），A、B 两组分在吸附剂和展开剂之间连续发生吸附—解吸附—再吸附—再解吸附的过程。最终由于极性的差异，A、B 两组分产生差速移动，在薄层上出现彼此分离的斑点（图 15-6）。

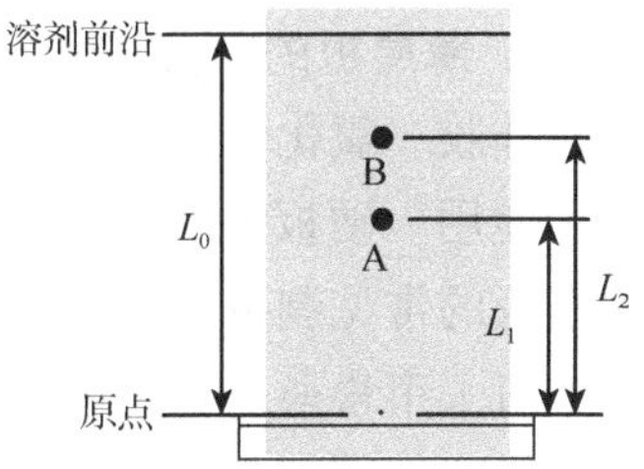

图 15-6　比移值 R_f的示意图

（二）薄层色谱参数

1. 比移值 R_f　指一定色谱条件下，某组分在薄层板上的迁移距离与展开剂的迁移距离比，即原点到组分斑点中心的距离与原点到展开剂前沿的距离之比。计算公式为

$$R_f = \frac{\text{原点至组分斑点中心的距离}}{\text{原点至展开前沿的距离}} \tag{15-12}$$

如图 15-6 所示，A、B 两组分的比移值分别表示为 $R_f = \frac{L_1}{L_0}$；$R_f = \frac{L_2}{L_0}$。

R_f 值可作为薄层色谱定性分析的重要参数。R_f 的取值一般在 0～1。当 R_f 为 0 时，说明组分停留在原点，未随展开剂展开；当 R_f 为 1 时，说明组分已移动至溶剂前沿，固定相对组分无吸附作用。在实际应用中，R_f 值的范围是 0.2～0.8，最佳区间是 0.3～0.5。

R_f 的影响因素与被分离化合物的结构、薄层板的种类、展开剂的极性、温度、湿度及色谱缸内展开剂的蒸气饱和程度等因素相关。

2. 相对比移值 R_r　因 R_f 的数值受到较多因素影响，难以获得较好的重复性。故为消除实验的系统误差，可采用相对比移值 R_r 来代替 R_f 值。其表示为被测物的 R_f 与对照物的 R_f 的比值，即原点至被测物斑点的距离与原点至对照物斑点的距离之比。R_r 计算公式为

$$R_r = \frac{\text{原点至被测物斑点的距离}}{\text{原点至对照物斑点的距离}} \tag{15-13}$$

需要注意的是，R_r 值既可以大于 1，也可以小于 1。

（三）固定相（吸附剂）

薄层色谱法所用的固定相也称为吸附剂，应满足：①纯度高、杂质少、颗粒大小均匀；②吸附性能可逆，既能吸附样品组分，又易于解吸附；③不与展开剂和样品组分发生反应。

常用的吸附剂包括硅胶、氧化铝、微晶纤维素、聚酰胺、硅藻土等。商用硅胶板分为硅胶 G、硅胶 H、硅胶 GF_{254} 及硅胶 HF_{254} 等种类。其中 G 代表黏合剂，H 代表不含黏合剂，F 代表荧光。故硅胶 H 指不含黏合剂的硅胶；硅胶 G 指含黏合剂煅石膏的硅胶；硅胶 GF_{254} 指含煅石膏及无机荧光剂的硅胶，在 254nm 紫外光下呈强烈黄绿色荧光背景；硅胶 HF_{254} 指不含黏合剂但有无机荧光剂的硅胶。

一般根据被测组分的极性和吸附剂的吸附能力来进行吸附剂的选择。如被分离物质的极性大，则应选择吸附能力较小的吸附剂；反之亦然。

（四）流动相（展开剂）

展开剂应对被分离组分具有良好的溶解性，同时不与被分离组分或吸附剂发生化学反应；能有效分离被测组分，展开后的组分斑点圆且集中，不拖尾。一般展开剂的选择原则应遵循“相似相溶”的原则，极性大的被分离组分应选用极性大的流动相；反之亦然。

（五）操作技术

操作技术包括薄层板的制备、点样、展开、显色与检视、记录等五大步骤。

1. 薄层板的制备 薄层板可分为固定相不含黏合剂的软板和固定相含有黏合剂的硬板。软板是直接将硅胶、氧化铝粉末均匀涂布于薄板表面。虽然其操作简单方便，但固定相疏松，易被吹散，现已较少使用。硬板常以煅石膏（$CaSO_4 \cdot 1/2H_2O$）和羧甲基纤维素钠（CMC-Na）为黏合剂。以下主要介绍硬板的常见制备方法。

（1）市售薄层板 可以分为普通薄层板和高效薄层板两大类。一般情况，除聚酰胺薄膜外，市售薄层板在使用前应在 110℃下活化 30min，以此消除水分的影响。

（2）自制薄层板 取 1 份吸附剂和 3 份水（或 0.2%～0.5%的羧甲基纤维素钠水溶液）共置于研钵中，朝同一方向研磨混合，使成稀糊状。静置 15min，去除表面气泡后，倾倒于干净干燥的玻璃板上，用玻璃棒涂布成一均匀薄膜。再用手指稍加振动，反复数次，使得整板薄板均匀、光滑且平坦。如有涂布器，则可直接将研磨、静置、且除去气泡后的糊状物直接倒入涂布器中，随后平稳缓慢移动涂布器进行涂布（涂布厚度 0.2～0.3mm）即可。制备好的薄层板均应先于室温下晾干，再置于 110℃烘箱中烘干 30min，即可保存于干燥箱中备用。使用前应注意观察薄层板表面是否平整、光滑，有无麻点、气泡、破损及污染。

2. 点样 点样可以采用直径小于 1mm 且管口平整的玻璃毛细管或微量注射器进行。适当的点样量和正确的点样方式是获得良好色谱分离效果的重要影响因素。点样量过大容易出现斑点的拖尾和扩散；点样量过小则难以检出。点样应从薄层起始线一端距离薄层底端 1.0～1.5cm 处开始点样，每次点成圆形，控制原点直径不超过 4mm。点样过程应注意：①切勿损伤薄层板表面；②进行反复多次点样时，点样操作应迅速，且务必等前次试样点挥干后方可再次点样；③不同样品的点间距离保持 1～1.5cm。

3. 展开 展开缸分为直立型的单槽和双槽展开缸、卧式展开缸等类型。实际工作中，可根据实验需要及薄层板的性质来选择适合的展开缸。将点好样品的薄层板放入装有展开剂的展开缸中，薄板下端浸入展开剂深度约 5mm（严禁点样原点浸入展开剂中）。除另有规定外，展开的距离为 8～15cm，当展开剂的溶剂前沿到达规定距离时，取出薄层板，迅速标记溶剂前沿位置，晾干。边缘效应指同一组分斑点在薄板上出现两边缘部分 R_f 值大于中间 R_f 值的现象。展开的过程一定要避免边缘效应的出现，故展开前要进行预饱和的操作，即先将点好样的薄板放入装有展开剂的展开缸中（薄板不能接触展开剂），密闭放置 15min，待展开缸内部空间及薄板被展开剂蒸气饱和完全后，再将薄板下端浸入展开剂中展开。

4. 显色与检视 如被测组分有色，可直接检视并确定斑点的位置。如被测组分无色，则利用显色的方式来确定斑点的位置。其中无色物质可选用蒸气显色法、喷洒显色剂法或加热显色法等；有紫外吸收的物质，可以采用 GF_{254} 荧光板，置于 254nm 紫外线灯下观察荧光猝灭形成的斑点；有荧光或显色后激发荧光的物质，可直接置于紫外线灯下观察荧光斑点。

5. 记录 可以通过摄像设备拍摄，形成光学照片或电子图像的形式进行保存，也可选用薄层色谱扫描仪扫描或其他适宜的方式来对相应色谱图进行记录。

（六）系统适用性试验

为了验证所使用的色谱条件是否有效且符合要求，需要利用供试品和标准物质对实验条件进行试验和调整。薄层色谱的系统适用性试验主要指标为比移值、检出限、分离度。

（七）应用

1. 定性分析　在同一薄层板上对制备好的供试品溶液和对照溶液分别进行点样、展开与检视，供试品溶液出现斑点的位置和显色情况应与对照溶液的斑点一致。或将供试品溶液与对照溶液等体积混合，可得到单一、紧密的斑点。

2. 杂质检查　可采用杂质对照品比较法、主成分自身稀释对照法或两法并用，通过比较斑点的颜色来进行结果判定。供试品溶液除主斑点外的其他斑点颜色，不可比相应的杂质对照溶液或系列浓度杂质对照溶液的相应主斑点更深；不可比供试品溶液自身稀释对照溶液或系列浓度自身稀释对照溶液的相应主斑点颜色更深。

3. 定量分析

（1）直接法　在同一色谱条件下，对同一块薄层板上的斑点直接进行面积大小和颜色深浅的测定。可用目视比较法、斑点面积测量法和薄层扫描法进行分析。

（2）洗脱法　将某组分斑点及其吸附剂刮下后，用适当溶剂将该组分从吸附剂上洗脱下来，再用分光光度法、比色法、重量法等对洗脱液进行定量测定。但该法回收率偏低。

二、纸 色 谱 法

纸色谱法（paper chromatography，PC）又称纸层析，是以纸为载体的色谱法，属于正相液-液分配色谱。纸色谱的固定相一般为纸纤维上吸附的水分，流动相为不与水混溶的有机溶剂。但实际与水相混溶的溶剂也常用作流动相。纸色谱法的基本操作与薄层色谱法相同。

自测题

一、单选题

1. 液-固色谱法的英文简称为（　　）

A. GSC　　B. LLC

C. GLC　　D. LSC

E. HPLC

2. 可以用作色谱定性参数的是（　　）

A. 峰高　　B. 保留时间

C. 峰面积　　D. 峰宽

E. 半峰宽

3. 当分离度 R=（　　）时，可以认为两个色谱峰达到完全分离。

A. 0　　B. 0.5

C. 1.0　　D. 1.2

E. 2.0

4. 利用吸附剂表面对不同组分吸附能力的异同来实现分离的色谱法，称为（　　）

A. 分配色谱法　　B. 分子排阻色谱法

C. 吸附色谱法　　D. 离子交换色谱法

E. 柱色谱

5. 液-液色谱中，下列叙述正确的是（　　）

A. 分配系数大的组分先流出柱

B. 分配系数大的组分后流出柱

C. 吸附能力大的组分先流出柱

D. 吸附能力大的组分后流出柱

E. 分子量大的组分先流出柱

6. 常用的吸附剂硅胶 GF_{254} 指的是（　　）

A. 不含黏合剂的硅胶

B. 硅胶和煅石灰混合而成

C. 不含煅石灰，254nm 处有荧光

D. 含煅石灰，254nm 处有荧光

E. 含煅石灰，254nm 处无荧光

7. 为了防止边缘效应，薄层板展开前应该进行什么操作（　　）

A. 点样　　B. 预饱和

C. 洗涤　　D. 配液

E. 洗脱

8. 样品在分离时，要求其 R_f 值大小为（　　）

A. 0～0.3　　B. 0.2～0.8

C. 0.5～1.0　　D. 1.0～1.5

E. 无明确规定

9. 分子排阻色谱法分离混合蛋白质时，最先流出的是（　　）

A. 分子量小的　　B. 吸附能力小的

C. 溶解度小的　　D. 含量少的

E. 亚基个数少的

10. 已知三种物质 a、b、c，对应的 R_f 分别为 0.65、0.52 和 0.47，则薄层板上 a、b、c 三个斑点到起始线的位置正确的是（　　）

A. a＞b＞c　　B. c＞b＞a

C. b＞c＞a　　D. c＞b＞a

E. b＞a＞c

11. 已知样品 A 的 R_f=0.35，且前沿线距离起始线 10cm，请你判断样品 A 在薄层板中距离起始线（　　）

A. 2.5cm　　B. 3.5cm

C. 4.5cm　　D. 5.5cm

E. 6.5cm

12. 用硅胶制备薄层板时，活化温度为（　　）

A. 30℃　　B. 60℃

C. 90℃　　D. 110℃

E. 120℃

13. TLC 指的是（　　）

A. 高效液相色谱法　　B. 气相色谱法

C. 柱色谱法　　D. 纸色谱法

E. 薄层色谱法

14. 薄层色谱法中的预饱和操作应在（　　）前进行。

A. 制板　　B. 点样

C. 展开　　D. 显色

E. 记录

15. 薄层色谱点样操作时，起始线距离玻璃板端为（　　）

A. 0.5～0.8cm　　B. 0.8～1.2cm

C. 1.0～1.5cm　　D. 1～2cm

E. 1.5～2cm

二、简答题

1. 按两相状态的不同，可以把色谱分为哪几种类型？
2. 液-固吸附色谱条件选择应从哪几个方面进行考虑？
3. 简述薄层色谱法的操作过程。

三、计算题

样品 A 和对照组分 B 经过薄层色谱展开后得到如下参数：样品 A 的 R_f=0.55，对照组分 B 的 R_f=0.65，前沿线距离起始线为 12cm。

问题：

（1）分别计算组分 A 和对照组分 B 距离起始线的距离；

（2）计算 R_r 值。

（唐冰雯）

项目16 气相色谱法

学习目标

1. 知识目标：掌握气相色谱法的定性定量分析方法；熟悉气相色谱仪的基本结构及基本操作、固定相与流动相、分析条件的选择；了解气相色谱法的特点及分类。

2. 能力目标：会正确操作气相色谱仪；会用气相色谱法进行定性定量分析。

3. 素质目标：培养学生严谨认真的科学素养及爱岗敬业的职业精神。

链接 塑化剂超标事件

塑化剂是一类化工添加剂，含量超标对人体有严重的危害，酒中塑化剂含量常采用气相色谱-质谱联用（GC-MS）技术进行检测。2012 年，有报道称某品牌的酒中被检测出含有 3 种塑化剂成分，其中一种名为邻苯二甲酸二丁酯（DBP）的成分超标 260%，含量为 1.08mg/kg，大大超出了卫生部规定的最大残留量（限定 0.3mg/kg）。此行为违背了诚实守信的职业道德，违反了《中华人民共和国食品安全法》的相关规定，相关部门对该企业及相关人员进行了严厉的处罚。

任务1　概　　述

一、气相色谱法的概念及特点

气相色谱法（GC）是以气体为流动相的柱色谱分离分析方法。它具有样品用量少（0.01～10μl）、分离效能高、灵敏度高（检测限可达 10^{-14}～10^{-12}g）、分析速度快（几秒至几十分钟）、应用范围广等优点。它主要用于分离分析气体或对热稳定性好且易挥发的物质，约占有机物的 20%。气相色谱法广泛应用于石油化工、生物化学、医药卫生、环境监测和食品分析等领域。在药物分析中，气相色谱法可应用于杂质检查、有机溶剂残留量测定及含量测定等多方面。

二、气相色谱法的分类

气相色谱法属于柱色谱法，按固定相物态分为气-固色谱和气-液色谱；按色谱柱分为填充柱色谱和毛细管柱色谱；按分离机制分为吸附色谱和分配色谱。

三、流动相和固定相

（一）流动相

气相色谱法的流动相为气体，常称为载气。载气的种类很多，如氮气、氢气、氩气、氦气等，纯度要求≥99.99%，可由高压钢瓶或高纯度气体发生器提供。载气的选择主要取决于样品的性质和检测器的种类。

1. 氮气　是气相色谱法中最常用的载气，它是一种惰性气体，安全性能高、扩散系数小、价格较低，适用于除作热导检测器外其他几种检测器时的载气。除另有规定外，一般分析中常用载气为氮气。

2. 氢气 分子量较小、热导系数大、黏度小，适用于作热导检测器的载气。用氢火焰离子化检测器时可用它作燃气。氢气易燃易爆，使用时应注意安全。

（二）气-固色谱法的固定相

气-固色谱法的固定相可分为吸附剂、分子筛、高分子多孔微球及化学键合相等。

1. 吸附剂 主要有强极性硅胶、中等极性氧化铝和非极性活性炭等。

2. 分子筛 是一种特殊的吸附剂，具有吸附及分子筛两种作用，若不考虑吸附作用，分子筛是一种“反筛子”，分离机制与凝胶色谱类似。吸附剂与分子筛常用于永久性气体及低分子量化合物的分离分析。

3. 高分子多孔微球（GDX） 是一种人工合成的新型固定相，具有粒度均匀、机械强度高、热稳定性好、柱寿命长和分离效果好等特点，常用于药物分析。

4. 化学键合相 是新型气相色谱固定相，具有分配与吸附两种作用，它的热稳定性和化学稳定性大大提高，而且键合的固定液往往以单分子层存在，液相传质阻力小、柱效高，适用于快速分析，但其价格较贵。

（三）气-液色谱法的固定相

气-液色谱法的固定相是涂渍在载体表面上的固定液。固定液对被分离组分起溶解作用，载体主要起承载固定液的作用。

1. 载体 又称担体，是一种化学惰性的多孔性微粒，其作用是提供一个大的惰性表面，使固定液能在它的表面形成一层薄而均匀的液膜。

（1）对载体的要求 ①表面积大；②化学惰性，表面吸附或催化性很小；③热稳定性高；④粒度及孔径均匀，有一定的机械强度。

（2）载体的分类 载体可分为硅藻土型与非硅藻土型两大类。硅藻土型载体是天然硅藻土煅烧而成的多孔性固体微粒，分为红色载体和白色载体两种，分别适合与非极性和极性固定液配伍。非硅藻土型载体种类繁多，主要用于特殊用途，包括氟载体、玻璃微珠、高分子多孔微球及素瓷等。

（3）载体的钝化 指加入适当试剂与载体反应以除去或减弱载体表面吸附性能的操作。方法如下。①酸洗法：利用酸溶液去除载体表面的铁、铝等金属氧化物，可用于分析酸类和酯类化合物；②碱洗法：利用碱溶液去除载体表面的 Al_2O_3 等酸性作用点，适用于分析胺类等碱性化合物；③硅烷化法：是将载体与硅烷化试剂反应，除去载体表面的硅醇基，消除形成氢键的能力，用于分析醇、酸及胺类等易于形成氢键的化合物。

2. 固定液 一般是高沸点的液体，在操作温度下为液态，在室温时为固态或液态。

（1）对固定液的要求 ①对样品中各组分有足够的溶解能力；②选择性能高，对不同组分有不同的分配系数；③稳定性好，固定液与样品组分或载体不产生化学反应，高温下不分解；④黏度小，凝固点低。

（2）固定液的分类 通常有化学分类与极性分类两种方法。①化学分类法：按固定液的结构不同分为烃类、硅氧烷类、醇类、酯类等。其优点是便于按被分离组分与固定液的“结构相似”原则选择固定液。②极性分类法：按固定液的相对极性大小分类，固定液可分为 5 级。设 β，β'-氧二丙腈的相对极性为 100，角鲨烷的相对极性为 0，其他固定液的相对极性都在 0～100，以 20 单位为一级，共分为五级。分别以+1～+5 表示。表 16-1 列出了一些固定液的相对极性数据、最高使用温度和主要分析对象等资料，供使用时选择和参考。

表16-1 优选固定液

固定液名称	型号	相对极性数据	最高使用温度/℃	溶剂	分析对象
角鲨烷	SQ	0	150	乙醚、甲苯	一般烃类及非极性化合物
甲基硅橡胶	OV-101	+1	200	苯	氨基酸、基油、非极性化合物
苯基（7%）甲基聚硅氧烷	OV-1701	+1	350	丙酮、氯仿	含硝基、酯基的弱极性化合物
苯基（25%）甲基聚硅氧烷	OV-7	+2	300	丙酮、苯	多核芳烃、酚、酯（适用于中等极性化合物）
苯基（50%）甲基聚硅氧烷	OV-17	+2	250	丙酮、苯	弱极性化合物（如农药、除草剂）、胺类
三氟丙基（50%）甲基聚硅氧烷	QF1	+3	200	氯仿	含卤素化合物、金属螯合物、甾类
β-氰乙基（25%）甲基聚硅氧烷	XE60	+3	275	氯仿	苯酚、酚醚、芳胺、生物碱
聚乙二醇	PEG20M	+4	225	丙酮、氯仿	含O、N杂环化合物
聚丁二酸二乙二醇酯	DEGS	+4	220	丙酮、氯仿	饱和及不饱和脂肪酸酯、苯二甲酸酯异构体
1, 2, 3-三（2-氰乙氧基）丙烷	TCEP	+5	175	氯仿、甲醇	选择性保留低级含O化合物，伯、仲胺，不饱和烃等

（3）固定液的选择 选择固定液一般是根据“相似相溶”原则。①分离非极性化合物：一般选择非极性固定液，组分基本上按沸点顺序出柱，低沸点的先出柱。若样品中有极性组分，则相同沸点的极性组分先出柱。②分离中等极性化合物：选中等极性固定液，组分基本上按沸点顺序出柱，沸点相同的组分，极性弱的成分先出柱。③分离强极性化合物：选极性固定液，组分按极性顺序出柱，极性小的组分先流出柱，极性大的组分后流出柱。

四、基本理论

气相色谱法的基本理论主要包括热力学理论和动力学理论。热力学理论从相平衡观点来研究分离过程，以塔板理论为代表。动力学理论从动力学观点来研究各种动力学因素对柱效的影响，以速率理论为代表。

（一）塔板理论简介

塔板理论是1941年马丁和辛格提出的。该理论将色谱柱假设成一个分馏塔，其中均匀分布许多塔板，每个塔板高度为H，在每一个塔板内，组分分子在固定相和流动相之间形成平衡，随着流动相的流动，组分分子不断从一个塔板移动到下一个塔板，并不断形成新的平衡。经过多次的分配平衡后，分配系数小的组分先流出色谱柱。因此，色谱柱内的塔板数越多，组分的分配次数也越多，则分离效果就越好。

塔板理论假设如下。

1. 色谱柱内存在许多塔板，组分在塔板间隔（即塔板高度）内完全服从分配定律，并很快达到分配平衡。

2. 样品加在第“0”号塔板上，样品沿色谱柱轴方向的扩散可以忽略。

3. 流动相在色谱柱内间歇式流动，每次进入一个塔板体积。

4. 在所有塔板上分配系数相等，与组分的量无关。

理论塔板高度（H）可由色谱柱长（L）和理论塔板数（n）来计算：

$$n=\frac{L}{H} \tag{16-1}$$

理论塔板数（n）与标准差、半峰宽及峰宽的关系：

$$n=\left(\frac{t_{\mathrm{R}}}{\sigma}\right)^2=5.54\left(\frac{t_{\mathrm{R}}}{W_{1/2}}\right)^2=16\left(\frac{t_{\mathrm{R}}}{W}\right)^2 \tag{16-2}$$

（二）速率理论

塔板理论较成功地解释了色谱流出曲线的形状、浓度极大点的位置及柱效评价等。但它的某些假设与实际色谱不符，只定性地给出了理论塔板数和塔板高度的概念，没有说明影响柱效的因素。1956年，荷兰学者范第姆特等在塔板理论的基础上，结合影响塔板高度的动力学因素，建立了速率理论，推导出了塔板高度（H）与载气线速率（u）之间的关系，提出了范第姆特方程式，即

$$H = A + B/u + Cu \tag{16-3}$$

式中，A 为涡流扩散项；B/u 为纵向（分子）扩散项；Cu 为传质阻力项；A、B、C 为常数，u 为载气线速率，单位为cm/s。

1. 涡流扩散项 涡流扩散是气体在流动中遇到填充物颗粒时，不断改变流动方向，使试样组分在气相中形成紊乱的类似“涡流”的流动，这种“涡流”导致组分分子在色谱柱中经过的路径不同，保留时间不同，从而引起色谱峰扩张。涡流扩散与填充物的平均颗粒直径大小和均匀性有关，与载气性质、线速度和组分无关。具体表现如下：

$$A = 2\lambda d_p \tag{16-4}$$

式中，λ 为填充不规则因子，填充越均匀，λ 越小；d_p 为固定相颗粒的平均直径。使用适当粒度和颗粒均匀的固定相，并尽量填充均匀，可减少涡流扩散，提高柱效。对于空心毛细管柱，涡流扩散项为0。

2. 纵向扩散项 纵向分子扩散是由浓度梯度造成的。当组分被载气带入色谱柱后，它们以“塞子”的形式存在于柱内很小一段空间中，由于“塞子”的前后存在浓度差，浓度大的部分有向两侧浓度小的区域扩散的倾向，导致纵向扩散。这种扩散与载气相对分子质量、载气密度、柱温及组分的保留时间有关。例如，选用相对分子量大的载气（如 N_2）、增加载气流速、降低柱温、减小固定液液膜的厚度均可减小纵向扩散。

3. 传质阻力项 传质阻力是物质从一相转移到另一相的过程中遇到的阻碍。在色谱过程中，组分分子在流动相和固定相之间的转移不是瞬间完成的，而是需要一定的时间来达到平衡，这个过程中存在的阻碍就是传质阻力。由于传质阻力的存在，当达到分配平衡时，有些组分分子来不及进入固定相就被流动相推动前进，发生超前现象；而有些分子在固定相中未能及时解吸而推迟进入流动相，发生滞后现象，从而导致了色谱峰的扩张，降低了柱效。在色谱分析中，可采用适当减少固定相用量、降低固定液液膜厚度和增加组分在固定液中扩散系数等方法，减小传质阻力，提高柱效。

由以上内容可知，范第姆特方程式对于色谱分离条件的选择有指导意义。固定相填充的均匀程度、载体粒度、载气种类及流速、柱温、固定液液膜厚度等条件都会影响柱效。

任务2　气相色谱仪

一、气相色谱仪的基本组成

气相色谱仪主要由气路系统、进样系统、分离系统、检测系统、数据处理与记录系统等五个部分组成（图16-1）。

（一）气路系统

气路系统的作用是为气相色谱仪提供压力稳定、流速准确的高纯载气，包括载气源、减压装置、气体净化装置、气路连接装置、气流调节与指示装置等。

气相色谱法中的载气一般装在高压钢瓶中，不同气瓶的钢瓶涂有不同的颜色，如氢气钢瓶涂绿色，氮气钢瓶涂黑色。钢瓶中的高压气体经减压阀、气流调节装置、气体净化装置处理后才能进入色谱仪。气路系统必须有足够的气密性，才能保证分析的安全性与数据的稳定性。

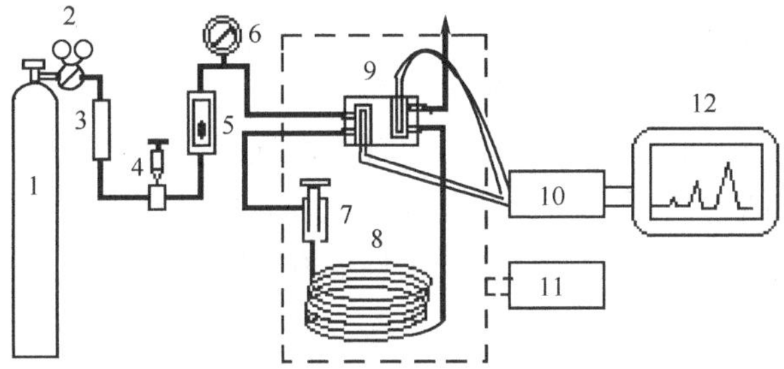

图 16-1　气相色谱仪示意图

1. 载气钢瓶；2. 减压阀；3. 净化干燥管；4. 针形阀；5. 流量计；6. 压力表；7. 进样器；8. 色谱柱；9. 检测器；10. 放大器；11. 温度控制器；12. 记录仪

（二）进样系统

进样系统的作用是将试样汽化并有效导入色谱柱，包括进样器、进样口（汽化室）、温度控制装置等，试样在这里汽化并随载气进入色谱柱。

1. 进样器　气相色谱仪的进样器有多种，根据试样的状态和进样方式不同，采用不同的进样器。例如，溶液可采用微量注射器或自动进样器直接进样，测定固体和液体供试品中挥发性组分时可采用顶空进样器进样。

2. 汽化室　一般由一根不锈钢管制成，管外绕有加热丝，其作用是将液体或固体试样瞬间汽化为蒸气。为了让样品在汽化室中瞬间汽化而不分解，因此要求汽化室热容量大，无催化效应。

3. 加热系统　用以保证试样汽化，其作用是将液体或固体试样在进入色谱柱之前瞬间汽化，然后快速定量地转入到色谱柱中。

（三）分离系统

分离系统是色谱仪的心脏部分，其作用是把样品中的各个组分分离开来，包括色谱柱和柱温箱。

1. 色谱柱　是气相色谱仪的核心部件。色谱柱主要有填充柱和毛细管柱两种，填充柱的材质通常为不锈钢，柱内填装有色谱填充剂，柱长 2～6m，内径一般 2～4mm。毛细管柱的材质为玻璃或石英，柱长一般 5～60m，内径通常 0.1～0.6mm，柱管空心，固定相涂覆或键合在毛细管柱的内壁上，称为开管型毛细管柱。

2. 柱温箱　色谱柱放置于柱温箱中，柱温箱可容纳各种规格的色谱柱，其温度控制装置包括了升温与恒温等温度控制系统，可精确、稳定地控制色谱柱的工作温度，保证分析样品结果的准确性和重复性。

（四）检测系统

检测系统是将经色谱柱分离出的各组分的量（浓度或质量）转变成易被测量的电信号（如电压、电流等），并进行信号处理的一种装置，是色谱仪的眼睛，包括各类检测器及温度控制装置。

气相色谱仪的检测器多达几十种，不同检测器的原理与特点各异，可分为浓度型及质量型两种。浓度型检测器的响应值与进入检测器的载气中组分的浓度成正比，质量型检测器的响应值与进入检测器的载气中组分的质量成正比。下面介绍三种常用的检测器。

1. 热导检测器（TCD）　是一种利用被测组分和载气的导热系数不同而响应的浓度型检测器，对无机物和有机物均有响应。其结构简单、稳定性好、线性范围宽、样品不被破坏，但灵敏度较低，一般适宜做常量分析或 10^{-6} 量级分析。常以氦气或氢气作为载气。

2. 氢火焰离子化检测器（FID）　是利用有机化合物在氢火焰的作用下发生化学电离而形成电子流，通过测定离子流强度进行检测。FID 是典型的破坏型质量型检测器，其特点是灵敏度高，比 TCD

的灵敏度高约 10^3 倍；检出限低，可达 10^{-12}g/s；线性范围宽，可达 10^7。它的结构简单，对有机化合物都有响应，可以直接进行定量分析，是目前应用最为广泛的气相色谱检测器之一，缺点是不能检测无机物、永久性气体和水。通常以氮气为载气，氢气作燃气，空气作助燃气。

3. 电子捕获检测器（ECD） 是一种基于电子捕获原理的浓度型检测器，具有高灵敏度、高选择性和低背景干扰等优点，特别适用于检测具有电负性的有机物，如卤代烃、含氮化合物等。常以高纯度氮气作为载气。

链接 检测器的性能指标

检测器性能的好坏直接影响分析结果的准确性。其性能指标主要指噪声和漂移、灵敏度、检测限等。

（1）噪声和漂移 无样品进入检测器时，仅由于仪器本身及工作条件等偶然因素引起的基线起伏称为噪声（N），单位用毫伏表示。实验条件稳定时，基线是一条波动极小的直线，基线随时间定向的缓慢变化称为漂移（M），单位用 mV/h 表示。漂移应予以消除或控制，一般情况下，基线漂移应小于 0.05mV/h。

（2）灵敏度 单位物质量通过检测器时产生的信号大小称为检测器对该物质的灵敏度（S）。S 越大，检测器越灵敏。

（3）检测限 通常将产生两倍噪声信号时，单位体积的载气或单位时间内进入检测器的组分量称为检测限（D），也称敏感度。

（五）数据处理与记录系统

数据处理与记录系统包括信号放大器、色谱工作站、计算机等，通常仪器生产厂家会在计算机上安装色谱工作站，用于控制色谱仪的操作及进行数据的分析与处理。

二、气相色谱仪的工作流程

载气经减压、净化后进入到汽化室，携带汽化室中已汽化的样品进入色谱柱，由于样品中各组分的性质和结构不同，在色谱柱中的保留时间就不同，然后按先后顺序依次流出色谱柱进入检测器，经检测后随载气排出仪器之外。检测器将各组分的浓度或质量转化为易于记录的电信号并放大，信号经色谱工作站采集处理，传输到计算机上。根据计算机上显示的色谱图，可对组分进行定性和定量分析。

三、气相色谱仪的基本操作

以氢火焰离子化检测器为例。

1. 检查开关 检查仪器上的电源开关，均应处于关的位置，然后安装合适的色谱柱。

2. 检查气密性 开启载气钢瓶上的总阀门，调节减压阀至规定压力。用检漏液检查气路系统各连接处是否有漏气，若漏气须加紧固定螺母或更换柱两端的密封圈。

3. 开机 打开色谱仪主机、计算机、色谱工作站。调节载气及尾吹流量至规定值。

4. 设定测定参数 设定进样口（汽化室）、色谱柱、检测器等各部分温度等参数，启动温控系统，预热 20～30min。

5. 点火 待各部分参数恒定后，开启氢气和空气钢瓶总阀或相应气体发生器开关，调节压力与流量至规定值，点火并检视是否点火成功。

6. 分析测试 在色谱工作站上设置好分析方法、分析时间等各项参数，以及色谱图文件名及存储位置等，待基线稳定后方可进样分析。测试完毕，利用仪器的数据分析软件对相应的色谱图及数据进行分析和处理。

7. 关机 所有样品测试完毕后，先关闭氢气和空气，再进行降温操作。设定进样口（汽化室）、色谱柱、检测器等各部分的温度约为40℃，待各组件的温度下降到40℃以下时，关闭气相色谱仪、电脑，最后关闭载气源阀门。

四、分析条件的选择

（一）色谱柱及柱温的选择

色谱柱是样品分离的场所，混合组分能否完全分离，在很大程度上取决于色谱柱的选择是否合适。气相色谱柱的选择主要包括固定相和柱长两方面。

1. 固定相 应根据分离对象的特性来选择适当固定相的色谱柱，固定相有固体与液体之分。常用的固体固定相有吸附剂、分子筛与高分子多孔微球等，用于分离具有较强极性的组分，如水分、多元醇、脂肪酸等。气液色谱法一般按"相似相溶"的原理选择固定相，还要注意柱载体的选择，高沸点样品用比表面积小的载体、低固定液配比（1%～3%），以防保留时间过长，峰扩张严重；低沸点样品宜用高固定液配比（5%～25%）。难分离样品可用毛细管柱。

2. 柱长 色谱柱的长度会影响分离效果，柱子加长，理论塔板数增多，利于提高分离度，但柱长过长，会使分离时间延长，色谱峰变宽，柱阻增加，反而不利于分离。因此，选择柱长的原则是在满足分离度的条件下，尽量选择较短的色谱柱。

3. 柱温 色谱柱的温度会影响组分的分离度、色谱峰形及分析时间等，因此，色谱法中的柱温是重要的分析条件。选择柱温时应考虑以下几个方面。

（1）柱温不能高于色谱柱的最高使用温度。否则会造成固定液流失，色谱柱柱效降低或失效。

（2）柱温低有利于组分的分离，但柱温过低，被测组分可能在色谱柱中冷凝，或者传质阻力增加，使色谱峰扩张，甚至拖尾。柱温高，虽有利于传质，但分配系数变小不利于分离。

（3）一般通过实验选择最佳柱温。原则是使物质既分离完全，又不使峰形扩张、拖尾，在使最难分离的组分有较好分离度的前提下，尽可能采用较低柱温。柱温一般选各组分沸点平均温度或稍低些，对于高沸点样品（300～400℃），柱温可比沸点低 100～150℃；对于低沸点样品（＜300℃），柱温可比平均沸点低50℃。对于宽沸程样品，需采用程序升温的方法，才能使高沸点及低沸点组分都获得满意结果。

链接 程序升温

程序升温，是指在一个分析周期里色谱柱的温度随时间由低温到高温呈线性或非线性地变化，使沸点不同的组分，分别在最佳柱温下流出，从而改善分离效果，缩短分析时间。对于沸程较宽的复杂样品，如果在恒温下分离很难达到好的分离效果，应使用程序升温方法。

（二）载气及流速的选择

1. 载气种类的选择 首先要考虑检测器的类型。例如，使用TCD，选用氢气或氦气作载气，使用FID则应选用氮气作载气。然后再考虑所选的载气要有利于提高柱效能和分析速度。

2. 载气流速的选择 由范第姆特方程式可以看出，分子扩散项与载气流速成反比，而传质阻力项与流速成正比，所以必然有一个最佳流速使塔板高度 H 最小，柱效能最高。最佳流速可通过实验确定，但在实际工作中，为了缩短分析时间，常选择的载气流速稍高于最佳流速。

（三）其他条件的选择

1. 汽化室温度 合适的汽化室温度既能保证样品迅速完全汽化，又不引起样品分解。一般汽化室温度比柱温高30～70℃或比样品组分中最高沸点高30～50℃，就可以满足分析要求。温度是否合适，可通过实验来检查。检查方法是：重复进样时，若出峰数目变化，重现性差，说明汽化室温度过高；

若峰形不规则，出现平头峰或宽峰，说明汽化室温度太低；若峰形正常，峰数不变，峰形重现性好，说明汽化室温度合适。

2. 检测室温度 检测室温度需高于柱温 30～50℃，或等于汽化室温度。若检测室温度过高，热导检测器的灵敏度降低，检测室温度过低，柱内流出物在检测器中冷凝而污染检测器。

3. 进样量 进样量大小直接影响谱带的初始宽度。进样量过大，可能导致峰形加宽、拖尾，甚至出现双峰，峰高、峰面积与进样量不呈线性关系，无法定量。进样量太小，又会因检测器灵敏度不够，无法检出。在实际操作中，需要通过实验来确定合适的进样量。一般液体试样的进样量为 0.1～10μl，检测器为 FID 时进样量应小于 1μl，采用毛细管柱需选用分流进样。

任务 3 定性与定量分析

一、定性分析

色谱定性分析是鉴定样品中各组分，即确定每个色谱峰各代表哪种化合物。用气相色谱法通常只能鉴定范围已知的未知物，对于一个完全未知的混合样品，单靠色谱法定性比较困难，往往需要采用多种方法综合解决。

（一）利用保留值定性

利用保留值定性的基本依据是：两个相同的物质在相同的色谱条件下应该具有相同的保留值。但是在相同的色谱条件下，保留值相同的两个物质却不一定是同一物质。

1. 已知物对照法 利用已知对照品定性是一种最简单的定性方法。具体方法是：将样品和对照品用同一根色谱柱，在相同的色谱操作条件下分别进行分析，然后比较样品和对照品的色谱图。也可将适量的已知对照品加入到样品中，混匀进样，对比加入前后的色谱图，如某个峰相对增高了，则说明该峰是加入的已知纯物质的色谱峰。

如图 16-2 所示，将试样与已知对照物质在同样的色谱条件下得到的色谱图直接进行比较，可以推测样品中峰 2 可能是甲醇，峰 3 可能是乙醇，峰 4 可能是正丙醇，峰 7 可能是正丁醇，峰 9 可能是正戊醇。

2. 利用相对保留值定性（$r_{i,s}$） 相对保留值只受柱温和固定相性质的影响，而柱长、固定相的填充情况和载气的流速均不影响相对保留值的大小。所以在柱温和固定相一定时，相对保留值为一定值，用其定性可得到较可靠的结果。

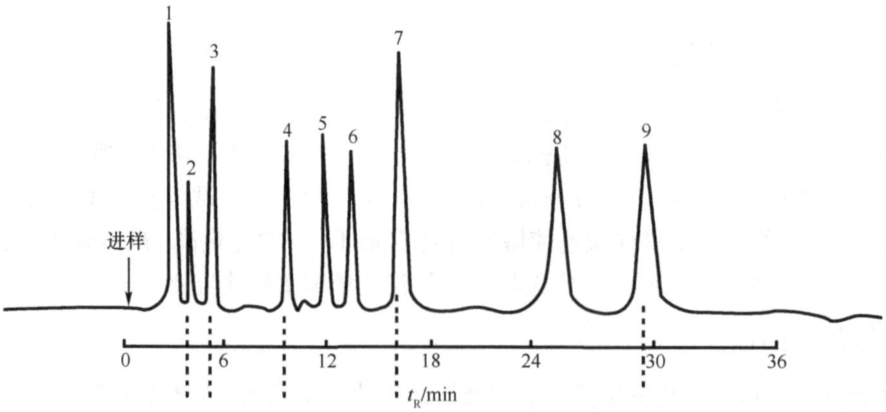

A. 试样

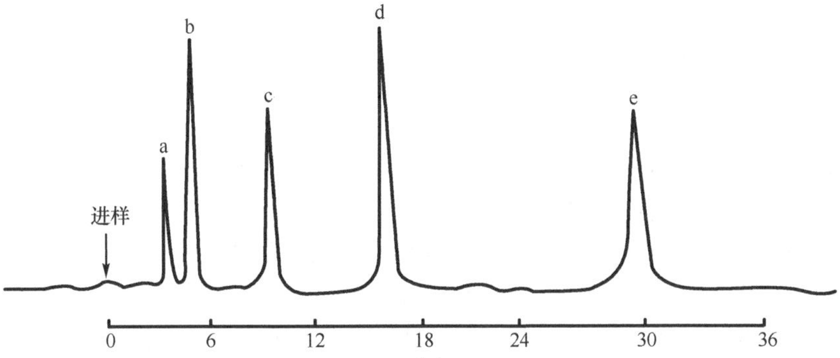

B. 混合对照品

图 16-2 试样和已知对照物的色谱图

已知对照物：a. 甲醇；b. 乙醇；c. 正丙醇；d. 正丁醇；e. 正戊醇

（二）官能团分类定性

样品各组分经色谱柱分离后，依次分别通入官能团分类试剂，观察是否发生反应，如显色或产生沉淀，据此判断该组分具有什么官能团，属于哪类化合物。

（三）利用联用技术定性

对于组分未知的复杂样品，仅用色谱数据定性很困难，须借助于联用技术定性。常用的气相色谱联用技术有气相色谱-质谱联用、气相色谱-傅里叶变换红外光谱联用、气相色谱-核磁共振谱联用等。其中气相色谱-质谱联用技术是目前最成功的联用仪器，已成为实验室中常用的分析方法。

二、定量分析

（一）定量依据

应用气相色谱法进行定量分析的依据是在一定的实验条件下，被测组分在色谱图上的峰面积或峰高与其浓度或质量呈正比关系。测定组分的峰面积或峰高，采用适当的定量方法，即可求得该组分的含量。

（二）校正因子

气相色谱定量分析的依据是基于待测组分的量与其峰面积（检测器的响应信号）成正比的关系。由于同一检测器对不同物质的响应值不同，相同质量的不同物质通过检测器时，产生的峰面积（或峰高）不一定相等。因此，不能用峰面积直接计算物质的含量。为了使检测器产生的响应信号能真实地反映出物质的含量，气相色谱法引入了定量校正因子。用定量校正因子校正后的峰面积才可以定量地代表组分的量。定量校正因子分为绝对校正因子和相对校正因子。

1. 绝对校正因子 是指单位峰面积所代表的组分的量。即

$$f_i' = \frac{m_i}{A_i} \quad (16\text{-}5)$$

式中，m_i、A_i 分别为组分的质量和峰面积。

2. 相对校正因子 因绝对校正因子不易准确测量，并随实验条件而变化，故在实际工作中一般采用相对校正因子 f_i。f_i 是指待测组分 i 与其标准物质 s 的绝对校正因子之比，通常称为校正因子。即

$$f_i = \frac{f_i'}{f_s'} = \frac{m_i / A_i}{m_s / A_s} = \frac{A_s m_i}{A_i m_s} \quad (16\text{-}6)$$

组分的校正因子可从手册或文献查找，也可自己测定。测定时准确称取一定量的纯被测组分和标

准物质，配成混合溶液，在试样测定条件下，取一定量注入气相色谱仪分析，测定纯被测组分和标准物质的峰面积，按上式计算校正因子。

（三）定量方法

气相色谱法的定量方法有面积归一化法、外标法、内标法、标准溶液加入法等四种。根据分析要求、样品的特性以及进样方式的不同采用不同的定量方法。

1. 面积归一化法 是通过测定各组分色谱峰峰面积占除溶剂峰以外的总峰面积的百分率来求含量的一种方法，具体操作是取一定量的供试品溶液注入仪器，记录色谱图，测量各峰的面积和色谱图上除溶剂峰以外的总色谱峰面积，按公式（16-7）计算各峰面积占总峰面积的百分率。

$$c_i(\%) = \frac{f_i \cdot A_i}{\sum f_i \cdot A_i} \times 100\% \qquad (16\text{-}7)$$

式中，$c_i(\%)$为待测组分的含量；A_i为各组分峰面积；f_i为各组分的校正因子。

面积归一化法的优点是操作简便，进样量的多少与测定结果无关，操作条件的变化对定量结果的影响较小。缺点是所有组分必须在一个分析周期内全部流出色谱柱，且检测器都有信号。此法误差较大，通常只用于粗略考察供试品中的杂质限量。除另有规定外，一般不宜用于微量杂质的检查。

2. 外标法 是测定待测组分的峰面积或峰高，与相同条件下该组分的对照物质产生的峰面积或峰高相比较进行定量的方法。

外标法包括标准曲线法和外标一点法（标准比较法）。标准曲线法是在相同条件下配制不同浓度的对照溶液和样品溶液并在相同的色谱条件下进样分析，以对照溶液色谱图上的峰面积为纵坐标，以浓度为横坐标，绘制标准曲线或求得回归方程，进一步求得样品中待测组分的含量。外标一点法是取相同条件下配制的对照溶液与样品溶液在相同的条件下分别测定，按公式（16-8）测定待测组分的含量。

$$m_i = \frac{A_i}{A_s} m_s \qquad (16\text{-}8)$$

式中，m_i、A_i分别为试样溶液中被测组分的质量和峰面积；m_s、A_s分别为标准溶液的质量和峰面积。

外标法操作简单，不需要校正因子，其他组分是否出峰都无影响，可用于微量组分的测定，但要求分析组分与其他组分完全分离，进样准确，实验条件稳定。

3. 内标法 是将一种不同于待测组分的纯物质作为内标物加入到待测试样中，进行色谱定量分析的方法。具体操作是：先精密称（量）取一定量的对照品和内标物质，配成校正因子测定用的对照品溶液。取一定量注入仪器，记录色谱图。测量对照品和内标物质的峰面积，按下式计算校正因子：

$$f = \frac{A_s m_R}{A_R m_s}$$

式中，m_R、A_R分别为对照品的质量和峰面积；m_s、A_s分别为内标物质的质量和峰面积。

然后精密称（量）取一定量的样品和内标物质，配制成供试品溶液，取一定量注入色谱仪，在与对照品溶液相同条件下测定，记录色谱图，测量供试品溶液中被测组分和内标物质的峰面积，按式（16-9）计算含量：

$$\omega_i = f\frac{A_i}{A_s'} \times \frac{m_s'}{m} \times 100\% \qquad (16\text{-}9)$$

式中，f为校正因子；ω_i为被测组分的百分含量；A_i为被测组分的峰面积；m_s'、A_s'分别为供试品溶液中内标物质的质量及峰面积；m为样品的质量。

内标物质选取要求：

（1）内标物质应是样品中不含有的组分，能溶解于样品溶液中。

（2）内标物质最好是纯度合乎要求的纯物质。

（3）内标物质的保留时间、含量与待测组分相近，与相邻组分的分离度符合要求。

内标法的优点是定量准确，操作条件不必严格控制。缺点是必须对试样和内标物准确称量，因为色谱要求被测组分、内标物与其他组分都能分离，所以内标物不易寻找。

4. 标准溶液加入法 是测量样品加入对照品溶液前后的峰面积，以求得样品中待测组分含量的方法。该法适合于基质比较复杂的试样的测定，不需要内标物。具体操作是：精密称（量）取待测成分对照品适量，配制成适当浓度的对照品溶液，取一定量精密加入到供试品溶液中，根据外标法或内标法测定被测组分含量，再扣除加入的对照品溶液含量，即得供试品溶液中被测组分的含量，计算公式如下：

$$\frac{A_{is}}{A_x}=\frac{(c_x+\Delta c_x)}{c_x} \qquad (16\text{-}10)$$

推导出 c_x 为

$$c_x=\frac{\Delta c_x}{\left(\frac{A_{is}}{A_x}\right)-1} \qquad (16\text{-}11)$$

式中，A_{is} 为加入对照品后待测组分的峰面积；A_x 样品中待测组分的峰面积；c_x 为样品中待测组分的浓度；Δc_x 为加入的对照品溶液的浓度。

三、应用及其实例

气相色谱法在药物分析中应用广泛，如药物含量测定、杂质检查、微量水分测定、有机溶剂残留量测定等，还可进行药物中间体的监测、治疗药物监测和药物代谢研究等。

（一）丁香中丁香酚的含量测定

1. 色谱条件与系统适用性试验 以聚乙二醇 20 000（PEG-20M）为固定相，涂布浓度为 10%；柱温 190℃。理论板数按丁香酚峰计算应不低于 1500。

2. 对照品溶液的制备 取丁香酚对照品适量，精密称定，加正己烷制成每 1ml 含 2mg 的溶液，即得。

3. 供试品溶液的制备 取本品粉末（过二号筛）约 0.3g，精密称定，精密加入正己烷 20ml，称定重量，超声处理 15min，放置至室温，再称定重量，用正己烷补足减失的重量，摇匀，滤过，取续滤液，即得。

4. 测定法 分别精密吸取对照品溶液与供试品溶液各 1μl，注入气相色谱仪，测定，即得。

本品含丁香酚（$C_{10}H_{12}O_2$）不得少于 11.0%。

（二）维生素 E 的含量测定

1. 内标溶液 取正三十二烷适量，加正己烷溶解并稀释成每 1ml 中含 1.0mg 的溶液。

2. 供试品溶液 取本品约 20mg，精密称定，置棕色具塞锥形瓶中，精密加内标溶液 10ml，密塞，振摇使溶解。

3. 对照品溶液 取维生素 E 对照品约 20mg，精密称定，置棕色具塞锥形瓶中，精密加内标溶液 10ml，密塞，振摇使溶解。

4. 系统适用性溶液 取维生素 E 与正三十二烷各适量，加正己烷溶解并稀释制成每 1ml 中约含维生素 E 2mg 与正三十二烷 1mg 的混合溶液。

5. 色谱条件 用硅酮（OV-17）为固定液，涂布浓度为 2%的填充柱，或用 100%二甲基聚硅氧烷为固定液的毛细管柱；柱温为 265℃；进样体积 1μl。

6. 系统适用性要求 系统适用性溶液色谱图中，理论板数按维生素 E 峰计算不低于 500（填充柱）或 5000（毛细管柱），维生素 E 峰与正三十二烷峰之间的分离度应符合规定。

7. 测定法 精密量取供试品溶液与对照品溶液，分别注入气相色谱仪，记录色谱图。按内标法以峰面积计算。

自测题

一、单选题

1. 气相色谱法中，与组分的浓度或质量成正比的是(　　)
   A. 保留时间　B. 相对保留值
   C. 峰宽　D. 峰面积
   E. 半峰宽
2. 下列不是气相色谱法的特点的是（　　）
   A. 分析时间短　B. 灵敏度高
   C. 分离效能高　D. 适用于沸点高的物质
   E. 样品用量少
3. 色谱柱柱长增加，可引起变化的是（　　）
   A. 理论塔板数变小　B. 分离度降低
   C. 色谱峰变窄　D. 分析时间延长
   E. 分析时间不变
4. 使用热导检测器时，为使检测器有较高的灵敏度，应选用的载气是（　　）
   A. N_2　B. H_2
   C. Ar　D. N_2、H_2混合气
   E. CO_2
5. 关于 GC 法中柱温的选择，下列说法正确的是（　　）
   A. 柱温不能高于固定液最高使用温度
   B. 宽沸程样品的分离不宜采用程序升温
   C. 尽可能采用高柱温
   D. 柱温升高会使分析时间延长
   E. 柱温对分离效果没有影响
6. 分析含氯农药时，宜选用下列哪种检测器（　　）
   A. TCD　B. ECD
   C. FID　D. FPD
   E. NPD
7. 气相色谱仪中起分离作用的部件是（　　）
   A. 载气　B. 检测器
   C. 色谱柱　D. 进样器
   E. 色谱工作站
8. 用色谱法进行定量计算时，要求混合物每一个组分都出峰的是（　　）
   A. 外标法　B. 内标法
   C. 面积归一化法　D. 内标对比法
   E. 标准溶液加入法
9. 下列各种定量方法中，适合于基质比较复杂的试样测定的是（　　）
   A. 面积归一化法　B. 外标法
   C. 内标法　D. 标准溶液加入法
   E. 都可以
10. 测定中药中挥发性成分或检查药物中的残留溶剂时，宜采用的色谱法为（　　）
    A. 薄层色谱法　B. 离子交换色谱法
    C. 高效液相色谱法　D. 气相色谱法
    E. 紫外-可见分光光度法

二、简答题

1. 气相色谱仪的基本组成有哪些？简述各部分的作用。
2. 气相色谱法的定量方法有哪些？

三、计算题

1. 将环己烷与纯苯配成混合试液，注入气相色谱仪分析，测得当纯环己烷注入量为 0.685μg 时的峰面积为 6.8cm²，纯苯的注入量为 0.385μg 时的峰面积为 4.1cm²。求环己烷的定量校正因子。
2. 某样品中含有乙醇、环己烷、正庚烷和苯四种成分，用热导检测器进行色谱分析，测得数据如下，请用面积归一化法计算它们的质量分数。

被测组分	乙醇	环己烷	正庚烷	苯
峰面积/cm²	8.4	6.0	7.5	10.9
校正因子 f_i	0.85	0.96	0.95	0.93

（张文新）

项目17 高效液相色谱法

学习目标

1. 知识目标：掌握高效液相色谱法的基本原理、分类方法和主要类型；熟悉高效液相色谱仪的构造及工作原理；了解高效液相色谱法的定性与定量分析。

2. 能力目标：学会高效液相色谱仪的基本操作规程，能够按照操作规程进行药品的分析检验及临床检验。

3. 素质目标：了解并遵守实验室安全规程，养成认真、细致、严谨的工匠精神。

任务1 概　　述

一、高效液相色谱法

高效液相色谱法（high performance liquid chromatography，HPLC）是以经典液相色谱为基础，引入气相色谱的理论与实验技术，采用高效固定相、高压输液泵及高灵敏度在线检测手段，发展而成的一种现代分离分析方法。它广泛应用于化学、医药及食品检测等诸多领域。

（一）高效液相色谱法的特点

1. 高压　高效液相色谱法中流动相为高压输送，使得流动相迅速通过色谱柱。高压是高效液相色谱法的一个突出特点。

2. 高速　高效液相色谱仪采用高压输液泵输送流动相，可使流动相快速通过色谱柱，且流量可以精确控制，分析时间通常为数分钟至数十分钟，分析速度快。

3. 高效　由于色谱柱采用粒径低达2～10μm的新型固定相，理论塔板数通常在10^4～10^6，柱效高。

4. 高灵敏度　高效液相色谱仪配备的各种检测器均可达到很高的灵敏度，可检出含量较低的物质。

5. 应用范围广　高效液相色谱法分析对象广泛，它只要求样品能制成溶液，因此不受样品挥发性的约束。在约300万个有机物中，气相色谱法可检测约20%的化合物，高效液相色谱法可检测约80%的化合物。

6. 其他特点　高效液相色谱柱使用寿命长；流出组分容易收集；安全。

（二）高效液相色谱法的主要类型及原理

高效液相色谱法按固定相的聚集状态可分为液-液色谱法（LLC）和液-固色谱法（LSC）两大类。按分离机制可分为吸附色谱法、分配色谱法、离子交换色谱法、分子排阻色谱法、化学键合相色谱法及亲和色谱法等类别。按流动相的压强（柱压）可分为高效液相色谱法（HPLC）和超高效液相色谱法（ultra high performance liquid chromatography，UPLC）两大类。其中化学键合相色谱法在高效液相色谱法中应用最为广泛，因此本章主要讨论化学键合相色谱法的原理。

化学键合相色谱法简称键合相色谱法（bonded phase chromatography，BPC），是以化学键合相为固定相的色谱法。

化学键合相色谱法是通过化学反应的方法将固定液的官能团键合到载体表面上，使其形成均一、牢固的单分子薄层而构成的固定相。常以微粒多孔硅胶为载体，采用酯化键合（Si—O—C 型）、硅烷化键合（Si—O—Si—C 型）和硅氮键合（Si—N 型）等反应，其中硅烷化键合反应得到的键合相具有耐热性和化学稳定性，是目前应用最为广泛的键合相。

这类固定相的突出特点是耐溶剂冲洗，并且可以通过改变键合相有机官能团的类型来改变分离的选择性，因此化学键合相色谱法是应用最广的色谱法，兼有吸附和分配两种分离机制，但多数以分配机制为主。与液-液分配色谱相类似，根据化学键合相与流动相的极性相对强弱不同，可以将化学键合相色谱法分为正相键合相色谱法和反相键合相色谱法。

（三）正相键合相色谱法

正相键合相色谱法（normal bonded-phase chromatography）的流动相极性小于固定相极性。

1. 分离原理（这里介绍分配理论） 其分离原理类似于液-液分配色谱，即把键合固定相当成有机液膜看待，组分在两相间进行分配，极性强的组分分配系数大，保留时间长，后出柱；极性弱的组分分配系数小，保留时间短，先出柱。

2. 被分离物质 正相键合相色谱法主要用于分离溶于有机溶剂的极性至中等极性的分子型化合物。

3. 分离选择性 正相键合相色谱法的分离选择性与液-固吸附色谱相似，即增大流动相的极性，洗脱能力增加，保留时间缩短；反之，保留时间变长。在被分离物质中，极性小的组分先出峰，极性大的组分后出峰。

（四）反相键合相色谱法

反相键合相色谱法（reverse bonded-phase chromatography）的流动相极性大于固定相极性。

1. 分离原理（这里介绍疏溶剂理论） 反相键合相色谱法中溶质的保留行为，主要是利用非极性溶质分子或溶质分子中非极性基团与极性溶剂接触产生排斥力，而从溶剂中被“挤出”，即产生疏溶剂作用，促使溶质分子与键合相表面的非极性烷基发生疏水缔合，而使溶质分子保留在固定相中。缔合反应是可逆的，缔合作用的强弱决定了溶质分子保留时间的长短。

2. 被分离物质 反相键合相色谱法适合分离非极性到中等极性的分子型化合物。

3. 分离选择性

（1）被分离组分 ①被分离组分的极性越弱，疏水性作用力越强，不易被流动相带出色谱柱，色谱图上后出峰；被分离组分的极性越强，疏水性作用力越弱，易被流动相带出色谱柱，色谱图上先出峰；如果被分离组分分子中引入非极性取代基，如碳链、芳香基，这些物质与固定相作用力强，不易被流动相带出，后出峰；如果被分离组分分子中引入极性取代基，或样品中有羧基、氨基、羟基，这些物质与固定相作用力弱，易被流动相带出，先出峰。②同系物中，碳原子数越多，极性越弱，与固定相保留能力越强，后出峰。③同碳数的化合物，直链烷基化合物保留能力大于支链烷基化合物保留能力。

（2）固定相 硅胶表面键合烷基的浓度越大，则溶质的分配系数越大；键合烷基的碳链增长，疏水性增加，溶质的分配系数（k）也增大，如在色谱其他条件相同时，相同物质在 C_{18} 上的保留比在 C_8 上的保留要强。

（3）流动相 溶剂的极性越弱，洗脱能力越强；溶剂的极性越强，洗脱能力越弱。

反相键合相色谱法是应用最广的色谱法，虽然主要用于分离非极性至中等极性的各类分子型化合物，但因键合相表面的官能团不流失，故溶剂的极性可以在很大范围内调整，因此应用范围很宽。由它衍生的反相离子对色谱法与离子抑制色谱法，可以分离有机酸、碱、盐等离子型化合物。据统计，在高效液相色谱法中 70%～80%的样品可采用反相键合相色谱法进行分析。

链接 亲和色谱法

亲和色谱法（affinity chromatography，AC）是一种利用生物大分子，如酶与底物、酶与辅酶及抗体与抗原等相互之间存在专一特殊亲和力，进行分离、分析和纯化的液相色谱技术。

在生物体内，许多大分子具有与某些相对应的专一分子可逆结合的特性，如抗原和抗体、酶和底物及辅酶、激素和受体、RNA 和其互补的 DNA 等，生物分子之间这种特异的结合能力称为亲和力。因此，亲和色谱法应用于生物活性物质的分离和分析测定，同时还为研究生物体内各种分子间相互作用及其机制提供了有效手段，用于测定生化平衡常数，确定蛋白质活性部位等。

二、固定相和流动相

（一）固定相

高效液相色谱法最常用的固定相是化学键合相。其优点为：①传质快。表面无深凹陷，比一般液体固定相传质快。②寿命长。化学键合，无固定液流失，耐流动相冲击。③稳定。耐水、耐光、耐有机溶剂。④选择性好。可键合不同官能团，提高选择性。⑤有利于梯度洗脱。按键合基团的极性可将其分为极性、弱极性和非极性三类。

1. 极性键合相 常用的极性键合相是将氨丙硅烷基[$Si(CH_2)_3NH_2$]或氰乙硅烷基[$Si(CH_2)_2CN$]键合在硅胶上制成的氨基（—NH_2）或氰基（—CN）键合相，一般用于正相色谱。

2. 弱极性键合相 常见的弱极性键合相有醚基和二羟基键合相，这类固定相用得很少。视流动相的极性，该类固定相既能用于正相色谱，又能用于反相色谱。

3. 非极性键合相 常用的非极性键合相是在硅胶上键合非极性烃基，如甲基（C_1）、辛烷基（C_8）、苯基和苯甲基等。其中十八烷基硅烷键合硅胶（简称 ODS 或 C_{18}）的烷基链较长，稳定性很高。非极性键合相一般用于反相色谱，其中 ODS（C_{18}）是反相键合色谱法中最常用的固定相。

非极性键合相的烃基链长对分离选择性和载样量产生较大影响。一般短链或苯基非极性键合相的分离速度快，但是键合烷基的碳链增长，疏水性增加，对溶质的保留值增大，分离选择性更好。例如，在色谱其他条件相同时，相同物质在 ODS（C_{18}）上的保留比在 C_8 上的保留要强。因此 ODS（C_{18}）在高效液相色谱法中应用最为广泛。

（二）流动相

固定相一定时，流动相的种类和配比成为影响色谱分离效果和选择性的主要因素。高效液相色谱流动相有两个作用，一是携带试样通过色谱柱；二是给被分离组分提供一个可调节选择性的分配相，通过对被分离组分的不断洗脱作用，使混合物实现分离。与气相色谱比较，高效液相色谱中可供选择的流动相溶剂要多得多，不仅可以使用纯溶剂，还可以使用不同配比的混合溶剂，选择余地很大。所以选择时，可以通过改善溶剂的性质及组成来提高高效液相色谱法的分离度及分析速度。

1. 流动相应满足以下要求

（1）合适的溶解能力与极性 对于待测样品，流动相溶剂必须有良好的选择性和合适的极性，同时要有一定的溶解能力，且对固定液的溶解度尽可能小。

（2）化学稳定性好 与固定相和被测组分不发生化学反应。

（3）溶剂的纯度高 纯度不高会导致基线不稳定和产生干扰等。实验中一般使用色谱纯试剂。

（4）溶剂的流动性要好，黏度要低 高黏度溶剂会影响溶质的扩散、传质，降低柱效，还会使分离时间延长。

（5）与检测器相匹配 若使用紫外检测器，应当使用紫外波长下没有吸收或吸收很小的流动相。而当使用示差折光检测器时，应选择折射率与样品中组分的折射率有较大差别的流动相，以提高灵敏度。

2. 流动相的选择 流动相的选择遵循"相似相溶"原则，即溶剂的极性越弱，洗脱能力越强；溶剂的极性越强，洗脱能力越弱。反相键合相色谱法流动相通常以水为主体，加入一定量与水相溶的有机溶剂如甲醇、乙腈、异丙醇等，最常用的流动相为甲醇-水和乙腈-水。反相色谱中洗脱能力为：水＜甲醇＜乙腈＜乙醇≈丙酮＜异丙醇≈四氢呋喃。

为了获得不同的离子强度，或者使目标物以稳定的形式存在，会选用一些缓冲盐，而缓冲盐的浓度和 pH 也会影响分离选择性。

正相键合相色谱法流动相为极性较低的疏水性溶剂，通常是在正己烷、环己烷等烷烃中加入一定量的乙醇、异丙醇、乙腈等具有一定极性的溶剂。由于疏水性溶剂的沸点低、黏度小，因此特别适合梯度洗脱，易实现保留值的重现性和色谱峰的对称性。

案例 17-1

黄曲霉毒素的检测

黄曲霉毒素主要污染粮油及其制品，如花生、玉米、大米和花生油等。世界卫生组织（WHO）和联合国粮食及农业组织（FAO）规定食品检测中以黄曲霉毒素 B_1 作为污染指标，最高允许含量为 15ppb。我国颁布的管理办法规定了相应的允许标准量和法规，从而确保食品安全。其检测方法有 HPLC、酶联免疫吸附法等多种方法普遍应用，这些新方法、新手段的快速应用，为黄曲霉毒素的检测提供了更广泛的选择。

问题： 1. 采用 HPLC 测定黄曲霉毒素有什么优势？

2. HPLC 的测定原理是什么？

任务 2 高效液相色谱仪

高效液相色谱仪由高压输液系统、进样系统、分离系统、检测系统和数据处理系统五部分组成。较先进的高效液相色谱仪还配有在线脱气、柱温箱及自动进样器等辅助装置；制备型的高效液相色谱仪配有自动馏分收集装置。高效液相色谱仪的结构，如图 17-1 所示。

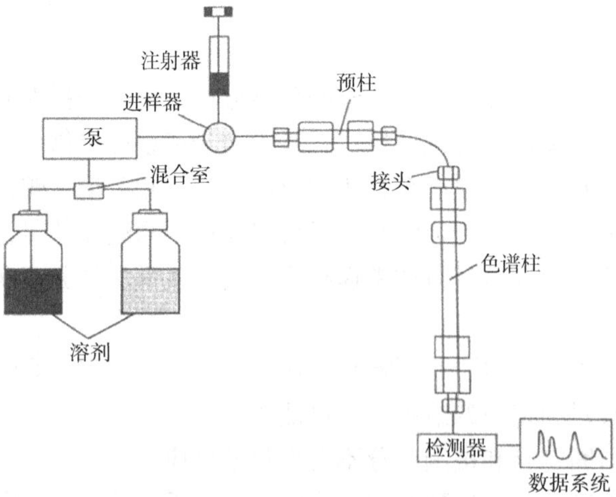

图 17-1 高效液相色谱仪结构示意图

一、高压输液系统

由于高效液相色谱所用的固定相颗粒极细，因此对流动相的阻力很大，为使流动相有较大的流速，必须配备高压输液系统。高压输液系统是高效液相色谱中最重要的组件，一般由储液瓶、脱气装置、高压输液泵、梯度洗脱装置组成。

（一）储液瓶

储液瓶是用来储存流动相的容器，其材质应耐腐蚀，一般为玻璃瓶，容积一般为 0.5～2.0L，无色或棕色，棕色瓶可起到避光作用，瓶中配有溶剂过滤器。为防止长霉，储液瓶中流动相要经常更换，并经常清洗储液瓶。储液瓶的位置一般高于泵，以保证有一定的输液静压差。

（二）脱气装置

流动相所用的溶剂应经过 0.2～0.45μm 滤膜过滤后方能放入储液瓶，同时储液瓶还应配有溶剂过滤器，以防止流动相中的机械颗粒进入高压输液泵内。溶剂过滤器一般用耐腐蚀的镍合金制成，滤芯的孔隙大小 2μm 左右。试样溶液一般用市售的 0.45μm 或 0.2μm 的针头式过滤器过滤。另外，在流动相入口、泵前、泵与色谱柱之间都配备有各种各样的滤柱或滤板。

流动相进入高压输液泵前必须脱气。因为气泡对测定有如下影响：①泵中气泡使液流波动，改变保留时间和峰面积；②柱中气泡使流动相绕流，峰变形；③检测器中的气泡产生基线波动。

流动相脱气方式可分为离线脱气和在线脱气两种形式，现在很多商品化仪器都配备在线脱气装置，能够很好地去除大部分气泡。常用的离线脱气方法有三种：真空脱气法、吹氦脱气法和超声波脱气法。

（三）高压输液泵

高效液相色谱法中，流动相是通过高压输液泵来输送的，因此泵的作用是将流动相以稳定的流速或压力输送到色谱系统。高压输液泵的稳定性直接关系到分析结果的重复性和准确性，因此应满足以下条件。

1. 流量稳定 输出的流动相基本无脉冲，流量重复性 RSD 值优于 0.3%，目前主流生产厂家均能达到 0.1%。

2. 输出压力高，密封性能好 最高输出压力可达 40～60MPa；超高压液相色谱耐压甚至需要超过 100MPa。

3. 流量范围宽，且连续可调 分析型流量为 0.100～10.000ml/min；制备型流量为 100～1000ml/min；工业制备型流量大于 1000ml/min。随着微纳技术的发展，目前已有微纳输液泵的最小流量可以低至纳升级。

4. 泵死体积小，有利于洗脱液的更换。

5. 耐腐蚀性好 在分析生物样品、极性样品时，流动相常用腐蚀性较大的缓冲溶液，因此对泵材质的耐腐蚀性要求很高。通常采用不锈钢材质，对生物样品的分离也常用聚醚醚酮等材质。为了减缓柱塞磨损，许多厂商的柱塞泵都附有清洗装置，可自动冲洗。

6. 具有梯度洗脱功能 按照液体输出的形式，输液泵可分为恒压泵和恒流泵两大类。目前应用最多的是恒流泵中的柱塞往复泵，其结构如图 17-2 所示。柱塞往复泵类似于具有单向阀的往复运动的小型注射器。通常由电动机带动偏心轮转动，再由偏心轮驱动活塞杆做往复运动，柱塞向后运动，出口单向阀关闭，入口单向阀打开，将流动相吸入缸体；柱塞向前运动，入口单向阀关闭，出口单向阀打开，流动相输出，流向色谱柱。柱塞前后往复运动，将流动相源源不断地输送到色谱柱中。改变电动机转速可以控制活塞的往复频率，调节流动相的流速。

（四）梯度洗脱装置

梯度洗脱分为高压梯度和低压梯度。

高压梯度是指溶剂在高压下混合，常见的是二元泵，即使用两台高压输液泵分别按设定比例输送两种不同的溶剂至混合器，在高压状态下将两种溶剂混合，然后以一定的流量输入色谱柱。其优点是，只要通过梯度程序控制器改变两个泵各自的流量，并保持输出总流量不变，就能获得任意形式的梯度曲线，而且精度高。其缺点是必须使用两台高压输液泵，仪器成本高。由于溶剂在高压下混合，不易产生气泡，可以不配备在线脱气装置。

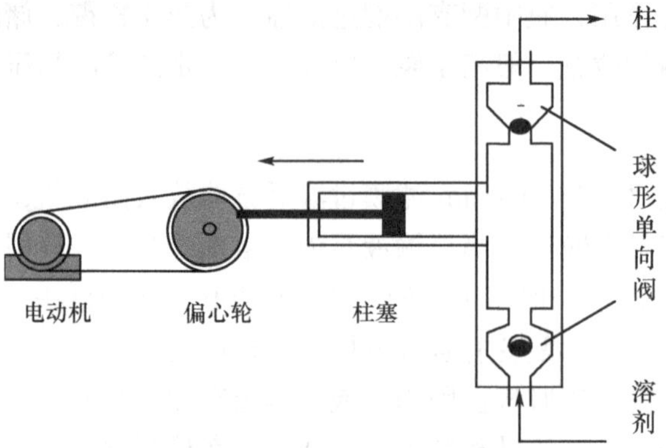

图 17-2 柱塞往复泵示意图

低压梯度是指溶剂在常压下混合。流动相所需的各种溶剂经脱气后，在常压下进入比例阀，由比例阀控制各种溶剂的比例，混合后进入高压泵，再由高压泵将流动相以一定的流量输出至色谱柱。其主要优点是只需要一个单元泵，成本低、使用方便。但是由于溶剂在常压下混合，易产生气泡，故需配备良好的在线脱气装置。

二、进样系统

高效液相色谱仪的进样器是将样品溶液准确送入色谱柱的装置。进样器要求密封性好，死体积小，重复性好，进样时引起色谱系统的压力和流量波动要很小。进样器分为手动和自动两种。简易液相色谱仪配备六通进样阀，高级液相色谱仪配有自动进样器，自动进样器效率高、重复性好。

（一）六通进样阀

六通进样阀是目前最常用的手动进样方式，其具有结构简单、使用方便、寿命长、日常无须维修等特点。它是由圆形密封垫（转子）和固定底座（定子）组成。在充样至 A 位置时，用微量注射器将试样注入定量环，多余样品从废液口放出；转动进样至 B 位置时（将阀旋转 60°），由泵输送的流动相冲洗定量环，推动样品入柱，如图 17-3 所示。进样阀的内部通道很细，所以，样品液中绝不应该带有固体微粒，以免堵塞通道。同样，样品液的浓度也不宜太高，防止其在进样阀内结晶析出。应当经常清洁进样阀的通道，此时阀的扳手应放在进样位置，使得冲洗液从废液口流出。定量环则无须清洗，因为流动相会自动地不断流过并清洗定量环。

（二）自动进样器

自动进样器是由计算机自动控制定量阀，按预先编制好的程序进样，可自动完成几十或上百个样品的分析。在进行大量样品的分析时，使用自动进样器操作可节省大量人力和时间，但此装置成本高。

HPLC 的进样量根据色谱柱的柱容量确定，分析柱进样量范围通常为 5～50μl。

三、分离系统

高效液相色谱仪的分离系统主要包括色谱柱、保护柱、柱温箱等部件。

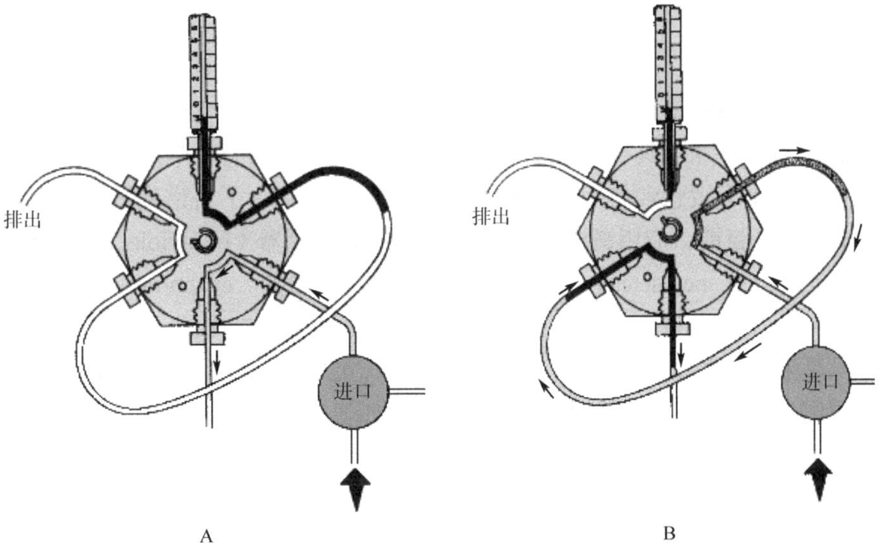

图 17-3 六通阀充样和进样

（一）色谱柱

色谱柱是液相色谱仪的心脏部分，由柱管和固定相两部分组成。柱主管材料通常采用优质不锈钢，管内壁要求具有很高的光洁度。柱长一般为 10～30cm，内径为 4～5mm，其结构如图 17-4 所示。

液相色谱柱的两端有烧结不锈钢或多孔聚四氟乙烯片，以防止柱内的填料流出。柱子装填对柱效影响很大，通常采用匀浆法高压填充 HPLC 色谱柱。先将填料配成悬浮液，用高压泵以 80～100MPa 的压强快速将其压入装有洗脱液的色谱柱内，经冲洗后即可备用。

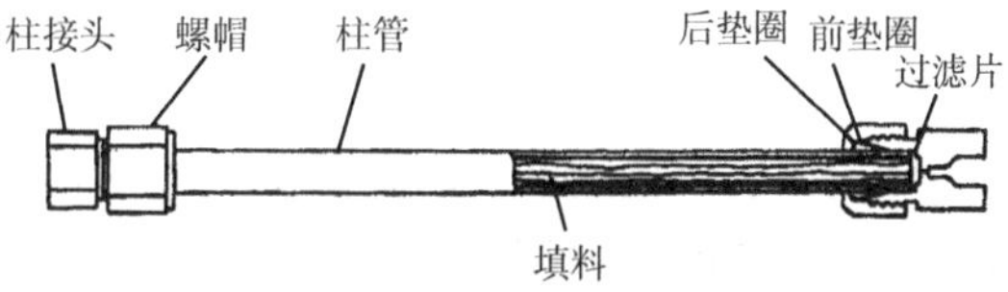

图 17-4 液相色谱柱结构

液相色谱柱在装填料之前是没有方向的，但在填好固定相后，柱子是有方向的，在使用时，应使流动相的方向与柱子的填充方向一致。通常在柱子的管外用箭头标示出流动相方向，安装色谱柱时应注意。

（二）保护柱

保护柱又称预柱，是将装有与分析柱相同固定相填料的短柱（5～50mm 长）接在色谱柱前，可以方便更换，从而起到保护色谱柱、延长柱寿命的作用。

（三）柱温箱

柱温箱是用于调节温度与维持色谱柱温度恒定的装置。调节适当的柱温可改善传质，提高柱效与分离度，缩短分析时间；维持色谱柱柱温的恒定有助于提高分析结果的重复性。高效液相色谱仪的柱温箱精度可达±0.1～0.5℃。

链接 色谱柱的再生

色谱柱的价格较贵，再生可以延长使用柱寿命。反相和正相色谱柱的一般再生方法如下：①反相色谱柱通常以甲醇-水（95∶5，体积比）、纯甲醇及一氯甲烷等为流动相，依次冲洗，顺序不得颠倒。每种流动相的冲洗体积应 20 倍于柱体积。然后，再以相反顺序依次冲洗。②正相色谱柱（含硅胶柱），以严格脱水的正己烷、异丙醇、一氯甲烷及甲醇为流动相，依次冲洗，顺序不得颠倒。其他步骤可同上。

四、检测系统

高效液相色谱仪的检测器是检测色谱过程中组分的浓度随时间变化的部件。

液相色谱中的检测器，除应具有灵敏度高、噪声低、线性范围宽、响应快、死体积小等特点外，还应对温度和流速的变化不敏感和使用化合物的种类广等性能。为了将谱带展宽现象降到最低，检测器的体积一般小于 15μl。目前，应用最广泛的是紫外-可见光检测器（ultraviolet detector，UVD 或 UV），其次是荧光检测器（fluorescence detector，FD）、蒸发光散射检测器（evaporative light scattering detector，ELSD）和电导检测器（conductivity detector，CD）等。示差折光检测器（differential refractive index detector，RID）虽是通用型检测器，但因受温度影响大，灵敏度不够高，以前多用于糖类的检测，现已被蒸发光散射检测器所替代。常用的检测器及其性能如表 17-1 所示。

表 17-1 高效液相色谱仪常见的检测器及其性能

检测器	类型	检测限/（g/ml）	温度影响	流速影响	用于梯度洗脱
紫外-可见光检测器（UVD 或 UV）	选择型	10^{-10}	小	无	可以
荧光检测器（FD）	选择型	10^{-13}	小	无	可以
示差折光检测器（RID）	通用型	10^{-6}	大	有	不可
蒸发光散射检测器（ELSD）	通用型	10^{-10}	小	无	可以
电导检测器（CD）	通用型	10^{-8}	大	无	可以

与气相色谱检测器比较，除荧光检测器等选择型检测器的灵敏度接近气相色谱检测器外，其他液相色谱检测器的灵敏度都比气相色谱检测器的灵敏度差，并且没有与气相色谱中氢火焰离子化检测器和热导池检测相当的检测器，即在液相色谱中，没有一个既灵敏又通用，还可用于梯度洗脱的检测器。现将常用的检测器介绍如下。

（一）紫外-可见光检测器

1. 检测原理 紫外-可见光检测器测定原理是基于被分析组分对特定波长紫外-可见光的选择性吸收，其吸收度与组分的浓度的关系服从朗伯-比尔定律。检测系统由光源、流通池、检测元件、工作站等组成，可检测 190～350nm 范围（紫外光区）的光吸收变化，也可向可见光范围 350～700nm 延伸。

2. 紫外-可见光检测器的特点 ①灵敏度高，噪声低，最小检出量可达 10^{-12}～10^{-7}g；②不破坏样品，能与其他检测器串联；③对温度、流动相流速波动不敏感，可用于梯度洗脱；④属于浓度型检测器。但它只能检测有紫外或可见光吸收的组分，对于流动相的选择有一定的限制，检测波长必须大于截止波长。

3. 紫外-可见光检测器的类型 分为固定波长型（已淘汰）、可变波长型和光电二极管阵列检测器。

光电二极管阵列检测器（diode array detector，DAD）是由多个光电二极管组成的阵列为光电转换元件的检测器。20 世纪 80 年代出现的光电二极管阵列检测器的检测速度率快，记录一张光谱仅需几毫秒，因此可在色谱进行过程中给出每个色谱峰的紫外吸收光谱。

以光电二极管阵列作为检测元件的紫外检测器，如图 17-5 所示。它可构成多通道并行工作，同时检测由光栅分光，再入射到阵列式接收器上的全部波长信号，然后，光电二极管阵列检测器能快速扫描采集数据，可得到时间、光强度和波长的三维谱图，如图 17-6 所示。因此，光电二极管阵列检测器可以同时获得样品的色谱图及每个色谱峰的吸收光谱。色谱图用于定量，光谱图用于定性。也可以用计算机将两种图谱绘在一张三维坐标图上，从而获得三维光谱-色谱图，同时得到定性、定量及色谱峰是否是单一组分的信息。

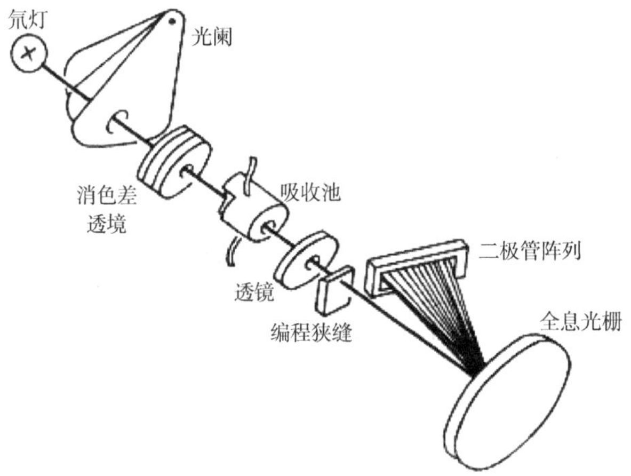

图 17-5　光电二极管阵列检测器示意图

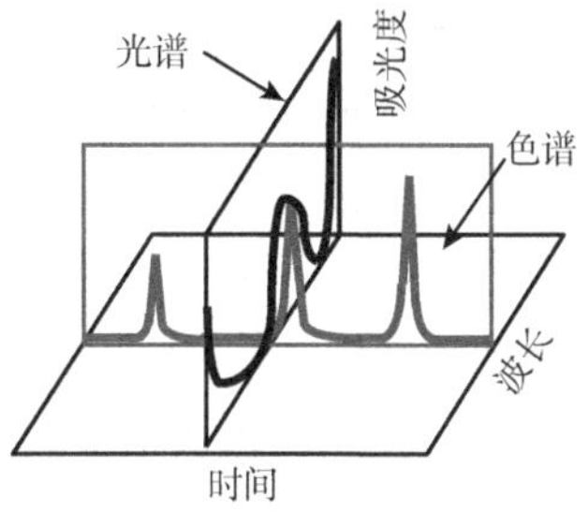

图 17-6　光电二极管阵列检测器的三维图

DAD 除可给出三维光谱-色谱图外，还可给出等高线图、某指定波长下的色谱图、各成分的光谱图等。

4. 应用范围　主要用于检测具有 π-π 或 p-π 共轭结构的化合物，如芳烃与稠环芳烃、芳香基取代物、核酸、甾体激素、羰基与羰基化合物等。

（二）荧光检测器

1. 检测原理　基于某些物质吸收一定波长的紫外光后能发射出一种比吸收波长更长的光波，即荧光。荧光强度与荧光物质浓度的关系服从光的吸收定律。因此，荧光检测器只适用于具有荧光的有机化合物，如多环芳香烃、氨基酸、胺类、维生素、甾体化合物和某些蛋白质等的直接检测，同时也适用于某些物质虽然本身不发光，但含有的官能团可与荧光剂发生衍生化反应，生成荧光衍生物的检测。

2. 荧光检测器的特点　荧光检测器灵敏度高，检测限可达 10^{-10}g/ml，选择性好，其缺点是并非所有的物质都能产生荧光，因此应用范围较窄。适用于痕量分析和梯度洗脱，而且所需样品量很小，特别适合体内药物分析和生物化学样品的分析。

（三）示差折光检测器

其原理是基于样品组分的折射率与流动相溶剂折射率有差异，当组分洗脱出来时，会引起流动相折射率的变化，这种变化与样品组分的浓度成正比。绝大多数物质的折射率与流动相都有差异，所以示差折光检测器是一种通用的检测系统，对于那些无紫外吸收的有机化合物（如高分子化合物、糖类、脂肪烷烃）是比较适合的。

但其灵敏度与其他检测方法相比要低 1～3 个数量级，不适用于痕量分析。流动相和温度的变化都会引起折光率的变化，因此，该检测器必须控制恒温，也不适用于梯度洗脱样品的检测。

（四）蒸发光散射检测器

蒸发光散射检测器是 20 世纪 90 年代出现的最新型的通用检测器，是示差折光检测器的理想替代品，不仅可用作一般高效液相色谱及凝胶色谱的检测器，还可用作超临界流体色谱的检测器。

1. 检测原理　经色谱柱分离的组分随流动相进入雾化室，被高速气体（氦气、氮气或空气）雾化，然后进入蒸发室（漂移管），在蒸发室中流动相被蒸发除去，不挥发的待测组分在蒸发室内形成气溶胶，然后进入检测室。在检测室中用一定强度的入射光（卤钨灯或激光光源）照射气溶胶而产生光散射，测定散射光强度而获得组分的浓度信号。

2. 蒸发光散射检测器的特点　蒸发光散射检测器是一种高灵敏度的通用型检测器，尤其对一些较难分析的样品，如糖类、磷脂、皂苷、生物碱、甾族化合物等无紫外吸收或紫外末端吸收的化合物，其具有比示差折光检测器更高的灵敏度。其优点是消除了溶剂干扰及温度变化带来的基线漂移，可梯度洗脱，灵敏度高，适用于检测挥发性低于流动相的组分，但是不能使用非挥发性缓冲盐作流动相，如磷酸盐。因为盐不挥发，会影响检测。

（五）电导检测器

电导检测器是一种通用型电化学检测器，具有结构简单、操作成本低及死体积小等特点。电导检测器测量的是溶液的电导或电阻，因此，主要用于检测以水溶液为流动相的离子型溶质。当流动相的离子浓度恒定时，由于电导检测器对流速和压力的变化不敏感，可用于梯度洗脱的测量。温度对电导检测器的影响较大，每升高 1℃，电导率增加 2%～2.5%，借助热敏电阻监控器和电子补偿电路可以消除温度的影响，一般情况下电导检测器都应置于绝热恒温设备中。

链接 超高效液相色谱仪

超高效液相色谱仪由超高压输液泵、超高效液相色谱柱、快速自动进样器、高速检测器及工作站等组成。

UPLC 仪与 HPLC 仪的主要不同，首先是采用 1.7μm 的填料的色谱柱，使板高-流速曲线（*H-u*）接近于平行于横轴的直线，使最佳柱效范围更宽。其次是因固定相的粒径小、柱阻大，需要用超高压泵属性流动相。柱效高，使色谱峰多而锐，因而需要高速、高灵敏的检测器检测。

五、数据处理系统

高效液相色谱仪的数据采集和处理由计算机完成，利用色谱工作站采集、分析色谱数据和处理色谱图，给出保留时间、峰宽、峰高、峰面积、对称因子、容量因子、选择因子和分离度等色谱参数。

任务 3　定性与定量分析

一、定 性 方 法

（一）保留值对比法

将对照品和样品在相同的条件下配制与测定，样品中某一组分的保留时间与对照品的保留一致，则可初步认定这两者为同一组分。

（二）两谱联用定性法

对于复杂样品的分析，样品中的许多成分未知，无法找到合适的对照品，此时可用两谱联用定性法。两谱联用是将高效液相色谱分别与质谱、核磁共振、红外光谱等方法联用，推断混合样品中可能存在的组分，再采用保留值对比法进行确证。

（三）色谱-光谱联用鉴定法

色谱-光谱联用鉴定法是将高效液相色谱仪与光谱仪（或质谱仪）用界面连接，形成一个完整仪器，实现在线检测，联用后的仪器称为色谱-光谱联用仪，如 HPLC-DAD、HPLC-MS 等。色谱-光谱联用仪能给出样品的色谱图，并能快速给出每个色谱峰的光谱（或质谱）图，能同时获得定性、定量信息，是分析、鉴定成分复杂样品最重要的手段。

二、定量分析

高效液相色谱法的定量分析方法与气相色谱法相同，测定结果均以色谱图的方式呈现，定量方法主要包括有外标法、内标法、面积归一化法、加校正因子的主成分自身对照法和不加校正因子的主成分自身对照法等五种方法。其中，前三种方法的原理和计算公式与气相色谱法相同。

（一）外标法

以样品的对照品作为对照物质，对比求算样品含量的方法称为外标法。在 HPLC 中，因进样量较大（一般 20μl），而且用六通阀定量进样，进样量误差相对较小，因此外标法是 HPLC 常用的定量方法之一。

例题 17-1 外标法测定青蒿素的含量。精密称取 0.0264g 青蒿素，置于 25ml 容量瓶中，超声 30min 使药物溶解，放冷，加甲醇稀释至刻度，摇匀，经滤膜滤过，精密量取续滤液 20μl 注入液相色谱仪，记录色谱图。峰面积的平均值为 4 506 136。另精密称取青蒿素对照品适量，用甲醇溶解并定量稀释制成每毫升中含 1.06mg 的溶液，同法测定，峰面积平均值为 4 562 645。计算测定的青蒿素的含量。

（注：若工作曲线通过原点，可不必绘制标准曲线，采用单点校正法测定）

解： $c_{对照}$=1.06mg/ml，$A_{对照}$=4 562 645，$A_{样品}$=4 506 136

$$\frac{c_{样品}}{c_{对照}}=\frac{A_{样品}}{A_{对照}}\rightarrow c_{样品}=\frac{A_{样品}}{A_{对照}}\times c_{对照} \tag{17-1}$$

$$m_{样品}=c_{样品}\times V_{样品}$$

$$\omega(\%)=\frac{m_{样品}}{m}\times 100\%=\frac{\dfrac{A_{样品}}{A_{对照}}\times c_{对照}\times V_{样品}}{m}\times 100\%=\frac{\dfrac{4\,506\,136}{4\,562\,645}\times 1.06\times 25}{0.0264\times 10^{3}}\times 100\%=99.13\%$$

（二）内标法

若无合适对照品，采用内标法定量。内标法只要求待测组分与内标物产生信号即可，因此，适合药物或复方药物中某些有效成分的含量测定及药物中微量杂质的测定。

例题 17-2 高效液相色谱法测定样品中甲酸、乙酸、丙酸的含量。采用环已酮作内标物，称取样品 1.132g，加入环已酮 0.2038g，混合均匀后进样 2.00μl，测得其校正因子和峰面积如下表所示，试计算各组分含量。

项目	环已酮	甲酸	乙酸	丙酸
$f_{i,s}$	1.00	0.261	0.562	0.938
A	128	10.5	69.3	30.4

解：

$$\omega_i=\frac{m_i}{m}\times 100\%=\frac{m_s}{m}\cdot\frac{f_iA_i}{f_sA_s}\times 100\%$$

$$\omega_{甲酸}=\frac{m_{环已酮}}{m_{样品}}\times\frac{f_{甲酸}A_{甲酸}}{f_{环已酮}A_{环已酮}}\times 100\%=\frac{0.2038\text{g}}{1.132\text{g}}\times\frac{0.261\times 10.5}{1.00\times 128}\times 100\%=0.39\%$$

$$\omega_{乙酸}=\frac{m_{环已酮}}{m_{样品}}\times\frac{f_{乙酸}A_{乙酸}}{f_{环已酮}A_{环已酮}}\times 100\%=\frac{0.2038\text{g}}{1.132\text{g}}\times\frac{0.562\times 69.3}{1.00\times 128}\times 100\%=5.48\%$$

$$\omega_{丙酸}=\frac{m_{环已酮}}{m_{样品}}\times\frac{f_{丙酸}A_{丙酸}}{f_{环已酮}A_{环已酮}}\times 100\%=\frac{0.2038\text{g}}{1.132\text{g}}\times\frac{0.938\times 30.4}{1.00\times 128}\times 100\%=4.20\%$$

（三）面积归一化法

面积归一化法的特点是简便、准确，当操作条件略变动或进样量控制得不十分准确时，对分析结果影响很小，缺点是要求所有组分均要产生色谱峰，一般还需要知道各组分的校正因子。故较少采用此方法。

（四）加校正因子的主成分自身对照法

测定杂质含量时，可采用加校正因子的主成分自身对照法。该法考虑了不同物质响应值的差异，通过引入校正因子来校正杂质的实测峰面积，使得计算结果更加准确。校正因子的计算公式为

$$校正因子=\frac{A_s\times C_r}{A_r\times C_s} \qquad (17\text{-}2)$$

式中，A_s代表杂质对照品的峰面积或峰高；C_s代表杂质对照品的浓度；A_r代表待测成分对照品的峰面积或峰高；C_r代表待测成分对照品的浓度。

也可精密称（量）取主成分对照品和杂质对照品各适量，分别配制成不同浓度的溶液，进样，记录色谱图，绘制主成分浓度和杂质浓度对其峰面积的回归曲线，以主成分回归直线斜率与杂质回归直线斜率的比计算校正因子。

测定杂质含量时，将供试品溶液稀释成与杂质限度相当的溶液，作为杂质对照品溶液，进样，记录色谱图。然后，取供试品溶液和对照品溶液适量，分别进样。测量供试品溶液色谱图上各杂质的峰面积，分别乘以相应的校正因子后与对照品溶液主成分的峰面积比较，计算各杂质含量。

（五）不加校正因子的主成分自身对照法

不加校正因子的主成分自身对照法通常在没有杂质对照品或者已知杂质与主成分的校正因子相近（一般在 0.9～1.1）时使用。在这种方法中，通过直接比较供试品溶液中杂质的峰面积与对照溶液中主成分的峰面积，计算杂质的含量。

自测题

一、单选题

1. 硅胶基质表面键合以下哪个基团后，可作为正相色谱键合相（　　）
   A. 氰基　　B. 十八烷基
   C. 辛烷基　　D. 苯基
   E. 羧基
2. 下列溶剂常用于反相色谱法流动相的是（　　）
   A. 氯仿　　B. 甲醇-水
   C. 乙醇　　D. 苯
   E. 环己烷
3. 以 ODS（C_{18}）柱进行 HPLC 分离时，组分的流出顺序为（　　）
   A. 极性弱的组分后流出　　B. 极性强的组分后流出
   C. 沸点高的组分先流出　　D. 沸点低的组分先流出
   E. 分子量大的组分先流出
4. 高效液相色谱法中最常用的定量方法是（　　）
   A. 内标法
   B. 加校正因子的主成分自身对照法
   C. 面积归一化法
   D. 不加校正因子的主成分自身对照法
   E. 外标法
5. 在高效液相色谱操作流程中，试样混合物被分离的部件是（　　）
   A. 检测器　　B. 输液泵
   C. 色谱柱　　D. 进样器
   E. 显示器
6. 十八烷基键合相简称为（　　）
   A. ODS　　B. OS
   C. C_{17}　　D. C_8
   E. UCD
7. 不属于高效液相色谱法优点的是（　　）
   A. 高压　　B. 高温
   C. 高速　　D. 高效
   E. 高灵敏度
8. 在反相高效液相色谱法中，分析极性组分，当增大流动相的极性时，其保留值（　　）

A. 不变　B. 增大
C. 减小　D. 先大后小
E. 先小后大

9. 高效液相色谱法用于定性分析的参数是（　　）
A. 峰面积　B. 半峰宽
C. 保留时间　D. 峰高
E. 死体积

10. 高效液相色谱法定量分析方法中，计算各峰面积占总峰面积的百分率的方法是（　　）
A. 内标法
B. 加校正因子的主成分自身对照法
C. 面积归一化法
D. 不加校正因子的主成分自身对照法
E. 外标法

11. 下列对高效液相色谱法的特点描述，不正确的是（　　）
A. 分析速度快　B. 柱效高
C. 高灵敏度　D. 结果重复性差
E. 应用范围广

12. HPLC 中，不属于化学键合相优点的是（　　）
A. 化学性能稳定　B. 热稳定性好
C. 耐高温　D. 选择性高
E. 使用寿命长

13. 以下对高效液相色谱法流动相的表述，错误的是（　　）
A. 不与固定相或组分发生化学反应
B. 黏度与纯度要高
C. 必须与检测器相适应
D. 使用之前应脱气
E. pH 恰当

14. 对于反相色谱，不能用的流动相是（　　）
A. 甲醇　B. 乙腈
C. 正己烷　D. 四氢呋喃
E. 水

15. 高效液相色谱法中常用的检测器是（　　）
A. 荧光检测器
B. 电化学检测器
C. 紫外-可见光检测器
D. 蒸发光散射检测器
E. 示差折光检测器

二、简答题

1. 高效液相色谱法的定量方法有哪些？
2. 高效液相色谱法对流动相有哪些要求？
3. 什么是正相色谱法？什么是反相色谱法？

三、计算题

测定麝香中麝香酮的含量，对照品溶液浓度为 150mg/ml，供试品溶液浓度为 107.8mg/ml。测得对照品的峰面积为 867 945，供试品的峰面积为 1 652 971，求供试品中麝香酮的含量是多少？

（王　琼）

实　训

实训一　电子天平称量

一、实 训 目 的

1. 掌握电子天平的使用方法。
2. 学习并掌握直接称量法、增重称量法、减重称量法的实际操作。
3. 了解电子天平的基本构造，了解电子天平的使用、维护、保养。

二、实 训 原 理

电子天平常用于分析实验中的精密称量，本实验着重练习电子天平的使用和称量操作。天平的称量方法主要有直接称量法、增重称量法和减重称量法。

在称量以前，首先应根据称取物质的量和称量精度的要求，选择适宜精度的天平。查看该天平的使用登记记录，并检查天平是否处于水平状态。然后用软毛刷将天平盘及称量纸上的灰尘轻刷干净，接通电源，打开开关，预热 30min 以上。

1. 直接称量法　此法是将称量物放在天平盘（称量纸）上直接称量物体的质量。例如，称量小烧杯的质量、称量表面皿的质量、重量分析实验中称量某坩埚的质量等，都使用这种称量法。

2. 增重称量法　此法用于称量某一固定质量的试剂（如基准物质）或样品。这种称量操作适用于称量不易吸潮、在空气中能稳定存在的粉末状或小颗粒（最小颗粒应小于 0.1mg，以便容易调节其质量）样品。

3. 减重称量法（又称差减法）　若称量试样的质量是不要求固定的数值，而只要求在一定质量范围内，这时可采用减重称量法。其原理是利用两次称量结果之差求得样品的质量。此法适用于易吸水、易氧化或易与 CO_2 反应的物质，通常将这类物质盛放在称量瓶中进行称量。

三、仪器与试剂

1. 仪器　电子天平、称量瓶、锥形瓶、称量用硫酸纸（称量纸）纸带、药匙等。

2. 试剂　干燥的碳酸钠固体。

四、实 训 步 骤

1. 直接称量法　将预热好的电子天平清零，显示屏显示 0.0000g，打开天平右门，取清洁、干燥的坩埚放入天平盘中的称量纸上，关闭天平门，待显示屏数据稳定后读数并记录。如此重复 3 次。

2. 增重称量法　打开天平门，在天平盘上放置对折好的称量纸，清零，用药匙往称量纸上慢慢添加干燥碳酸钠，直至电子天平的读数为 0.5000g（误差范围≤±0.0002g）为止，清零，打开天平门，取出称量纸，将碳酸钠转移到指定容器中，然后将称量纸重新放回到天平盘上，读取显示屏上的数据，此时的值为 $-m$，则倒入指定容器中样品的质量为 m。重复称量 3 次，直至熟练。

3. 减重称量法 打开天平门，将盛有碳酸钠样品的称量瓶放到天平盘（称量纸）上，关闭天平门，清零，显示屏显示 0.0000g。取出称量瓶，小心将称量瓶中的碳酸钠转移至指定容器（容量瓶）中，倒出碳酸钠的质量控制在 0.45～0.55g，然后将称量瓶重新放回到天平盘上，读数为$-m$，则倒入称量瓶中碳酸钠的质量为 m。重复上述操作步骤，称量 3 次。

五、数据记录与结果

数据记录与结果见实训表 1-1～实训表 1-3。

实训表 1-1 直接称量法数据记录

项目	第一次读数/g	第二次读数/g	第三次读数/g	平均值/g
数值				

实训表 1-2 增重称量法数据记录

项目	第一次读数/g	第二次读数/g	第三次读数/g	第 n 次读数/g
数值$-m$				
样品质量 m				

实训表 1-3 减重称量法数据记录

项目	第一份样品/g	第二份样品/g	第三份样品/g
读数	0.0000 $-m$		
样品质量	m		

六、注 意 事 项

1. 该称量方法适用于电子天平，不适用于机械加码电光天平。

2. 样品转移过程中严禁用手直接接触称量瓶，应戴手套操作，或者用纸条、纸片裹住称量瓶与瓶盖，如实训图 1-1 所示。

3. 任何被称物品不可直接接触天平盘，应在天平盘上垫一张称量纸使用。

实训图 1-1 减重称量法示意图

七、讨论与思考

1. 减重称量法中，开始称量时不清零可以吗，为什么？能否用药匙取样，为什么？

2. 为什么电子天平每次读数时都必须关闭天平门？

实训二 滴定分析基本操作

一、实 训 目 的

1. 认识常用的滴定分析仪器并掌握正确的使用方法。

2. 通过酸碱相互滴定实验掌握滴定操作技术。

二、实训原理

1. HCl 溶液和 NaOH 溶液相互滴定的反应实质为酸碱中和反应：

$$H^+ + OH^- \rightleftharpoons H_2O$$

使用同一指示剂，一定浓度的 HCl 溶液和 NaOH 溶液相互滴定，消耗体积比 V_{HCl} / V_{NaOH} 是一定的。

2. 计算公式 $$c_1 = \frac{c_2V_2}{V_1}$$

三、仪器与试剂

1. 仪器 酸式滴定管（50ml）、碱式滴定管（50ml）、锥形瓶（250ml）、洗瓶。

2. 试剂 HCl 溶液（0.1mol/L）、NaOH 溶液（0.1mol/L）、甲基橙指示剂（0.2%水溶液）、酚酞指示剂（0.2%乙醇溶液）。

四、实训步骤

1. 用 NaOH 溶液滴定 HCl 溶液 从酸式滴定管中放出 10.00ml HCl 溶液于锥形瓶中，加入 10ml 纯化水，加入 1～2 滴酚酞指示剂，摇匀之后用 NaOH 溶液进行滴定（注意控制滴定速度，可以先快后慢）。当滴加的 NaOH 溶液落点处红色褪去较慢时，且半分钟内不褪色即为滴定终点，记录刻度。如此重复练习 3 次，记录终点读数，计算出 HCl 溶液浓度。

2. 用 HCl 溶液滴定 NaOH 溶液 从碱式滴定管中放出 10.00ml NaOH 溶液于锥形瓶中，加入 10ml 纯化水，加入 1～2 滴甲基橙指示剂，摇匀之后用 HCl 溶液进行滴定（注意控制滴定速度，可以先快后慢）。当溶液颜色由黄色变为橙色，且半分钟内不褪色即为滴定终点。如此重复练习 3 次，记录终点读数，计算出 NaOH 溶液浓度。

五、数据记录与结果

数据记录与结果见实训表 2-1。

实训表 2-1 数据记录与结果

项目	第一次	第二次	第三次
V_{NaOH} 初读数/ml			
V_{NaOH} 终读数/ml			
V_{NaOH} 消耗/ml			
c_{HCl} /（mol/L）			
V_{HCl} 初读数/ml			
V_{HCl} 终读数/ml			
V_{HCl} 消耗/ml			
c_{NaOH} /（mol/L）			

六、注意事项

1. 滴定过程中始终用左手控制活塞（或捏住橡胶管中玻璃珠上方）调整滴定液流速，右手持锥形瓶瓶颈，沿同一方向不断旋摇，以使滴入的溶液快速反应完全。

2. 滴定开始时边摇边滴，滴定速度可稍快，但不能流成“水线”。接近终点时，应改为加一滴或半滴溶液就摇动锥形瓶，直至溶液出现明显的颜色变化就停止滴定。

七、讨论与思考

在 HCl 溶液与 NaOH 溶液的相互滴定中，分别以酚酞或甲基橙为指示剂，所得的计算结果是否与标准溶液浓度完全一致？讨论原因及由此可以得出的结论。

实训三　碳酸钠滴定液的配制（直接法）

一、实训目的

1. 熟悉直接配制法配制滴定液的操作方法。
2. 熟悉电子天平的使用。
3. 熟悉容量瓶的使用方法。

二、实训原理

1. 直接配制法步骤　准确称量一定量的基准物质，溶解后转移至一定体积的容量瓶中，定容后摇匀，根据基准物质的质量和所配制溶液的体积，计算出该溶液的准确浓度。

2. 计算公式

$$c_B = \frac{m_B}{M_B V}$$

三、仪器与试剂

1. 仪器　电子天平、称量瓶、药匙、烧杯（100ml）、玻璃棒、容量瓶（250ml）、胶头滴管、洗瓶、试剂瓶。

2. 试剂　无水 Na_2CO_3 基准物质、纯化水。

四、实训步骤

配制 0.0500mol/L Na_2CO_3 滴定液 250.0ml：

1. 称量　用电子天平准确称取无水 Na_2CO_3 基准物质（固体）1.325g（准确至 0.1mg），记录数据。

2. 溶解　将称量好的 Na_2CO_3（固体）放入 100ml 烧杯中，用适量纯化水溶解，冷却到室温。

3. 转移　将烧杯中的溶液用玻璃棒小心引流到容量瓶中。

4. 洗涤　用纯化水将烧杯和玻璃棒洗涤 3 次，并将每次的洗液都转移到容量瓶中，加纯化水至容量瓶 2/3 处，塞住瓶塞，初次旋摇容量瓶，使溶液混合摇匀，注意动作幅度不要太大而溅出液体。

5. 定容　缓缓地将纯化水注入容量瓶，直到容量瓶中的液面距离刻度线下 1cm 时，改用胶头滴管滴加，直至溶液的凹液面最低处与刻度线相切。

6. 摇匀　将容量瓶塞盖好，一手示指按住瓶塞，一手托住容量瓶底部，倒置容量瓶，反复几次，充分摇匀。

7. 装瓶　将容量瓶内的溶液转移到试剂瓶中，贴上标签备用，注明名称、浓度和配制日期。

8. 重复练习 3 次，记录数据，计算配制溶液的浓度。

五、数据记录与结果

数据记录与结果见实训表 3-1。

实训表 3-1 数据记录与结果

项目	第一次	第二次	第三次
$m_{Na_2CO_3}$ / g			
$c_{Na_2CO_3}$/(mol/L)			

六、注意事项

1. 容量瓶使用前要洗净和试漏，电子天平使用前要检查水平和预热。
2. 碳酸钠溶解后的溶液一定要放置冷却后再进行转移和定容操作。

七、讨论与思考

具备哪些条件的物质可以用直接法配制滴定液？

实训四 酸、碱滴定液的配制和标定

一、实训目的

1. 掌握 0.1mol/L HCl、0.1mol/L NaOH 滴定液配制与标定的原理和方法。
2. 熟悉滴定操作并会判断滴定的终点。
3. 学会用递减法称量固体物质。

二、实训原理

1. 0.1mol/L HCl 滴定液标定原理 浓盐酸易挥发，不能直接配制，应采用间接法配制 HCl 滴定液。标定 HCl 滴定液的基准物有无水碳酸钠和硼砂等，本实验用基准无水碳酸钠标定，以甲基红-溴甲酚绿混合指示液为指示剂，终点颜色由绿色变为暗紫色。标定反应如下：

$$2HCl + Na_2CO_3 \rightleftharpoons 2NaCl + CO_2\uparrow + H_2O$$

反应过程产生的 H_2CO_3 会使滴定突跃不明显，致使指示剂颜色变化不灵敏。所以，在滴定接近终点时，将溶液加热煮沸，并摇动以驱走 CO_2，冷却后再继续滴定至终点。按下式计算 HCl 滴定液的浓度：

$$c_{HCl} = 2\times\frac{m_{Na_2CO_3}}{V_{HCl}\times M_{Na_2CO_3}}\times 10^3$$

2. 0.1mol/L NaOH 滴定液标定原理 NaOH 易吸收空气中的 CO_2，生成 Na_2CO_3，反应方程式如下：

$$2NaOH + CO_2 \rightleftharpoons Na_2CO_3 + H_2O$$

由于 Na_2CO_3 在饱和 NaOH 溶液中不溶解，因此可用饱和 NaOH 溶液（含量约为 52%、相对密度约为 1.56），配制不含 Na_2CO_3 的 NaOH 溶液。待 Na_2CO_3 沉淀后，量取一定量上层清液，稀释至所需浓度，即得。用来配制氢氧化钠溶液的蒸馏水，应加热煮沸放冷，除去其中的 CO_2。

标定碱溶液的基准物质很多，如草酸（$H_2C_2O_4·2H_2O$）、苯甲酸（$C_7H_6O_4$）、邻苯二甲酸氢钾

（$KHC_8H_4O_4$）等。最常用的是邻苯二甲酸氢钾标定 NaOH 滴定液，滴定反应如下：

计量点时，生成的弱酸强碱盐水解，溶液显酸性，用酚酞作指示剂。按下式计算 NaOH 滴定液的浓度：

$$c_{NaOH}=\frac{m_{KHC_8H_4O_4}}{V_{NaOH}M_{KHC_8H_4O_4}}\times 10^3$$

三、仪器和试剂

1. 仪器 滴定管（25ml）、分析天平、托盘天平、称量瓶、玻璃棒、试剂瓶（500ml）、锥形瓶、塑料瓶、烧杯、容量瓶、移液管、量筒、表面皿、电炉等。

2. 试剂 浓盐酸、固体 NaOH、基准无水 Na_2CO_3、基准邻苯二甲酸氢钾、甲基红-溴甲酚绿混合指示剂、酚酞指示剂、纯化水等。

四、实 训 步 骤

1. 0.1mol/L HCl 滴定液的配制和标定

（1）0.1mol/L HCl 滴定液的配制 用洁净的小量筒量取浓盐酸 4.5ml，置于盛有少量纯化水的 500ml 容量瓶中，加纯化水稀释至刻度，摇匀。置于试剂瓶中，备用。

（2）0.1mol/L HCl 滴定液的标定 用递减法精确称取在 270～300℃干燥至恒重的基准无水 Na_2CO_3 约 0.13g，共三份，分别置于 250ml 锥形瓶中，加 50ml 纯化水溶解后，加入甲基红-溴甲酚绿混合指示剂 10 滴，用待标定的 HCl 滴定液滴定至溶液由绿色变为紫红色，锥形瓶在电炉上煮沸约 2min，溶液从紫红色又变为绿色，冷却至室温，继续滴定至溶液呈暗紫色，即到终点。记录所消耗 HCl 滴定液的体积。平行测定 3 次。

2. 0.1mol/L NaOH 滴定液的配制和标定

（1）NaOH 饱和溶液的配制 用托盘天平称取固体 NaOH 约 120g，倒入烧杯中，加 100ml 纯化水，搅拌、溶解成饱和溶液。冷却后，置于塑料瓶中，静置数日，澄清后备用。

（2）0.1mol/L NaOH 的配制 取澄清的 NaOH 溶液 2.5ml，置于试剂瓶中，加新煮沸、放冷的纯化水 500ml，摇匀、密塞，贴好标签，备用。

（3）0.1mol/L NaOH 滴定液的标定 用递减法精密称取 105～110℃干燥至恒重的基准物邻苯二甲酸氢钾约 0.5g，共三份。分别盛于 250ml 锥形瓶中，各加新煮沸、冷却的纯化水 50ml，振摇使之完全溶解。加酚酞指示剂 2 滴，用 0.1mol/L NaOH 滴定至溶液呈现浅红色，且 30s 内不褪色，即可。记录所消耗的 NaOH 溶液的体积。平行测定 3 次。

五、数据记录与结果

1. 0.1mol/L HCl 滴定液标定结果（实训表 4-1）

实训表 4-1 滴定分析数据处理

名称	第一次	第二次	第三次
$m_{Na_2CO_3}$ /g			
V_{HCl}终/ml			

续表

名称	第一次	第二次	第三次
V_{HCl}初/ml			
V_{HCl}/ml			
c_{HCl}/（mol/L）			
$\bar{c}_{HCl}$ /（mol/L）			
$R\bar{d}$			

2. 0.1mol/L NaOH 滴定液标定结果（实训表 4-2）

实训表 4-2　滴定分析数据处理

名称	第一次	第二次	第三次
$m_{KHC_8H_4O_4}$ /g			
V_{NaOH}终/ml			
V_{NaOH}初/ml			
V_{NaOH}/ml			
c_{NaOH}/（mol/L）			
$\bar{c}_{NaOH}$ /（mol/L）			
$R\bar{d}$			

3. 结果计算　计算公式：$c_{HCl}=\dfrac{2\times m_{Na_2CO_3}}{V_{HCl}M_{Na_2CO_3}}\times10^3$，$c_{NaOH}=\dfrac{m_{KHC_8H_4O_4}}{V_{NaOH}M_{KHC_8H_4O_4}}\times10^3$

六、注意事项

1. 无水 Na_2CO_3 作基准物质，使用前必须在 270～300℃干燥 1h。
2. 高温干燥后的 Na_2CO_3 极易吸收空气中的水分，故称量要快，称好的样品盖严，以防潮解。
3. HCl 滴定液的标定近于终点，应剧烈振摇锥形瓶，以排除 CO_2 对终点的干扰。
4. NaOH 有较强的吸湿性，称量时应放在表面皿或小烧杯中。
5. 滴定前，必须检查滴定管橡胶管和尖嘴处是否有气泡，如有应排出。

七、讨论与思考

1. 为什么不能用直接法配制 HCl 滴定液？
2. 标定 HCl 滴定液，近于终点，为什么必须要加热煮沸？若加热后溶液仍呈紫红色，说明什么？
3. 标定 NaOH 溶液，为什么先配制饱和的 NaOH 溶液？
4. 为什么标定 NaOH 溶液呈现浅红色，30s 内不褪色即为终点？

实训五　药用硼砂含量的测定

一、实训目的

1. 掌握甲基红指示剂的滴定终点的判定。

2. 巩固酸碱滴定中强碱弱酸盐的测定原理。

二、实 训 原 理

$Na_2B_4O_7 \cdot 10H_2O$ 是一种强碱弱酸盐，其滴定产物硼酸是一种很弱的酸（$K_{a_1}=7.3\times10^{-10}$），并不干扰盐酸标准溶液对硼砂的测定。在计量点前，酸度很弱，计量点后，盐酸稍过量时溶液 pH 急剧下降，形成突跃，其反应式为：

$$2HCl + Na_2B_4O_7 + 5H_2O \rightleftharpoons 2NaCl + 4H_3BO_3$$

计算公式：

$$\omega_{Na_2B_4O_7 \cdot 10H_2O} = \frac{\frac{1}{2}c_{HCl}V_{HCl}M_{Na_2B_4O_7 \cdot 10H_2O} \times 10^{-3}}{S} \times 100\%$$

三、仪器和试剂

1. 仪器 分析天平、酸式滴定管（25ml）、锥形瓶（250ml）、量筒（50ml）、烧杯（50ml）、电炉等。

2. 试剂 硼砂固体试样、HCl 标准溶液（0.1mol/L）、甲基红指示剂（0.1%乙醇溶液）等。

四、实 训 步 骤

1. 精密称取硼砂固体试样约 0.4000g，置于 250ml 锥形瓶中，加 50.00ml 水溶解后，加 2 滴甲基红指示剂，待标定。

2. 用 HCl 标准溶液（c_{HCl}=0.1mol/L）滴定至溶液由黄色变为橙色，即为终点，记下所消耗 HCl 标准溶液的体积。平行测定 3 次，取平均值，并计算相对平均偏差。

五、数据记录与结果

数据记录与结果见实训表 5-1。

实训表 5-1 滴定分析数据处理

名称	第一次	第二次	第三次
$m_{(硼砂+称量瓶)初重}$/g			
$m_{(硼砂+称量瓶)末重}$/g			
$m_{(硼砂)}$/g			
V_{HCl}终/ml			
V_{HCl}初/ml			
V_{HCl}/ml			
$\omega_{Na_2B_4O_7 \cdot 10H_2O}$（%）			
$\bar{\omega}_{Na_2B_4O_7 \cdot 10H_2O}$（%）			
$R\bar{d}$			

六、注 意 事 项

1. 计量点时 pH=5.1，可选用甲基红为指示剂。

2. 硼砂量大，不易溶解，必要时可在电炉上加热使之溶解，放冷后再滴定。

3. 终点应为橙色，若偏红，则滴定过量，使结果偏高。

七、讨论与思考

1. 硼砂是强碱弱酸盐，可用盐酸标准溶液直接滴定。乙酸钠也是强碱弱酸盐，是否能用盐酸标准溶液直接滴定？

2. $Na_2B_4O_7 \cdot 10H_2O$ 用 HCl 标准溶液（0.2mol/L）滴定至计量点时，计量点的 pH 是多少，如何计算？

3. $Na_2B_4O_7 \cdot 10H_2O$ 若部分风化，则测定结果偏高还是偏低？

实训六　盐酸麻黄碱的含量测定

一、实训目的

1. 熟悉非水滴定法的溶剂和指示剂的选择。

2. 掌握非水滴定法的测定原理、滴定条件和测定过程。

3. 会正确选择仪器并规范使用；能够正确记录实验数据并计算测定结果。

二、实训原理

盐酸麻黄碱的碱性较弱，不能用酸碱滴定法直接滴定。因此用冰醋酸作溶剂，增强盐酸麻黄碱的碱性，使之能被高氯酸滴定液直接滴定。由于盐酸麻黄碱用高氯酸滴定时有盐酸生成，盐酸在冰醋酸中呈较强酸性而干扰滴定，因此在滴定前加入乙酸汞试液，与盐酸形成不解离的卤化汞以消除盐酸的干扰。反应式如下：

$$2C_{10}H_{15}NO \cdot HCl + Hg(Ac)_2 \rightleftharpoons 2C_{10}H_{15}NO \cdot HAc + HgCl_2 \downarrow$$

$$C_{10}H_{15}NO \cdot HAc + HClO_4 \rightleftharpoons C_{10}H_{15}NO \cdot HClO_4 + HAc$$

计算公式：

$$C_{10}H_{15}NO \cdot HCl\% = \frac{T \times (V - V_0)F}{m_{C_{10}H_{15}NO \cdot HCl}} \times 100\%$$

三、仪器与试剂

1. 仪器　电子分析天平（万分之一）、锥形瓶、量筒、酸式滴定管等。

2. 试剂　盐酸麻黄碱、冰醋酸、乙酸汞试液、0.1mol/L $HClO_4$ 滴定液、结晶紫指示液等。

四、实训步骤

取盐酸麻黄碱约 0.15g，精密称定，加冰醋酸 10ml，加热溶解后，加乙酸汞试液 4ml 与结晶紫指示液 1 滴，用 $HClO_4$ 滴定液（0.1mol/L）滴定至溶液呈翠绿色，并将滴定结果用空白试验校正。每 1ml $HClO_4$ 滴定液（0.1mol/L）相当于 20.17mg 的 $C_{10}H_{15}NO \cdot HCl$。

五、数据记录与结果

数据记录与结果见实训表 6-1。

实训表 6-1 数据记录与结果

供试品称样量/g	m_1 =	m_2 =	m_3 =
终点消耗滴定液体积/ml	V_1 =	V_2 =	V_3 =
空白消耗滴定液体积/ml		V_0 =	
盐酸麻黄碱的含量/%			
盐酸麻黄碱的平均含量/%			
$R\bar{d}$			
结论			

六、注意事项

1. 为消除盐酸的干扰，滴定前一定加入乙酸汞试液。
2. 滴定结果一定要用空白试验校正。

七、讨论与思考

1. 为什么加入 4ml 乙酸汞？
2. 含量测定中，如果不做空白试验会对结果产生什么影响？

实训七　枸橼酸钠的含量测定

一、实训目的

1. 进一步理解非水酸碱滴定法的原理与滴定条件。
2. 通过测定枸橼酸钠的含量进一步巩固非水酸碱滴定法的基本操作。

二、实训原理

在水溶液中，枸橼酸钠碱性较弱，不能用酸碱滴定法直接滴定。用冰醋酸-醋酐混合液作溶剂，枸橼酸钠的碱性增强，使之能被高氯酸滴定液直接滴定。反应式如下：

$$C_6H_5O_7Na_3 + 3HClO_4 \rightleftharpoons C_6H_5O_7H_3 + 3NaClO_4$$

计算公式：

$$C_6H_5O_7Na_3(\%) = \frac{T \times (V - V_0)F}{m_{C_6H_5O_7Na_3}} \times 100\%$$

三、仪器与试剂

1. 仪器　电子分析天平（万分之一）、锥形瓶、量筒、酸式滴定管、电位滴定仪等。

2. 试剂　枸橼酸钠试样、醋酐、冰醋酸、0.1mol/L $HClO_4$ 滴定液等。

四、实训步骤

取枸橼酸钠试样约 80mg，精密称定，加冰醋酸 30ml，加热溶解后，放冷，加醋酐 10ml，照电位滴定法（通则 0701），用 $HClO_4$ 滴定液（0.1mol/L）滴定，并将滴定的结果用空白试验校正。每 1ml 高氯酸滴定液（0.1mol/L）相当于 8.602mg 的 $C_6H_5O_7Na_3$。

五、数据记录与结果

数据记录与结果见实训表 7-1。

实训表 7-1 数据记录与结果

供试品称样量/g	$m_1=$	$m_2=$	$m_3=$
终点消耗滴定液体积/ml	$V_1=$	$V_2=$	$V_3=$
空白消耗滴定液体积/ml		$V_0=$	
枸橼酸钠的含量/%			
枸橼酸钠的平均含量/%			
$R\bar{d}$			
结论			

六、注意事项

1. 加热可以确保样品完全溶解，因此在滴定中进入冰醋酸中后一定要加热促进溶解。
2. 滴定结果一定用空白试验校正。

七、讨论与思考

1. 如何根据弱碱的碱性强弱选择溶剂？
2. 枸橼酸钠的含量测定中，为什么要加入醋酐？

实训八 硝酸银滴定液的配制与标定

一、实训目的

1. 掌握 $AgNO_3$ 滴定液的配制和标定方法。
2. 熟悉沉淀滴定法中以铬酸钾为指示剂判断滴定终点的方法。
3. 会正确选择仪器并正确、规范使用；会正确记录试验数据并计算测定结果。

二、实训原理

硝酸银（$AgNO_3$）滴定液可以用经过预处理的基准试剂 $AgNO_3$ 直接配制。但非基准试剂 $AgNO_3$ 中常含有杂质，如金属银、氧化银、游离硝酸、亚硝酸盐等，因此也可用间接法配制。间接配制法要求先配制成近似浓度的溶液，再用基准物质 NaCl 标定，通过计算即可得到 $AgNO_3$ 滴定液的准确浓度。

以 NaCl 作为基准物质，在中性或弱碱性溶液中，以 K_2CrO_4 作为指示剂，用 $AgNO_3$ 滴定液滴定。由于 AgCl 的溶解度小于 K_2CrO_4 的溶解度，所以，当 AgCl 定量沉淀后，即生成砖红色的沉淀，表示达到终点，其化学反应式如下：

终点前： $Ag^+ + Cl^- \rightleftharpoons AgCl\downarrow$ （白色）

终点时： $2Ag^+ + CrO_4^{2-} \rightleftharpoons Ag_2CrO_4\downarrow$ （砖红色）

根据 NaCl 的用量和滴定所消耗的 $AgNO_3$ 滴定液体积，根据下面公式计算 $AgNO_3$ 滴定液的浓度。

$$c_{AgNO_3}=\frac{\frac{m_{NaCl}}{M_{NaCl}}\times10^3}{V_{AgNO_3}-V_{空白}}(M_{NaCl}=58.44g/mol)$$

三、仪器与试剂

1. 仪器 分析天平、酸式滴定管（棕色）、250ml 容量瓶（棕色）、称量瓶、烧杯、锥形瓶、量筒、玻璃棒、棕色试剂瓶等。

2. 试剂 基准试剂 NaCl（500～600℃灼烧至恒重）、$AgNO_3$ 试剂（AR）、5% K_2CrO_4 指示剂、纯化水等。

四、实 训 步 骤

1. 0.1mol/L $AgNO_3$ 滴定液的配制 称取 $AgNO_3$ 试剂 4.3g 于洁净的小烧杯中，加入 50ml 纯化水，用玻璃棒搅拌使之完全溶解后，定量转移至 250ml 容量瓶中，稀释，定容，摇匀，贮存于棕色试剂瓶中，暗处保存。

2. 0.1mol/L $AgNO_3$ 滴定液的标定 采用减重称量法准确称量基准试剂 NaCl 0.12g 于 250ml 锥形瓶中，加 50ml 纯化水完全溶解后，再加入 1ml 的 5% K_2CrO_4 指示剂，在充分振摇下，用已配好的 $AgNO_3$ 试剂滴定，至溶液出现砖红色，且 30s 不褪色，即为终点，记录消耗 $AgNO_3$ 滴定液的体积，平行滴定 3 次，并采用同样的方法做空白试验。

五、数据记录与结果

数据记录与计算结果见实训表 8-1。

实训表 8-1 数据记录及计算结果

基准试剂 NaCl 质量/g	$m_1=$	$m_2=$	$m_3=$
终点消耗滴定液体积/ml	$V_1=$	$V_2=$	$V_3=$
空白消耗滴定液体积/ml		$V_0=$	
$AgNO_3$ 滴定液的浓度/（mol/L）	$c_{AgNO_3}=$	$c_{AgNO_3}=$	$c_{AgNO_3}=$
$AgNO_3$ 滴定液的平均浓度/（mol/L）		$c_{AgNO_3平均}=$	
$R\bar{d}$			
结论			

六、注 意 事 项

1. $AgNO_3$ 试剂及其溶液具有腐蚀性，会破坏皮肤组织，注意切勿接触皮肤及衣服。

2. 配制 $AgNO_3$ 滴定液的蒸馏水应无 Cl^-，否则配成的 $AgNO_3$ 溶液会出现白色浑浊，不能使用。

3. 实验完毕后，盛装 $AgNO_3$ 溶液的滴定管应先用蒸馏水洗涤 2～3 次后，再用自来水洗净，以免 AgCl 沉淀残留于滴定管内壁。

七、讨论与思考

1. 用 $AgNO_3$ 滴定液滴定 NaCl 时，为什么要充分摇动溶液？若不充分摇动溶液，对测定结果有何影响？

2. 指示剂 K_2CrO_4 的用量太多和太少对测定结果有何影响？

实训九　食盐中氯含量的测定

一、实训目的

1. 掌握用铬酸钾指示剂法测定食盐中氯含量的方法。
2. 了解铬酸钾指示剂的正确使用。
3. 会正确选择仪器并正确、规范使用；会正确记录试验数据并计算测定结果。

二、实训原理

在中性或弱碱性溶液中，用 $AgNO_3$ 滴定液滴定样品中的 Cl^-，以 K_2CrO_4 为指示剂，达到化学计量点时，稍过量的 Ag^+ 与 CrO_4^{2-} 反应生成砖红色 Ag_2CrO_4 沉淀，指示滴定终点。

AgCl 的溶解度比 Ag_2CrO_4 的小，所以在溶液中首先析出 AgCl 沉淀，当 AgCl 定量沉淀后，过量 $AgNO_3$ 溶液即与 CrO_4^{2-} 生成砖红色 Ag_2CrO_4 沉淀，指示终点的到达。此滴定最适宜的 pH 范围是 6.5～10.5，酸度过高会因 CrO_4^{2-} 质子化而不产生 Ag_2CrO_4 沉淀；酸度过低，则形成 Ag_2O 沉淀。

根据下面公式计算食盐中的氯含量：

$$\omega_{Cl}=\frac{c_{AgNO_3}\times(V_{AgNO_3}-V_{空白})\times M_{Cl}}{\frac{50}{100}\times m_S}\times100\%(M_{Cl}=35.45\text{g/mol})$$

三、仪器与试剂

1. 仪器　分析天平、酸式滴定管（棕色）、移液管、容量瓶、锥形瓶、烧杯等。

2. 试剂　5%的 K_2CrO_4 溶液、$AgNO_3$ 滴定液（0.1mol/L）、NaCl 试样（粗食盐）等。

四、实训步骤

1. 试样溶液制备　称取约 5g NaCl 试样（精确至 1mg）于 50ml 烧杯中，定量转移至 100ml 容量瓶中，加水稀释至刻度，摇匀，用滤纸过滤，弃去最初滤液，取部分续滤液测定。

2. 测定　精密移取 50.00ml 试液于 250ml 锥形瓶中，加入 50ml 水和 2ml K_2CrO_4 溶液（5%）。用 $AgNO_3$ 滴定液滴定至溶液呈现砖红色沉淀并保持 30s 不褪色，即为终点。平行滴定 3 次，并采用同样的方法做空白试验。

五、数据记录与结果

数据记录与计算结果见实训表 9-1。

实训表 9-1　数据记录及计算结果

试样称样量/g	$m_1=$	$m_2=$	$m_3=$
终点消耗滴定液体积/ml	$V_1=$	$V_2=$	$V_3=$
空白消耗滴定液体积/ml		$V_0=$	
氯的含量/%	$\omega_{Cl}=$	$\omega_{Cl}=$	$\omega_{Cl}=$
氯的平均含量/%		$\omega_{Cl平均}=$	
$R\bar{d}$			
结论			

六、注 意 事 项

1. 滴定最适宜的 pH 范围是 6.5～10.5，若有铵盐存在，为避免生成 $Ag(NH_3)^+$，溶液的 pH 范围应控制在 6.5～7.2 为宜。

2. $AgNO_3$ 见光易分解，故需保存在棕色试剂瓶中。

3. $AgNO_3$ 若与有机物接触，则起还原作用，加热颜色变黑，所以不要使 $AgNO_3$ 与皮肤接触。

4. 实验结束后，盛装 $AgNO_3$ 溶液的滴定管应先用蒸馏水冲洗 2～3 次，再用自来水洗，以免产生氯化银沉淀，难以洗净。

5. 含银废液应予以回收，且不能随意倒入水槽。

七、讨论与思考

1. 采用莫尔法测定 Cl^- 时，为什么要在中性或弱碱性溶液中进行？

2. 简述莫尔法测定食盐中氯含量的基本原理。

实训十　葡萄糖酸钙口服液中钙离子的测定

一、实 训 目 的

1. 掌握 EDTA 的配制和标定方法。

2. 掌握配位滴定法测定葡萄糖酸钙口服液中钙离子含量的原理和操作方法。

3. 掌握钙指示剂的应用及配位滴定过程中条件的控制。

二、实 训 原 理

葡萄糖酸钙口服液为 D-葡萄糖酸钙盐-水合物（$Ca_{12}H_{22}CaO_{14}\cdot H_2O$），可以利用配位滴定法来测定其中的钙离子含量。

1. 用间接法配制 EDTA 滴定液（0.05mol/L），并用基准试剂 ZnO 进行标定，计算 EDTA 滴定液浓度：

$$c_{EDTA} = \frac{m_{ZnO}}{M_{ZnO}V_{EDTA} \times 10^{-3}}$$

2. 取葡萄糖酸钙口服液试样溶解后，加氢氧化钠溶液与钙指示剂，用 EDTA 滴定液滴定至溶液由紫红色变为纯蓝色，即为终点。有关反应如下：

滴定前：$Ca^{2+} + EBT \rightleftharpoons Ca\text{-}EBT$（溶液呈紫红色）

纯蓝色　　　紫红色

终点前：$Ca^{2+} + EDTA \rightleftharpoons Ca\text{-}EDTA$（溶液呈紫红色）

无色

终点时：$Ca\text{-}EBT + EDTA \rightleftharpoons Ca\text{-}EDTA + EBT$（溶液由紫红色变为纯蓝色）

紫红色　　　　　　　　　纯蓝色

3. 滴定终点时记录消耗 EDTA 滴定液的体积，计算钙的含量。

$$\rho_{Ca^{2+}} = \frac{c_{EDTA}V_{EDTA}M_{Ca}}{V_{样}} \times 10^3$$

三、仪器和试剂

1. 仪器 电子天平、烧杯、容量瓶（1000ml）、干燥箱、锥形瓶、量筒、酸式滴定管（50ml）、移液管（5ml）、洗瓶等。

2. 试剂 $Na_2EDTA\cdot 2H_2O$（AR）、ZnO（基准试剂）、盐酸、甲基红指示剂、氨试液、NH_3-NH_4Cl 缓冲溶液（pH=10）、铬黑 T 指示剂、葡萄糖酸钙口服液（1g/10ml）、NaOH 试液（0.05mol/L）、钙指示剂、纯化水等。

四、实训步骤

1. EDTA 滴定液（0.05mol/L）的配制和标定 称取 19g 分析纯的 $Na_2EDTA\cdot 2H_2O$，加适量的温热纯化水使之溶解，冷却后转移至 1000ml 容量瓶中，稀释至刻度，摇匀待标定。

精密称取 800℃灼烧至恒重的 ZnO 约 0.12g，置于锥形瓶中，缓缓加入盐酸 3ml，加热溶解，加纯化水 25ml，加甲基红指示剂 1 滴，滴加氨试液至溶液呈微黄色，加纯化水 25ml，加入 NH_3-NH_4Cl 缓冲溶液 10ml，铬黑 T 指示剂少许。用 EDTA 滴定液滴定至溶液由紫红色变为纯蓝色，且 30s 不褪色，即为终点，记录消耗 EDTA 滴定液的体积。

平行测定 3 次，计算 EDTA 滴定液的准确浓度（实训表 10-1）。

2. 葡萄糖酸钙口服溶液中钙离子的测定 精密量取葡萄糖酸钙口服液 5ml，置于锥形瓶中，加纯化水稀释成 100ml，加 NaOH 试液 15ml 与钙指示剂 0.1g，用已经标定好的 EDTA 滴定液滴定至溶液由紫红色变为纯蓝色，且 30s 不褪色，即为终点，记录消耗 EDTA 滴定液的体积。

平行测定 3 次，计算葡萄糖酸钙口服溶液中钙离子的含量（实训表 10-2）。

五、数据记录与结果

实训表 10-1 EDTA 滴定液的配制和标定

名称	第一次	第二次	第三次
m_{ZnO}/g			
V_{EDTA} 初读数/ml			
V_{EDTA} 终读数/ml			
V_{EDTA}/ml			
c_{EDTA} /（mol/L）			
EDTA 滴定液浓度的平均值/（mol/L）			
$R\bar{d}$			

实训表 10-2 葡萄糖酸钙口服溶液中钙离子的测定

名称	第一次	第二次	第三次
c_{EDTA} /（mol/L）			
V_{EDTA} 初读数/ml			
V_{EDTA} 终读数/ml			
V_{EDTA}/ml			
$\rho_{Ca^{2+}}$ /（mg/L）			
钙离子含量的平均值/（mg/L）			
$R\bar{d}$			

六、注 意 事 项

1. $Na_2H_2Y \cdot 2H_2O$ 在水中溶解较慢，可采用加热的方式加快其溶解，或提前一天配好放置。
2. EDTA 滴定液的储存应选择塑料瓶为最佳，或硬质玻璃瓶。

七、讨论与思考

1. 钙离子含量测定时加入 NaOH 试液的原因是什么?
2. 为什么钙离子的测定选用钙指示剂?

实训十一 自来水总硬度的测定

一、实 训 目 的

1. 掌握配位滴定法测定水的总硬度的原理和方法。
2. 掌握水的硬度的常用表示方法及计算。
3. 掌握铬黑 T 指示剂的应用及配位滴定过程中条件的控制。

二、实 训 原 理

水的硬度是指溶解在水中的盐类物质的含量，由于钙盐和镁盐含量远比其他盐类物质含量高，因此水的硬度通常指溶解于水中的 Ca^{2+}、Mg^{2+}的总量。测定水的总硬度就是测定水中 Ca^{2+}、Mg^{2+}的总量，再把每升水中 Ca^{2+}、Mg^{2+}总量折算为 $CaCO_3$ 的毫克数表示，每 1L 水中含有 1mg 的 $CaCO_3$ 也可记作 1ppm，即 1mg/L=1ppm。水的硬度是水质分析的一项重要指标。根据国家《生活饮用水卫生标准》（GB5749—2022）规定，生活用水的硬度以 $CaCO_3$ 计，不得超过 450mg/L。

水的总硬度一般采用 EDTA 配位滴定法测定，滴定原理为：用 NH_3-NH_4Cl 缓冲液控制溶液 pH=10，以铬黑 T 为指示剂，用 EDTA 滴定液直接滴定 Ca^{2+}和 Mg^{2+}。

该滴定生成配合物的稳定性顺序为

$$\text{Ca-EDTA} > \text{Mg-EDTA} > \text{Mg-EBT} > \text{Ca-EBT}$$

所以，滴定前加入少量 EBT 指示剂，EBT 首先与 Mg^{2+}生成 Mg-EBT，溶液显紫红色；滴定时，EDTA 先后与 Ca^{2+}、Mg^{2+}配位生成 Ca-EDTA 和 Mg-EDTA，到达化学计量点时，稍过量的 EDTA 将夺取 Mg-EBT 中的 Mg^{2+}，释放出 EBT 指示剂，此时溶液显 EBT 的蓝色，指示终点。有关反应如下：

滴定前：$Mg^{2+} + \text{EBT} \rightleftharpoons \text{Mg-EBT}$（溶液呈紫红色）

终点前：$Ca^{2+} + \text{EDTA} \rightleftharpoons \text{Ca-EDTA}$（溶液呈紫红色）

$Mg^{2+} + \text{EDTA} \rightleftharpoons \text{Mg-EDTA}$（溶液呈紫红色）

终点时：$\text{Mg-EBT} + \text{EDTA} \rightleftharpoons \text{Mg-EDTA} + \text{EBT}$（溶液由紫红色变为纯蓝色）

滴定终点时记录消耗 EDTA 滴定液的体积，计算水的硬度。

$$\rho_{CaCO_3} = \frac{c_{EDTA}V_{EDTA}M_{CaCO_3}}{V_{水样}} \times 10^3$$

三、仪器和试剂

1. 仪器 酸式滴定管（50ml）、移液管（50ml）、锥形瓶（250ml）、量筒、烧杯、洗瓶等。

2. 试剂 水试样（自来水）、EDTA 滴定液（0.01mol/L）、NH_3-NH_4Cl 缓冲溶液（pH=10）、铬黑 T 指示剂、纯化水等。

四、实训步骤

精密量取 50ml 自来水水试样于 250ml 锥形瓶中，加入 5ml NH_3-NH_4Cl 缓冲溶液，加入铬黑 T 指示剂少许。用已知准确浓度的 EDTA 滴定液滴定，直至溶液由紫红色变为纯蓝色，且 30s 不褪色，即为终点，记录消耗 EDTA 滴定液的体积。

平行测定 3 次，计算水的总硬度。

五、数据记录与结果

数据记录与结果见实训表 11-1。

实训表 11-1 自来水总硬度的测定

名称	第一次	第二次	第三次
c_{EDTA} /（mol/L）			
$V_{水试样}$/ml			
V_{EDTA} 初读数/ml			
V_{EDTA} 终读数/ml			
V_{EDTA}/ml			
ρ_{CaCO_3} /（mg/L）			
ρ_{CaCO_3} 的平均值/（mg/L）			
$R\bar{d}$			

六、注意事项

1. 滴定的过程应该慢滴快摇。

2. 若水样中含有 Fe^{3+}、Al^{3+}、Cu^{2+}、Zn^{2+}等金属离子时，需注意加入三乙醇胺和 Na_2S 作为掩蔽剂，掩蔽后再进行滴定。注意掩蔽剂、缓冲溶液、指示剂的加入顺序，应先加入三乙醇胺掩蔽 Fe^{3+}、Al^{3+}，再加入 Na_2S 掩蔽 Cu^{2+}、Zn^{2+}，再加入 NH_3-NH_4Cl 缓冲溶液。

七、讨论与思考

1. 滴定时加入 NH_3-NH_4Cl 缓冲溶液的原因是什么？

2. 若只测定水中 Ca^{2+}的含量，应选用何种指示剂？在什么条件下进行滴定？

实训十二 维生素 C 的含量测定

一、实训目的

1. 掌握直接碘量法测定维生素 C 的原理和方法。

2. 能熟练进行碘量法的操作，正确记录并判断结果，整理和撰写实训报告。
3. 培养学生“安全第一，质量第一”的责任意识、良好的实验习惯及职业素养。

二、实 训 原 理

维生素 C（即 L-抗坏血酸），具有较强的还原性，可与 I_2 发生如下反应：

$$C_6H_8O_6 + I_2 \rightleftharpoons C_6H_6O_6 + 2HI$$

从反应式可知，碱性条件更有利于平衡向右移动，但因维生素 C 在碱性溶液中更易被空气中的 O_2 氧化，所以滴定时应用新煮沸过的冷水与稀乙酸溶解样品，溶解后立即滴定，减少维生素 C 被空气中的 O_2 氧化。维生素 C 含量的计算公式：

$$\omega_{V_C} = \frac{c_{I_2} \times V_{I_2} \times 10^{-3} \times M_{V_C}}{m_s} \times 100\%$$

式中，c_{I_2} 为碘滴定液的物质的量浓度，mol/L；V_{I_2} 为消耗碘滴定液的体积，ml；M_{V_C} 为维生素 C 的摩尔质量；m_s 为称取维生素 C 的质量，g。

三、仪器与试剂

1. 仪器 电子分析天平（感量 0.1mg）、锥形瓶（250ml）、酸式滴定管（25ml）、量筒等。
2. 试剂 维生素 C、稀乙酸、淀粉指示液、碘滴定液（0.05mol/L）、新煮沸过的冷水等。

四、实 训 步 骤

取维生素 C 约 0.20g，精密称定，置锥形瓶中，加新煮沸过的冷水 100ml 与稀乙酸 10ml 使溶解，加淀粉指示液 1ml，立即用碘滴定液（0.05mol/L）滴定至溶液显蓝色并在 30s 内不褪色。记录消耗的碘滴定液体积，平行操作 3 次。

五、数据记录与结果

数据记录与结果见实训表 12-1。

实训表 12-1 数据记录及计算结果

维生素 C 称样量/g	1	2	3
碘滴定液浓度/（mol/L）			
消耗碘滴定液的体积/ml			
维生素 C 的百分含量/%			
平均含量/%			
$R\bar{d}$			
结论			

六、注 意 事 项

1. 由于维生素 C 的还原性很强，所以实验用水须为新煮沸过放冷的蒸馏水。
2. 严格控制溶液的酸度，pH 应在 3～4。若 pH＜2，淀粉会水解成糊精，与碘作用成红色；同时维生素 C 易被氧化。

七、讨论与思考

1. 碘量法的误差来源有哪些？
2. 间接碘量法中，应采取哪些措施减小误差？

实训十三　高锰酸钾滴定液的配制和标定

一、实训目的

1. 掌握高锰酸钾滴定液（0.02mol/L）的配制方法、保存条件和标定方法。
2. 能熟练配制和标定高锰酸钾滴定液，正确记录并判断结果，整理和撰写实训报告。
3. 培养学生“安全第一，质量第一”的责任意识、良好的实验习惯及职业素养。

二、实训原理

市售高锰酸钾中含有少量二氧化锰等杂质，纯化水中也常含有微量还原性杂质，这些杂质导致高锰酸钾滴定液在配制初期浓度不稳定，因此采用间接法配制高锰酸钾滴定液。常用草酸钠（$Na_2C_2O_4$）、草酸（$H_2C_2O_4 \cdot 2H_2O$）等基准物质来标定高锰酸钾滴定液，草酸钠因不含结晶水、性质稳定、易提纯，是常用的基准物质。

在酸性溶液中，高锰酸钾与草酸钠的反应方程式如下：

$$2MnO_4^- + 5C_2O_4^{2-} + 16H^+ \rightleftharpoons 2Mn^{2+} + 10CO_2\uparrow + 8H_2O$$

高锰酸钾滴定液浓度的计算公式：

$$c_{KMnO_4} = \frac{2m_{Na_2C_2O_4}}{5M_{Na_2C_2O_4} \times V_{KMnO_4} \times 10^{-3}}$$

式中，c_{KMnO_4} 为高锰酸钾滴定液的浓度，mol/L；$m_{Na_2C_2O_4}$ 为基准草酸钠的取用量，g；V_{KMnO_4} 为消耗高锰酸钾滴定液的体积，ml；$M_{Na_2C_2O_4}$ 为草酸钠的摩尔质量。

三、仪器与试剂

1. 仪器　台秤、垂熔玻璃滤器、电子分析天平（感量 0.1mg）、锥形瓶（500ml）、酸式滴定管（25ml）、量筒、烧杯、玻璃棒、锥形瓶（250ml）、棕色试剂瓶（500ml）、表面皿等。

2. 试剂　高锰酸钾、草酸钠、3mol/L 硫酸等。

四、实训步骤

1. 高锰酸钾滴定液（0.02mol/L）的配制　用台秤称取高锰酸钾 1.6g 于烧杯中，加水 500ml，溶解，盖上表面皿，煮沸并保持微沸状态 15min，冷却后，用垂熔玻璃滤器滤过，滤液贮存于棕色试剂瓶中。

2. 高锰酸钾滴定液（0.02mol/L）的标定　取在 105℃干燥至恒重的基准草酸钠 0.13g，精密称定，加水 40ml 溶解，加入 3mol/L 硫酸 10ml，加热至 75～85℃（开始冒热气），趁热用高锰酸钾滴定液滴定，先滴入 1 滴，待溶液褪色后再滴入第 2 滴，滴定至溶液为微红色并保持 30s 不褪色即为终点。记录消耗的高锰酸钾滴定液的体积，平行操作 3 次。

五、数据记录与结果

数据记录与结果见实训表 13-1。

实训表 13-1　数据记录及计算结果

滴定液浓度及名称						
初标记录	日期		温度/℃		相对湿度/%	
	天平型号		天平编号			
	$Na_2C_2O_4$ 称样量/g		1		2	3
	消耗滴定液体积/ml					
	浓度/（mol/L）					
	平均浓度/（mol/L）				$R\bar{d}$	
复标记录	日期		温度/℃		相对湿度/%	
	天平型号		天平编号			
	$Na_2C_2O_4$ 称样量/g		1		2	3
	消耗滴定液体积/ml					
	浓度/（mol/L）					
	平均浓度/（mol/L）				$R\bar{d}$	
滴定液浓度/（mol/L）					$R\bar{d}$	
结论						

六、注 意 事 项

1. 正确控制滴定过程中的滴定速率，滴定速率要和反应速率一致。
2. 滴定过程溶液温度应不低于 55℃，否则会因反应速率慢而影响终点的判断。

七、讨论与思考

1. 标定高锰酸钾滴定液时，为什么第一滴高锰酸钾颜色褪色很慢，而后会逐渐加快？
2. 高锰酸钾法能否用硝酸或盐酸控制溶液的酸度？为什么？

参考文献

蔡自由，2016. 基础化学实验教程. 2 版. 北京：科学出版社
陈素娥，郭丽霞，2017. 分析化学. 西安：西安交通大学出版社
陈哲洪，鲍羽，2023. 分析化学. 5 版. 北京：人民卫生出版社
丁立新，2021. 分析化学. 2 版. 北京：中国医药科技出版社
董会钰，2021. 分析化学. 2 版. 北京：科学出版社
付玉龙，2019. 分析化学. 4 版. 大连：大连理工大学出版社
郭丽霞，2018. 分析化学. 西安：西安交通大学出版社
国家药典委员会，2025. 中华人民共和国药典（2025 年版）. 北京：中国医药科技出版社
和玲，梁军艳，2023. 无机与分析化学. 2 版. 北京：高等教育出版社
胡育筑，2015. 分析化学. 4 版. 北京：科学出版社
黄一石，黄一波，乔子荣，2020. 定量化学分析. 4 版. 北京：化学工业出版社
姜斌，任丽英，2024. 分析化学. 2 版. 北京：中国医药科技出版社
靳丹虹，叶桦珍，吴剑，2024. 分析化学. 3 版. 北京：中国医药科技出版社
柯宇新，许瑞林，2020. 分析化学基础. 3 版. 北京：中国医药科技出版社
李发美，2011. 分析化学. 7 版. 北京：人民卫生出版社
李田霞，燕来敏，2021.无机与分析化学. 2 版. 北京：化学工业出版社
李维斌，陈哲洪，2018. 分析化学. 3 版. 北京：人民卫生出版社
任森，刘俊须，2020. 营养与膳食. 3 版. 北京：科学出版社
王玉枝，2023. 分析化学. 4 版. 北京：科学出版社
王玉枝，张正奇，2016. 分析化学. 3 版. 北京：科学出版社
于晓萍，2022. 仪器分析. 3 版. 北京：化学工业出版社
中国食品药品检定研究院，2019. 中国药品检验标准操作规范 2019 年版. 北京：中国医药科技出版社
中华人民共和国卫生健康委员会，2018. 中国居民膳食营养素参考摄入量. WS/T 578.2-2018. 北京：中国标准出版社
中华人民共和国卫生健康委员会，2022. 生活饮用水卫生标准. GB5749-2022. 北京：中国标准出版社

自测题选择题答案

项目 1

1. B　2. B　3. C　4. A　5. E　6. C　7. A　8. A　9.C　10. D

项目 2

1. C　2. D　3. A　4. B　5. A　6. C　7. C　8. A　9. E　10. E

项目 3

1. C　2. B　3. D　4. D　5. A　6. D　7. D　8. D　9. D　10. A　11. C　12. B　13. B　14. D　15. B　16. A　17. B　18. A　19. A　20. B

项目 4

1. D　2. A　3. C　4. D　5. B　6. C　7. D　8. C　9. A　10. D　11. A　12. C　13. A　14. A　15. A　16. D　17. D　18. C　19. B　20. B

项目 5

1. B　2. C　3. D　4. A　5. B　6. B　7. D　8. B　9. D　10. A　11. C　12. A　13. C　14. D　15. B

项目 6

1. B　2. A　3. D　4. B　5. D　6. A　7. C　8. C　9. A　10. C　11. D　12. D　13. D

项目 7

1. C　2. A　3. E　4. A　5. D　6. C　7. B　8. D　9. B　10. E　11. A　12. C

项目 8

1. A　2. A　3. C　4. D　5. C　6. A　7. D　8. D　9. C　10. C　11. E　12. C　13. D　14. A　15. A

项目 9

1. B　2. B　3. B　4. D　5. E　6. D　7. D　8. B　9. D　10. A

项目 10

1. B　2. B　3. A　4. D　5. C　6. C　7. B　8. D　9. D　10. D　11. B　12. B　13. C　14. C　15. B

项目 11

1. D　2. A　3. A　4. C　5. B　6. B　7. C　8. B　9. C　10. D　11. B　12. C　13. C　14. E　15. D

项目 12

1. C　2. C　3. B　4. E　5. A　6. B　7. C　8. D　9. C　10. C　11. D　12. C

项目 13

1. C　2. B　3. D　4. B　5. A　6. C　7. B　8. A　9. A　10. D　11. E

项目 14

1. B　2. A　3. D　4. E　5. C　6. A　7. D　8. D　9. C　10. B　11. A　12. C

项目 15

1. D　2. B　3. E　4. C　5. B　6. D　7. B　8. E　9. A　10. A　11. B　12. D　13. E　14. C　15. C

项目 16

1. D　2. D　3. D　4. B　5. A　6. B　7. C　8. C　9. D　10. D

项目 17

1. A　2. B　3. A　4. D　5. C　6. A　7. B　8. C　9. C　10. C　11. D　12. C　13. B　14. C　15. C